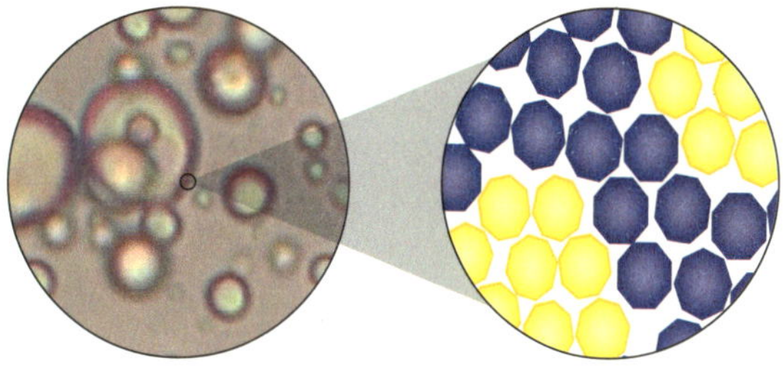

Struktur-Eigenschafts-Konzept

Die Eigenschaften von Stoffen hängen von der Art der Teilchen und vor allem von deren Anordnung in Teilchenverbänden ab. So kann man die Tatsache, dass Milch trübe ist, damit erklären, dass unterschiedliche Teilchen sich in größeren Gruppen anordnen.

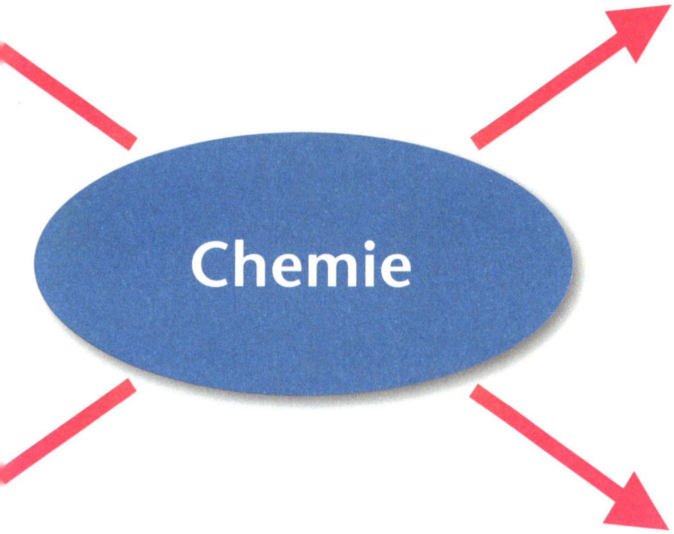

Energie-Konzept

In allen Stoffen ist Energie gespeichert. Bei chemischen Reaktionen entstehen neue Stoffe mit anderem Energiegehalt. Energie wird dabei mit der Umgebung ausgetauscht. Beim Brennen eines Streichholzes wird Energie in Form von Wärme an die Umgebung abgegeben.

Online-Schlüssel
VP3N-OXUD-AS3X

NEO

CHEMIE GESAMTBAND

Schroedel

NEO Chemie SI Niedersachsen
Gesamtband

Herausgeber:
Lothar Kraft
Martin Ratermann
Franz Stoppel

Autorinnen und Autoren:
Wolfgang Altmayer
Dr. Henriette Höxter
Dr. Horst Klemeyer
Stefanie Langenecker
Martin Ratermann
Margit Eulig
Achim Keßler
Lothar Kraft
Wiebke Meyer-Kutz
Franz Stoppel

Mit Beiträgen von:
Volker Knopp

Druck A[1] / Jahr 2015
Alle Drucke der Serie A sind im Unterricht parallel verwendbar.

Redaktion: Wiebke Giesler, Dr. Sven Horst, Dr. Mario Puchner
Bildredaktion: Gabriele Popko
Grafiken: Beltz Bad Langensalza GmbH, Birgitt Biermann-Schickling, Brigitte Karnath, Karin Mall, Birgit Schlierf
Umschlaggestaltung: LIO Design GmbH, Braunschweig
Layout und Gestaltung: piou Kunst + Grafik, Braunschweig
Mathematischer Formelsatz: Sandra Hammer Medienservice
Druck und Bindung: westermann druck GmbH, Braunschweig

ISBN 978-3-507-**88060**-3

Über NEO Chemie

NEO Chemie versteht sich als ein (Arbeits)Buch, das euch einerseits Grundwissen vermittelt und das euch andererseits anleitet, mithilfe von zahlreichen Aufgaben und Versuchen dieses Wissen aktiv zu vertiefen und anzuwenden. Wobei das einerseits und andererseits wörtlich zu nehmen ist: Jede Doppelseite behandelt ein abgeschlossenes Thema. Links befindet sich der Grundwissentext, rechts Aufgaben und Versuche.

Die Grundwissenseite

Die Grundwissenseite enthält die grundlegenden Informationen zu dem jeweiligen Thema. Sie vermittelt Basiswissen. Vertiefende Betrachtungen und zusätzliche Informationen erwerbt ihr euch aktiv in eurem Unterricht und durch die Bearbeitung der Aufgaben und Versuche.

Unten links auf jeder Doppelseite findet ihr das **Basiskonzept**, das für das Thema am bedeutsamsten ist.

A Die Aufgabenseite

Alle Aufgaben sind mit den Inhalten der Grundwissenseite lösbar. Ihr werdet ...

- chemische Phänomene, Begriffe und Gesetzmäßigkeiten kennen lernen.
- Aufgaben lösen, Experimente durchführen und Modelle nutzen, um zu neuen Erkenntnissen zu gelangen.
- Gelegenheit erhalten, mit euren Mitschülerinnen und Mitschülern zusammen zu arbeiten und euch mit ihnen über eure Arbeitsergebnisse auszutauschen.
- erkennen, dass chemische Sachverhalte in allen Bereichen unseres Lebens von Bedeutung sind.

A Aufgaben mit gestuften Hilfen

Auf den Aufgabenseiten findet ihr eine (rot markierte) Aufgabe. Diese Aufgaben sind etwas schwieriger zu lösen. Für den Fall, dass ihr keinen Lösungsansatz findet, hält eure Lehrkraft mehrere Hilfskärtchen bereit. Es ist sinnvoll, nicht gleich nach den Hilfskärtchen zu fragen, sondern sich erst einmal intensiv, auch im Gespräch mit Anderen, mit der Lösung zu beschäftigen.

V Versuche

Die Versuche sind so ausgewählt, dass von ihnen möglichst keine Gefährdungen ausgehen. Es ist dennoch wichtig, dass ihr die angegebenen Sicherheitshinweise und ergänzende Hinweise eurer Lehrkraft beachtet.

Kompetent und kooperativ

Am Ende jedes Kapitels finden sich zwei Seiten, mit deren Hilfe ihr überprüfen könnt, ob ihr das vorangegangene Kapitel beherrscht. Mithilfe der linken Seite könnt ihr eure Kompetenzen überprüfen. Solltet ihr dabei noch einzelne Lücken entdecken, so bietet sich hier die Gelegenheit, die entsprechenden Seiten nochmals durchzuarbeiten. Die rechte Seite behandelt ein komplexes chemisches Problem, das ihr mit all eurem Wissen aus den vorangegangenen Kapiteln lösen könnt. Für solche Aufgaben gilt: „Gemeinsam geht es besser.“. Deshalb arbeitet ihr bei der Lösung dieser Aufgaben stets im Team.

Inhalt

9 Säuren und Laugen 178

Chemie ist überall – Berufe und Chemie

Mario ist Kriminaltechniker. Mit Methoden der modernen Chemie versucht er, Tatortspuren auszuwerten. Zum Beispiel kann er kleine Blutspuren, die man mit bloßem Auge nicht sieht, mit Farbreaktionen sichtbar machen.

Bernt ist Bäcker. Beim Backen des Brotes laufen viele chemische Reaktionen ab. Sorgfältig ausgewählte Zutaten stellen sicher, dass das Brot die gewünschte Qualität hat.

Nike ist Architektin. Sie plant große Brücken. Damit die Materialien den hohen Belastungen standhalten und nicht rosten, muss sie diese gezielt aussuchen. Dafür sind fundierte Kenntnisse über die Eigenschaften der Stoffe nötig.

Andrea arbeitet als Biologielaborantin in einem Lebensmitteluntersuchungsamt. Im Moment überprüft sie an Proben im Labor, ob Lebensmittel durch Rückstände aus Pflanzenschutzmitteln belastet sind.

Michael ist Frisör. Wenn er Haare blondiert, setzt er eine Reihe von Chemikalien ein, bis die natürlichen Farbstoffe des Haares schließlich zerstört sind. Die Dosis muss so gewählt werden, dass Haare und Kopfhaut nicht leiden.

Franz ist Ökologe. Hier entnimmt er Bodenproben und untersucht sie auf ihre Zusammensetzung. Dadurch kann er beurteilen, ob der Boden durch zu viel Dünger belastet ist.

Karl ist Feuerwehrmann. Wenn er zu einem Brand gerufen wird, muss er entscheiden, wie der Brand zu löschen ist. Brennt zum Beispiel ein Benzintank, wird der Brand mit Löschschaum bekämpft.

Horst ist Maurer. Kalkreste auf dem Mauerwerk entfernt er mit Salzsäure. Salzsäure entfernt Kalk durch eine chemische Reaktion. Diesen Prozess nennt man Absäuern.

Sabine ist Recyclingfachkraft. Sie sorgt dafür, dass Abfälle sachgerecht und umweltschonend entsorgt und Wertstoffe sinnvoll wiederverwertet werden.

Daniela ist Apothekerin. Sie muss über Inhaltsstoffe und Wirkungsweisen von Medikamenten beraten. Sie stellt auch selbst Salben her. Dafür muss sie sehr exakt richtige Konzentrationen von Wirkstoffen einstellen.

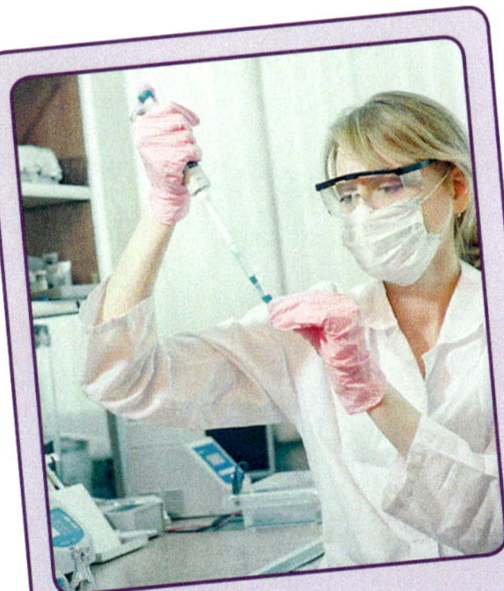

Lisa ist Chemikerin. Sie entwickelt neue Kunststoffe, die bei Operationen verwendet werden. Die Kunststoffe sollen sich im Körper langsam auflösen.

Greta ist Schornsteinfegerin. Regelmäßig überprüft sie Feuerungsanlagen wie Gasheizungen. Sie misst, wie viel Kohlenstoffdioxid bei der Verbrennung des Gases erzeugt wird und stellt die Heizung danach eventuell neu ein.

1 Stoffe, Stoffgruppen und ihre Eigenschaften

1.1 Ordnung muss sein – Stoffe und Körper

M1 Wertstoffe werden getrennt gesammelt.

Viele Bestandteile unseres Mülls können wieder verwendet werden. Sie sind deshalb wertvoll und werden getrennt gesammelt. In eine Mülltonne kommt nur Glas, in eine andere Papier. In die dritte Tonne kommen Verpackungsmaterialien aus Kunststoff oder Metall. Der restliche Abfall kommt in eine Restmülltonne (M1). Außerdem gibt es noch eine Biotonne, in die kompostierbarer Abfall gehört.

Die verschiedenen Bestandteile des Mülls bestehen aus unterschiedlichen Stoffen. Der Begriff „Stoff" kann in der deutschen Sprache viele Bedeutungen haben. Zuerst denkt man vielleicht daran, dass ein Hemd aus Stoff besteht. In der Schule wird Unterrichtsstoff behandelt. In der Chemie versteht man unter dem Begriff **Stoff** das Material, aus dem ein Gegenstand besteht. Gleiche Stoffe haben immer gleiche Eigenschaften. Dabei spielt es keine Rolle, wie groß die Stoffportionen sind oder wie sie geformt sind. Alle Gegenstände, die aus dem Stoff Eisen bestehen, sind zum Beispiel magnetisch. An ganz bestimmten Kombinationen von Eigenschaften kann man jeden Stoff eindeutig identifizieren. In der Chemie untersucht man diese Eigenschaften. Chemikerinnen und Chemiker stellen auch neue Stoffe mit erwünschten Eigenschaften her, um geeignete Materialien für verschiedene Anwendungen zu erhalten.

Gegenstände bezeichnet man in der Chemie als **Körper.** Ein Trinkglas und eine Glasflasche sind unterschiedliche Körper. Sie bestehen aber aus dem gleichen Stoff.

Auch Gasportionen fasst man in der Chemie als Körper auf. Ähnlich wie bei Flüssigkeiten ist ihre Form durch ein Gefäß oder eine Hülle vorgegeben. Die Füllung eines Luftballons bildet einen Körper. Sie kann zum Beispiel aus dem gasförmigen Stoff Helium bestehen.

Bei der Sortierung des Mülls spielt die Form der Gegenstände keine Rolle. Wichtig ist nur, dass alle Dinge in einem Container aus gleichen oder ähnlichen Stoffen bestehen. Wenn die Gegenstände gut nach Stoffen geordnet sind, lassen sich die Stoffe erneut nutzen. Der Fachbegriff für diese Form der Wiederverwendung heißt **Recycling.**

M2 Überreste einer Party

A1 Stoffe und Körper

a) Ordne die folgenden Begriffe in Stoffe und Körper:
Fensterscheibe, Geodreieck, Wasser, Zeitung, Gold, Ehering, Alurad, Kork, Holz, Glas, Zucker, Regentropfen, Papier, Luft, Kaffeetasse, Nagel, Porzellan, Eisen, Zimmertür, Zuckerwatte, Kunststoff, Hemd, Baumwolle, Schneeflocke, Plastiktüte, Aluminium, Dachrinne, Kupfer, Korkstopfen, Luftblase.

b) Lege eine Tabelle nach folgendem Muster an.

Körper	Stoff
Fensterscheibe	Glas
Zeitung	…

Ordne jeweils dem Körper den passenden Stoff zu und ergänze weitere Beispiele.

c) Nenne möglichst viele unterschiedliche Begriffe aus dem Alltag, die das Wort „Stoff" enthalten, und erläutere jeweils die Bedeutung.

d) Wenn man beschreiben möchte, woran man einen Stoff erkennt, kann man sagen: "Stoffe kann man anfassen oder in ein Gefäß füllen". Erläutere anhand von Beispielen, ob diese Aussage zutrifft.

A2 Ordnen mit System

Nach einer Party herrscht Durcheinander (M2). Jetzt muss aufgeräumt werden. Um Ordnung zu schaffen, braucht man ein System. Das heißt, man wählt ein Kriterium, nach dem man ordnet. In einem Supermarkt sind die Waren zum Beispiel nach ihrem Verwendungszweck geordnet: Es gibt eine Abteilung für Reinigungsmittel, eine andere für Lebensmittel.

a) Benennt die abgebildeten Gegenstände.

b) Entscheidet euch für ein Kriterium, nach dem ihr die Gegenstände ordnen möchtet. Ordnet dann die abgebildeten Gegenstände in Gruppen.

c) Wählt ein anderes Kriterium, und ordnet die Gegenstände erneut in Gruppen.

d) Stellt eure Lösungen zu den Aufgaben b und c in der Klasse vor. Vergleicht mit den Lösungen der anderen Gruppen, und diskutiert, welches Ordnungskriterium am sinnvollsten ist.

A3 Eigenschaften von Stoffen

In einer Hausaufgabe sollen Eigenschaften von Stoffen genannt werden. Petra schreibt: Form, Farbe, Geruch, Brennbarkeit, Volumen, Masse, Geschmack.
Beurteile, ob sie alles richtig gemacht hat.

1.2 Mit allen Sinnen – Eigenschaften von Stoffen

M1 *Lebensmittelprüfung von Honig*

Lebensmittel werden von Fachleuten sensorisch geprüft (M1). Sensorisch bedeutet mit den Sinnen. Die Fachleute riechen zunächst am Honig. Stoffe, die im Honig enthalten sind, haben einen charakteristischen **Geruch**. Daran können Experten die Stoffe erkennen. Der Geruch wird auch dann wichtig, wenn ein Lebensmittel verdirbt. Häufig erkennt man das an einem unangenehmen Geruch.

Auch die **Farbe** liefert wichtige Informationen. Je nach Blütensorte, die die Bienen besucht haben, hat der Honig eine etwas andere Farbe. Im Honig sind viele Inhaltsstoffe enthalten, die gemeinsam die Farbe erzeugen. Bei anderen Lebensmitteln signalisiert die Farbe, ob sie reif, unreif, frisch oder verdorben sind.

Eine sehr wichtige Eigenschaft des Honigs ist sein Geschmack. Honig schmeckt süß. Viele andere Lebensmittel schmecken ebenfalls süß. Fast immer ist dafür der Stoff Zucker verantwortlich, der in den Lebensmitteln enthalten ist. Der süße **Geschmack** ist eine Stoffeigenschaft des Zuckers. Wir können insgesamt fünf unterschiedliche Geschmacksrichtungen schmecken: süß, sauer, salzig, bitter und würzig. In einem Chemielabor sind Geschmacksproben aber aus Sicherheitsgründen ausdrücklich verboten.

Viele Stoffe bilden Kristalle. Diese Kristalle haben häufig ganz bestimmte Formen. Die Kristalle von Kochsalz sind zum Beispiel immer würfelförmig, während Zuckerkristalle aussehen wie „sargähnliche Kisten“. Auch an der **Kristallform** kann man also Stoffe erkennen.

Wenn man mit Gläsern anstößt, hört man einen hellen Klang. Bei Kunststoffbechern hört sich das anders an. Also kann auch der **Klang** zum Erkennen von Stoffen herangezogen werden.

Wenn man seine Hand auf Styropor® legt, fühlt sich das viel wärmer an als bei anderen Materialien, obwohl die Temperatur gleich ist. Das liegt daran, dass Stoffe die Wärme unterschiedlich gut leiten. Die **Wärmeleitfähigkeit** von Styropor® ist sehr schlecht. Unsere Körperwärme wird beim Berühren kaum abgeführt und deshalb erscheint uns Styropor® warm. Metalle haben gute Wärmeleitfähigkeiten. Sie leiten die Körperwärme gut ab. Türklinken fühlen sich deshalb kalt an.

M2 *Geruchsprobe im Labor*

M4 *Kochsalzkristalle (oben) und Kupfersulfatkristalle (unten)*

A1 Geruchsproben im Labor

Viele Stoffe kann man an ihrem Geruch erkennen. Wie eine Geruchsprobe im Labor durchgeführt wird, zeigt M2. Man öffnet die Flasche und fächelt sich vorsichtig die Dämpfe zu.

a) Begründe die Vorgehensweise.

b) Die Chemikerin vermutet, dass sich in der Flasche Benzin befindet und diese falsch etikettiert wurde. Beurteile, ob es sinnvoll ist, eine Geruchsprobe durchzuführen.

M3 *Brausepulver*

A2 Kristallformen

a) Beschreibe das Aussehen der in M4 abgebildeten Kristalle und fertige eine Skizze der Kristallform an.

b) Betrachte Speisesalz unter der Lupe und beschreibe, was du siehst.

c) Wird Zucker in Form großer Kristalle angeboten, nennt man ihn Kandiszucker. Betrachte einen regelmäßig geformten Kandiszuckerkristall, skizziere die Kristallform und vergleiche sie mit den Kristallformen der Kochsalz- und Kupfersulfatkristalle.

A3 Brausepulver – selbst untersucht

Ihr bekommt den Auftrag, Brausepulver selbst zu untersuchen (M3).

Bildet jeweils Forschergruppen. Entwickelt eine möglichst einfache Versuchsvorschrift für ein Verfahren, mit dem ihr die Anzahl unterschiedlicher Stoffe im Brausepulver und deren Eigenschaften untersuchen könnt.

Stellt dieses Verfahren der Klasse vor, vergleicht mit den Vorschlägen der anderen Gruppen und führt die geplanten Experimente zu Hause durch.

1.3 Wo Gefahren lauern – Kennzeichnung von Gefahrstoffen

Name des Produkts — Signalwort — Piktogramme

Waschbenzin
Gemisch verschiedener Stoffe

Gefahr

Gefahrenhinweise: (H-Sätze)

H225 Flüssigkeit und Dampf leicht entzündbar.
H304 Kann bei Verschlucken und Eindringen in die Atemwege tödlich sein.
H315 Verursacht Hautreizungen.
H336 Kann Schläfrigkeit und Benommenheit verursachen.
H361 Kann vermutlich die Fruchtbarkeit beeinträchtigen oder das Kind im Mutterleib schädigen.
H373 Kann die Organe schädigen bei längerer oder wiederholter Exposition
H411 Giftig für Wasserorganismen, mit langfristiger Wirkung.

Sicherheitshinweise: (P-Sätze)

P210 Von Hitze/Funken/offener Flamme/heißen Oberflächen fernhalten. Nicht rauchen.
P261 Einatmen von Staub/Rauch/Gas/Nebel/Dampf/Aerosol vermeiden.
P273 Freisetzung in die Umwelt vermeiden.
P281 Vorgeschriebene persönliche Schutzausrüstung verwenden.
P301 + P310 Bei Verschlucken: Sofort Giftinformationszentrum oder Arzt anrufen.
P331 Kein Erbrechen herbeiführen.

***M1** Waschbenzin ist ein Gefahrstoff.*

Im Haushalt benutzt man viele Stoffe, von denen bei unsachgemäßem Gebrauch eine Gefährdung ausgehen kann. Diese Stoffe bezeichnet man als **Gefahrstoffe.** Um vor den Gefahren zu warnen, werden diese Stoffe gekennzeichnet. Seit 2010 erfolgt die Kennzeichnung weltweit einheitlich nach **GHS** (Globally Harmonised System). Das gilt nicht nur für Haushaltschemikalien, sondern auch für solche, die in der Industrie oder an der Arbeitsstelle in großen Mengen benötigt werden oder transportiert werden müssen. Schon auf den ersten Blick geben kleine Bilder, die sogenannten **Piktogramme**, wichtige Hinweise auf die Art der Gefährdung.

Bei Waschbenzin (M1) weisen gleich vier Piktogramme darauf hin, dass die Substanz nicht ungefährlich ist. Sie zeigen auf den ersten Blick, dass Waschbenzin leicht entzündbar ist. Außerdem ist es gefährlich für die Gesundheit und schädigt die Umwelt.

Das **Signalwort** „Gefahr" weist darauf hin, dass beim Umgang mit Waschbenzin ernsthafte Gefahren drohen. Bei weniger gefährlichen Stoffen lautet das Signalwort „Achtung".

Möchte man genauer wissen, welche Gefahren von Waschbenzin ausgehen, liefern **Gefahrenhinweise** (H-Sätze, engl. *hazard statements*) weitere Informationen. Jeder Gefahrenhinweis ist mit einer eindeutigen Nummer gekennzeichnet. So bedeutet der Hinweis H225 immer „Flüssigkeit und Dampf leicht entzündbar".

Sicherheitshinweise (P-Sätze, engl. *precautionary statements*) geben an, wie man sich beim Umgang mit dem Stoff verhalten soll. Selbstverständlich muss man Waschbenzin von Hitze, Funken, offenen Flammen und heißen Oberflächen fernhalten und darf beim Umgang nicht rauchen (P210). Eine vollständige Liste aller H- und P-Sätze befindet sich im Anhang des Buches.

Nicht nur das Waschbenzin ist ein Gefahrstoff im Haushalt. Auch die meisten Reinigungsmittel und Klebstoffe sind als Gefahrstoffe eingestuft. Auf deren Verpackungen befinden sich ebenfalls Gefahrstoffkennzeichnungen. Auf früher verwendeten Verpackungen findet man auch noch die alten Gefahrensymbole. Informationen dazu befinden sich ebenfalls im Anhang dieses Buches.

Physikalische Gefahren				

explosiv Stoffe, die durch Feuer, Hitze, Schlag, Reibung explodieren können	**entzündbar** Flüssigkeiten, die leicht entzündbare Gase bilden können	**brandfördernd** Stoffe, die Brände verstärken	**komprimierte Gase** Gase, die beim Erhitzen explodieren können	**ätzende Wirkung** Stoffe, die andere Stoffe und Oberflächen schädigen können

Gesundheitsgefahren				Umweltgefahren

giftige / sehr giftig Stoffe, die in geringen Mengen schwere Schäden verursachen oder zum Tod führen können	**ätzend oder giftig** Stoffe, die akute und chronische Schäden verursachen können	**Gesundheitsgefahr** Stoffe, die Organe schädigen, Allergien, Krebs, Fruchtschädigungen, Erbgutveränderungen auslösen können	**ätzende Wirkung** Stoffe, die Haut und Augen schädigen können	**umweltgefährdend** Stoffe, die für Wasserorganismen giftig sind

***M2** Piktogramme mit Gefahrenhinweisen*

A1 Piktogramme zeigen Gefahren an.

a) Suche im Haushalt Stoffe, auf deren Verpackungen Gefahrenpiktogramme abgebildet sind. Übertrage die jeweiligen Piktogramme in dein Heft und notiere die zugeordneten Gefahren- und Sicherheitshinweise. Eine vollständige Liste dieser Hinweise findest du im Anhang in diesem Buch.

b) Du bekommst den Auftrag, in einem Labor ein Experiment mit Waschbenzin (M1) durchzuführen. Erläutere, was du dabei beachten musst.

c) Recherchiere Informationen zur Gefährlichkeit folgender Haushaltschemikalien:

- Brennspiritus
- Essigessenz
- Zitronensäure
- Soda
- Zucker

A2 Methanol – ein gefährlicher Stoff?

Entwirf aufgrund der Informationen in M2 und M3 ein Etikett für eine Methanolflasche.

Methanol ist der einfachste Alkohol. Er ist flüssig, brennbar und verdunstet leicht. Im Vergleich zum Trinkalkohol ist Methanol sehr giftig. Der Verzehr größerer Mengen kann zum Erblinden oder zum sofortigen Tod führen. Die weiteren Wirkungen auf den Menschen sind aber vielfältig. Bereits in kleinen Mengen kann Methanol schwere chronische Schäden verursachen. Methanol löst sich gut in Wasser. In der Natur kommt Methanol nur selten und in geringen Mengen als Inhaltsstoff von Pflanzen vor. In der Industrie benötigt man große Mengen Methanol, zum Beispiel als Ausgangsstoff für die Herstellung von Biodiesel und von vielen weiteren Produkten.

***M3** Eigenschaften von Methanol*

1.4 Gefahr erkannt, Gefahr gebannt – Laborregeln

Ätzende Chemikalie falsch entsorgt

Mitarbeiterin einer Klinik entsorgte Chemikalie falsch. Staatsanwalt prüft Ermittlungen.

Die giftige Chemikalie Xylol sorgte für Großeinsatz von Polizei, Feuerwehr und Rettungskräften in Bad Laer.

Bad Laer – Am vergangenen Samstag waren bis zu 200 Feuerwehrleute und Rettungskräfte in Bad Laer im Einsatz. Die aggressive Chemikalie Xylol tropfte aus einen Plastiktank, in dem Abfälle aus Kliniken gesammelt werden. Inzwischen ist bekannt, dass die Chemikalie aus einem Krankenhaus im Umland stammt.

In der Klink hatte eine Labormitarbeiterin eine Flasche mit der Flüssigkeit zusammen mit Spritzen und anderen Abfällen von Chemotherapien in einen Kunststoffbehälter gepackt. Auf dem Weg zur Entsorgungsfirma in Bad Laer ging die Flasche zu Bruch. Auf dem Gelände der Firma fraß sich das Xylol durch den Behälter und tropfte von einer Palette auf den Boden. Schuhsohlen von Arbeitsschuhen, die mit der Chemikalie in Berührung kamen, lösten sich auf. Mehr als 100 Mitarbeiter, die über Atemwegsbeschwerden klagten, wurden vorsorglich ärztlich untersucht.

Die Staatsanwaltschaft prüft nun, ob ein Verfahren wegen unerlaubten Umgangs mit gefährlichen Abfällen eingeleitet wird.

Spezialkräfte der Feuerwehr beim Einsatz in Bad Laer

M1 *Bericht über einen Chemieunfall*

Manchmal liest man in Zeitungen Berichte über Unfälle, die bei der Arbeit mit Chemikalien oder beim Transport von Chemikalien passiert sind (M1). Häufig sind diese Unfälle darauf zurück zu führen, dass nicht sachgemäß mit den Chemikalien umgegangen wurde. Dabei gibt es in jedem Labor und in jedem Industriebetrieb strenge Regeln. Werden diese Regeln befolgt, ist das Risiko, dass es zu Unfällen kommt, gering. Bevor mit einer Chemikalie gearbeitet wird, müssen sich die Mitarbeiterinnen und Mitarbeiter genau über mögliche Risiken informieren. Manchmal kann eine Chemikalie durch eine weniger gefährliche ersetzt werden. Auch was mit den Chemikalien nach den Experimenten geschieht, muss vor Beginn der Arbeit bekannt und sorgfältig geplant sein. In Betrieben und auch in Schulen gibt es für die Entsorgung Sammelbehälter, in denen die unterschiedlichen Problemabfälle getrennt voneinander gesammelt werden (M2). Von Zeit zu Zeit werden die Abfälle von Spezialfirmen abgeholt und fachgerecht entsorgt.

M2 *Etiketten für Chemikalienabfälle*

Laborordnung

Allgemeines

- Chemieräume werden nur unter Aufsicht einer Lehrkraft betreten.
- Chemikalien, Geräte und Energieversorgung werden nur nach Anweisung benutzt.
- Jacken und Mäntel werden nicht im Experimentierbereich untergebracht.
- In Fachräumen wird nicht gegessen oder getrunken.
- Abflüsse werden frei gehalten.

Experimentieren

- Beim Experimentieren werden immer Schutzbrillen und eventuell Schutzkleidung getragen.
- Lange Haare werden zusammengebunden.
- Vor dem Experimentieren werden Versuchsanleitungen genau gelesen.
- Die Gefahrenhinweise auf den Vorratsgefäßen werden beachtet.
- Vor Inbetriebnahme wird der Versuchsaufbau von der Lehrkraft kontrolliert.
- Mit dem Experimentieren wird erst nach ausdrücklicher Erlaubnis durch die Lehrkraft begonnen.
- Hautkontakt mit Chemikalien wird unbedingt vermieden, gegebenenfalls werden Handschuhe benutzt.
- Geschmacksproben sind verboten. Geruchsproben sind nur nach Anweisung der Lehrkraft erlaubt. Bei Geruchsproben wird vorsichtig gefächelt.
- Chemikalien werden nicht in Vorratsbehälter zurückgegeben.
- Die Anweisungen der Lehrkraft zur Entsorgung werden befolgt.

Nach dem Experimentieren

- Strom-, Wasser- und Gasversorgung werden abgestellt.
- Geräte und Tische werden sorgfältig gereinigt.
- Der Chemieraum wird aufgeräumt.
- Schäden werden der Lehrkraft gemeldet.
- Nach dem Experimentieren werden die Hände gewaschen.

M3 Laborregeln sorgen für Sicherheit.

A1 Laborordnung

Bildet in eurer Klasse Gruppen. Jede Gruppe beschäftigt sich mit einem Kapitel der Laborordnung (M3). Stellt euer Kapitel der Klasse vor und erläutert den Sinn der jeweiligen Laborregeln.

A2 Vorbereitet sein, wenn etwas passiert

a) Mach dich mit dem Chemieraum vertraut. Informiere dich, wo du Feuerlöscher, Augendusche und Notausknopf für Gas und Elektrizität findest.

b) Im Chemieraum ist eine Betriebsanweisung ausgehängt. Entnimm dieser Betriebsanweisung die Notrufnummern und notiere sie in dein Heft.

A3 Xylol – ein gefährlicher Stoff?

a) Nenne Informationen, die du dem Zeitungsartikel zur Gefährlichkeit des Xylols entnehmen kannst.

b) Vergleiche die Informationen aus dem Zeitungsartikel mit den Angaben auf der Xylolflasche (M4) und beurteile selbst die Gefährlichkeit der Chemikalie.

A4 Der Chemieunfall – ein vermeidbares Ereignis?

Stelle dir vor, du bist für die Sicherheit in der Klinik verantwortlich. Deine Aufgabe ist es, mit dem Personal nach dem Chemieunfall Gespräche zu führen. Bereite diese Gespräche vor, indem du notierst, welche Themen du mit den Mitarbeitern im Labor besprechen möchtest und was du ihnen mitteilen möchtest.

Xylol Achtung

H332 Gesundheitsschädlich bei Einatmen.
H315 Verursacht Hautreizungen.
H312 Gesundheitsschädlich bei Hautkontakt.
H225 Flüssigkeit und Dampf leicht entzündbar.
P280 Schutzhandschuhe / Schutzkleidung / Augenschutz / Gesichtsschutz tragen.

P302 + P352: Bei Kontakt mit der Haut: Mit viel Wasser und Seife waschen.
P304 + P340: Bei Einatmen: An die frische Luft bringen und in einer Position ruhigstellen, die das Atmen erleichtert.
P210 Von Hitze / Funken / offener Flamme / heißen Oberflächen fernhalten. Nicht rauchen.
P240 Behälter und zu befüllende Anlage erden.

M4 Etikett einer Xylolflasche

1.5 Der Fleck muss weg – das Versuchsprotokoll

Gestern Abend stieß ich das Weinglas meines Vaters um. Der Rotwein hinterließ auf dem hellen Teppich einen großen Fleck. Mein Vater sagte: „Oh je, der neue Teppich! Wie bekommen wir den Fleck nur wieder weg?" Wie wir es im Chemieunterricht gelernt hatten, wollte ich das Problem wissenschaftlich angehen. Dazu stellte ich eine erste Vermutung an. Zunächst wollte ich diese Vermutung an einem kleineren Taschentuch überprüfen, damit bei einem Fehlschlag am Teppich kein weiterer Schaden entstehen konnte. Meine Vorgehensweise hielt ich in einem Protokoll fest:

Seite 12 31.03.2014

Seitenangabe und Datum erleichtern das Auffinden der Aufzeichnungen.

Wie entfernt man Rotweinflecken?

Die Vermutung bezieht sich auf die Fragestellung.

Vermutung:
Schmierseife entfernt Rotweinflecken

Materialien für das Experiment werden aufgelistet.

Materialien:
Weißes Leinentaschentuch, Rotwein, Schmierseife, Wasser

Durchführung:
Es wird etwas Rotwein auf ein weißes Taschentuch geschüttet. Nach dem Eintrocknen des Weins wird der Fleck mit etwas Schmierseife und Wasser eingerieben. Man lässt einige Minuten einwirken und wäscht dann die Seife aus.

Die Durchführung muss so beschrieben sein, dass andere Chemiker das Experiment wiederholen können.

Die Beobachtung enthält immer nur das, was man sieht oder hört. Alle Erklärungen erfolgen erst im Punkt Deutung.

Beobachtung:
Nach dem Trocknen ist der Fleck grün.

Manchmal sind Fotos oder Skizzen sinnvoll. Skizzen werden immer mit Bleistift oder Buntstift angefertigt.

Unter dem Punkt Deutung folgen Erklärungen. Diese müssen sich auf die Fragestellung beziehen.

Deutung:
Rotweinflecken lassen sich nicht mit Schmierseife entfernen.

Die Vermutung hat sich nicht bestätigt.

Neue Vermutung:
Rotweinflecken lassen sich mit Waschbenzin entfernen.

Wird eine Vermutung widerlegt, wird eine neue formuliert.

***M1** Beispiel für ein Protokoll*

Naturwissenschaften führen zur Aufklärung von Phänomenen Experimente durch. Jedes Experiment ist eine „Frage" an die Natur, um ein Problem zu klären. Zu Beginn steht eine **Vermutung** (Hypothese). Dann wird ein Experiment geplant, um die Vermutung zu überprüfen. Die **Beobachtung** ist die „Antwort" der Natur auf die gestellte Frage. Das Experiment muss so geplant werden, dass man auch eine brauchbare Antwort erhält. Diese Antwort muss dann ausgewertet beziehungsweise gedeutet werden. Die **Deutung** ist die Interpretation oder Erklärung der Beobachtungen. Häufig werden Beobachtung und Deutung unter dem Begriff **Auswertung** zusammengefasst. Das Experiment wird exakt protokolliert (M1). Das Protokoll soll so geschrieben sein, dass andere Menschen durch das Lesen des Protokolls genau wissen, wie das Experiment durchgeführt wurde und dass sie es wiederholen können. Nur so können sie beurteilen, was zur Lösung eines Problems schon gemacht wurde. Durch das Experiment wird eine Vermutung bestätigt oder widerlegt. Manchmal ergeben sich neue Fragen. Im Beispiel ergeben sich zwei Fragen: Wie kann man den Fleck entfernen? Und: Warum wird der Fleck durch Schmierseife grün?

Heike und Tabea kennen sich aus dem Urlaub, als Tabea mit ihren Eltern in den Bergen bei Heike Urlaub machte. Seitdem chatten die beiden Mädchen regelmäßig.

Heike Gschwendner

Hi, hab net viel Zeit, gleich gibt's Essen, Rehbraten mit Kartoffeln und Blaukraut, ess isch super gerrn, mapf: 19:05

Tabea Jaeger

Rehbraten ist lecker, hab ich auch vor kurzem bei einer Familienfeier gegessen. Allerdings gab´s dazu Rotkraut, Blaukraut kenn ich nicht, strange 19:06

Heike Gschwendner

Was ist denn Rotkraut @_@, Blaukraut ist ne Art Kohl und nach dem Kochen blau. Hab dir ein Bild geschickt 19:06

Heike Gschwendner

View

19:06

Tabea Jaeger

Das ist doch Rotkraut. Wieso wird das bei euch blau? Bei uns ist das rot. 19:07

Heike Gschwendner

Bei uns ist das blau. Wie geht denn das? ...LOL... Vielleicht durchs kochen? Ich schick dir das Rezept meiner Ma 19:08

***M2** Ein Chat*

Rotkraut á la Chef

Rotkraut putzen, waschen und fein schneiden. In heißem Fett gewürfelte Zwiebel, Zucker und fein geschnittene Äpfel andünsten, Kraut zugeben und sofort Essig darüber gießen. 10 Minuten zugedeckt dünsten. Ein Viertelliter Wasser dazu gießen, Salz und Gewürze dazugeben. Zugedeckt circa 30 – 45 Minuten weich dünsten. Bei Bedarf heißes Wasser aufgießen.

Mamas Blaukraut

So wird's gemacht:
Das Kraut putzen, waschen und fein schneiden. In heißem Fett gewürfelte Zwiebel andünsten, das Kraut zugeben und ein klein wenig Natron dazu geben. 10 Minuten zugedeckt dünsten. Ein Viertelliter Wasser dazu gießen, Salz und Gewürze dazugeben. Zugedeckt circa 30 – 45 Minuten weich dünsten. Bei Bedarf heißes Wasser aufgießen.

***M3** Rezepte für die Zubereitung von Rotkraut und Blaukraut*

A1 Ein Chat

a) Stelle eine Vermutung für das unterschiedliche Aussehen des Kohls auf. Beachte M2 und M3.
b) Plane Experimente, mit denen du diese Vermutung überprüfen kannst. Begründe, warum du diese Experimente so gewählt hast.
c) Führe die Experimente durch und schreibe dazu ein Protokoll.
d) Tausche dein Protokoll mit deiner Nachbarin/deinem Nachbarn und überprüft nun gegenseitig, ob die Protokolle den auf der Grundwissenseite genannten Bedingungen entsprechen.

1.6 Echt ätzend – der pH-Wert

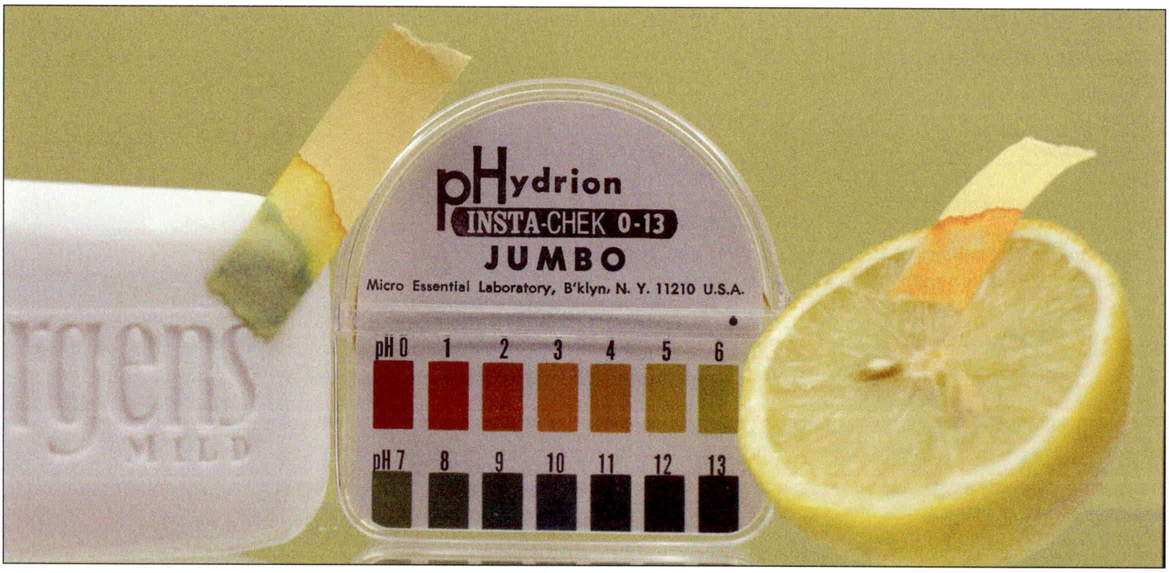

M1 *Seifenlösung reagiert alkalisch, Zitronensaft sauer.*

Zahlreiche flüssige Stoffe greifen Oberflächen an. Zum Beispiel werden Metalle oder die Haut angegriffen. Dabei entstehen Vertiefungen oder Löcher. Man bezeichnet diesen Vorgang als **Ätzen.** In der Vergangenheit haben Wissenschaftler diese Flüssigkeiten mit Wasser verdünnt und den Geschmack getestet. Einige schmeckten sauer, andere seifig. Die Flüssigkeiten, die sauer schmecken, hat man als **Säuren** bezeichnet. Die Flüssigkeiten, die seifig schmecken, hat man als **Laugen** oder **alkalische Flüssigkeiten** bezeichnet. Heute sind solche Geschmacksproben aus Sicherheitsgründen verboten, weil Säuren oder Laugen lebensgefährliche Verletzungen hervorrufen können. Allerdings sind diese Stoffe nicht alle gleichermaßen gefährlich. Manche ätzen mehr, andere weniger. So ätzt Schwefelsäure zum Beispiel mehr als Essigsäure. Die gleiche Säure oder Lauge kann unterschiedlich stark ätzen, je nachdem, wie stark sie mit Wasser verdünnt ist. Essig enthält Essigsäure in verschiedenen Konzentrationen. Speiseessig enthält 5 Prozent Essigsäure. Der Rest besteht aus Wasser. Essigessenz enthält 35 Prozent Essigsäure und darf nicht unverdünnt für Speisen verwendet werden. Gefahrenpiktogramme auf der Packung weisen auf mögliche Gefährdungen hin.

Um einschätzen zu können, ob eine Flüssigkeit stärker oder schwächer sauer oder alkalisch ist, hat man eine Skala entwickelt, die **pH-Skala.** Sie reicht von 0 bis 14. Der Wert 7 steht für eine **neutrale Flüssigkeit,** die weder sauer noch alkalisch ist. Werte unter 7 zeigen eine Säure an, Werte über 7 eine Lauge. Eine Flüssigkeit ist umso stärker sauer, je kleiner der pH-Wert ist, sie ist um so stärker alkalisch, je höher der pH-Wert ist

Es gibt Stoffe, die eine unterschiedliche Farbe haben, je nachdem, ob man sie mit Säuren oder Laugen zusammen bringt. Gibt man solche Stoffe zu unbekannten Flüssigkeiten hinzu, zeigen sie uns auch ohne Geschmacksprobe an, ob eine Säure oder eine Lauge vorliegt. Diese Stoffe nennt man Anzeigerstoffe oder **Indikatoren** (lat. *indicare:* anzeigen). Rotkohlsaft ist ein solcher Indikator. Mit Säure versetzt ist Rotkohlsaft rosa bis rot, mit Lauge versetzt ist er grün oder gelb (M3). Es gibt Indikatoren, die eine genaue Bestimmung des pH-Werts ermöglichen. Gibt man diese Universalindikatoren in eine Flüssigkeit, zeigen sie durch ihre Farben an, welchen pH-Wert die Flüssigkeit hat. Statt mit flüssigen Indikatoren kann man auch mit Indikatorpapier arbeiten (M1, M2).

V1 Indikatoren

Materialien:
Messer, Schneidebrett, Topf, Heizplatte, Becherglas, neun Reagenzgläser, Reagenzglasgestell, Pipette, Spatel, Rotkohlblätter, Universalindikatorpapier, Wasser, Apfelsaft, normaler Haushaltsessig, Natron, Soda, Haushaltsreiniger, WC-Reiniger, Vollwaschmittel, Abflussreiniger (**5**), Zitronensaft

Durchführung:
1. Gib klein geschnittene Rotkohlblätter mit etwas Wasser in einen Topf und koche kurz auf. Gieße die Flüssigkeit nach dem Abkühlen in ein Becherglas. Dieser Rotkohlsaft ist die Indikatorflüssigkeit für die folgenden Versuche. Gib in jedes der neun Reagenzgläser etwa gleich viel von einem der folgenden Stoffe: Apfelsaft, normaler Haushaltsessig, Natron, Soda, Haushaltsreiniger, WC-Reiniger, Vollwaschmittel, Abflussreiniger (**5**), Zitronensaft. Bei den festen Stoffen nimm eine kleine Spatelspitze. Fülle dann alle Reagenzgläser bis zur Hälfte mit Wasser auf und gib anschließend mit einer Pipette etwa zwei Zentimeter hoch Rotkohlsaft zu. Schüttle jedes Reagenzglas vorsichtig, bis sich der Rotkohlsaft gleichmäßig im Reagenzglas verteilt hat.
2. Wiederhole den Versuch. Verwende dabei statt Rotkohlsaft Universalindikatorpapier. Tauche ein Stück des Indikatorpapiers in die Flüssigkeiten ein und bestimme anschließend den pH-Wert durch Vergleich mit der Skala auf dem Behälter. Vergleiche die Ergebnisse beider Versuche.

Auswertung:
Schätze durch Vergleich mit M3 den pH-Wert eines jeden Reagenzglasinhalts ab und ordne die untersuchten Flüssigkeiten nach dem pH-Wert.

A1 Rote Beete-Saft
Beurteile anhand von M4 die Eignung von Rote Beete-Saft als Indikator für Säuren und Laugen.

***M2** Universalindikatorpapier*

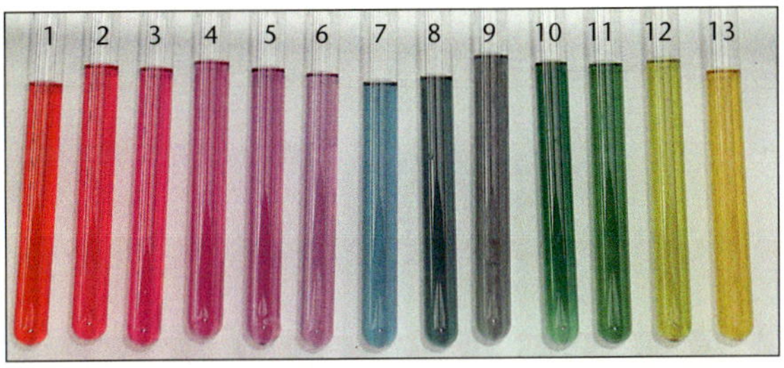

***M3** Rotkohlindikator bei verschiedenen pH-Werten*

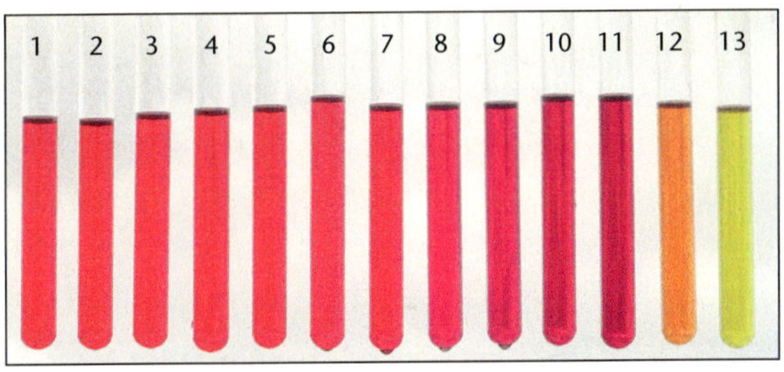

***M4** Rote Beete-Saft bei verschiedenen pH-Werten*

A2 Schokolinsen-Indikator
Die Farbstoffe von verschiedenen Schokolinsen lassen sich gewinnen, indem man die Schokolinsen in kaltem Wasser schwenkt und anschließend die Flüssigkeit abgießt. Überprüfe, ob diese Flüssigkeiten als Indikatoren geeignet sind.

A3 Die Farbe des Tees
Gib etwas Zitronensaft in eine Tasse Schwarztee und beobachte. Beurteile, ob Tee als Indikator geeignet ist.

A4 Andere Indikatoren
Du kannst auch andere Stoffe auf ihre Eignung als Indikator untersuchen, zum Beispiel Stoffe aus Blütenblättern. Entwickle dazu geeignete Experimente, führe sie durch und beschreibe die Ergebnisse in einem Protokoll.

1.7 Kompakt oder locker – die Dichte

M1 Öltröpfchen steigen zur Wasseroberfläche auf.

Gleiche Körper aus unterschiedlichem Material können bei gleichem Volumen unterschiedlich schwer sein. Teilt man bei unterschiedlichen Körpern aus gleichem Material jeweils die Masse durch das Volumen, erhält man stets denselben Wert. Diesen Wert bezeichnet man als **Dichte.** Die Dichte ist eine Stoffeigenschaft. Sie ist unabhängig von der Größe des Körpers:

$$\text{Dichte} = \frac{\text{Masse}}{\text{Volumen}}$$

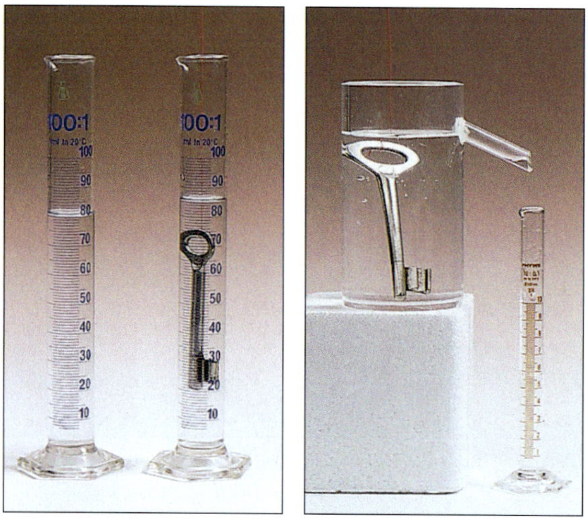

M2 Volumenbestimmung von Festkörpern

Die Masse eines Körpers ermittelt man mithilfe einer Waage. Das Volumen von flüssigen Körpern kann man einfach mit einem Messzylinder bestimmen. Das Volumen von unregelmäßigen Festkörpern kann man durch die Wasserverdrängung in einem Messzylinder bestimmen (M2).

Wasser hat bei Raumtemperatur die Dichte ein Gramm pro Kubikzentimeter. Die Dichte eines Festkörpers entscheidet darüber, ob ein Körper auf dem Wasser schwimmt oder zu Boden sinkt. Ist die Dichte des Körpers geringer als die des Wassers, so schwimmt der Körper (M1). Ein Körper mit höherer Dichte als Wasser sinkt zu Boden. Eis hat eine geringere Dichte als flüssiges Wasser und schwimmt daher.

Berechne die **Dichte** eines Eisenblocks mit den Kantenlängen 12 cm · 5 cm · 3 cm und der Masse 1411,2 g:

$$\text{Volumen} = 12\ \text{cm} \cdot 5\ \text{cm} \cdot 3\ \text{cm} = 180\ \text{cm}^3$$

$$\text{Dichte} = \frac{\text{Masse}}{\text{Volumen}} = \frac{1411{,}4\ \text{g}}{180\ \text{cm}^3} = 7{,}84\ \frac{\text{g}}{\text{cm}^3}$$

Berechne die **Masse** eines Eisenblocks mit den Kantenlängen 12 cm · 5 cm · 3 cm und der Dichte 7,84 $\frac{\text{g}}{\text{cm}^3}$:

$$\text{Volumen} = 12\ \text{cm} \cdot 5\ \text{cm} \cdot 3\ \text{cm} = 180\ \text{cm}^3$$

$$\text{Dichte} = \frac{\text{Masse}}{\text{Volumen}}$$

$$\Rightarrow \text{Masse} = \text{Dichte} \cdot \text{Volumen} = 7{,}84\ \frac{\text{g}}{\text{cm}^3} \cdot 180\ \text{cm}^3 = 1411{,}2\ \text{g}$$

Berechne das **Volumen** eines Eisenblocks mit der Masse 1411,2 g und der Dichte 7,84 $\frac{\text{g}}{\text{cm}^3}$:

$$\text{Dichte} = \frac{\text{Masse}}{\text{Volumen}}$$

$$\Rightarrow \text{Volumen} = \frac{\text{Masse}}{\text{Dichte}} = \frac{1411{,}2\ \text{g}}{7{,}84\ \frac{\text{g}}{\text{cm}^3}} = 180\ \text{cm}^3$$

M3 Berechnungsbeispiele

Stoff	Dichte in $\frac{g}{cm^3}$	Masse in g	Volumen in cm^3	Kantenlänge in cm		
				a	b	c
Styropor®	0,015	4,05		15	6	3
Eis	0,92		85	8,5		2
Aluminium	2,70			25	25	0,2
Wolfram		347,4	18		2	2
		8807,5	650	-	-	-

M4 Dichte, Masse und Volumen verschiedener Stoffe

Stoff	Dichte in $\frac{g}{cm^3}$	Stoff	Dichte in $\frac{g}{cm^3}$
Styropor®	0,0150	Aluminium	2,70
Kork	0,1500	Eisen	7,84
Fichtenholz	0,5000	Messing	8,86
Eichenholz	0,9000	Silber	10,49
Speiseöl	0,9100	Blei	11,34
Wasser (Eis)	0,9200	Quecksilber	13,55
Wasser (flüssig)	1,0000	Gold	19,32

M5 Dichte verschiedener Stoffe

A1 Dichtebestimmungen

a) Stelle die in M5 aufgeführten Dichten in einem Säulendiagramm dar.

b) Bestimme experimentell die Dichte von Nägeln und einem Holzquader. Überlege dir dazu die Vorgehensweise und vergleiche das Ergebnis mit den Angaben in M5.

c) Übertrage oder kopiere M4 in dein Heft und vervollständige die Tabelle.

In Österreich hat ein Unbekannter falsche Goldbarren in eine Bank gebracht. Ein Mitarbeiter zahlte ihm 170 000 Euro! Der Betrüger hatte acht einfache Messingbarren mit Blattgold überzogen. Vier Kilo falsches Gold hatte er so produziert, das zahlte sich aus. Er ging in eine Bankfiliale in Niederösterreich, um die Barren gegen Bargeld einzutauschen. Unfassbar: Die Mitarbeiter prüften die Echtheit des vermeintlichen Goldes nicht, sondern zahlten dem dreisten Betrüger das Geld aus.

M6 Ein Zeitungsbericht

A2 Styropor®

a) Berechne mithilfe von M3 und M5 das Volumen von 1 kg Styropor®.

b) Erläutere die Vorteile von Styropor® als Verpackungsmaterial.

A3 Betrug beim Goldverkauf

In einem Zeitungsartikel wird über einen Betrug berichtet (M6).
Erläutere, wie die Bankangestellten den Betrug hätten bemerken können.

A4 Fettabscheider

Häufig ist Wasser in Großküchen mit flüssigem Fett (Öl) verunreinigt. Das Öl ist im Wasser in Form von kleinen Tröpfchen verteilt. Fettabscheider sind daher in Großküchen zur Reinigung des Wassers vorgeschrieben. Erläutere mithilfe des Grundwissentextes und der Materialien die Funktion eines Fettabscheiders (M7).

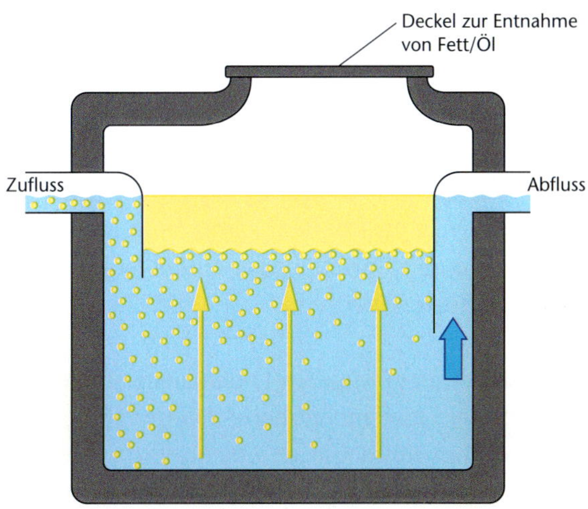

M7 Fettabscheider

1.8 Nicht ganz so dicht – die Dichte von Gasen

M1 *Mit Helium gefülltes Luftschiff*

Körper zeichnen sich dadurch aus, dass sie andere Körper verdrängen können. In der **pneumatischen Wanne** verdrängen Gase das Wasser im Reagenzglas (M2).

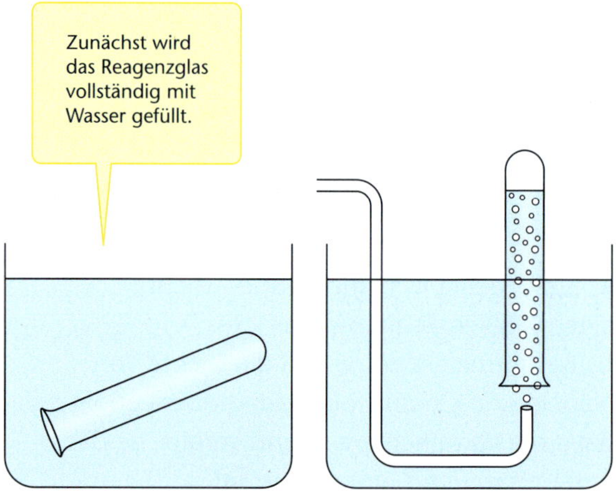

M2 *Volumenbestimmung von Gasen in der pneumatischen Wanne*

Die Dichte ist eine Eigenschaft aller Körper. Da Gase Körper sind, haben auch sie eine spezifische, das heißt für diesen Stoff charakteristische Dichte. Sie lässt sich wie bei Festkörpern und Flüssigkeiten berechnen, nur ist die Bestimmung von Masse und Volumen aufwändiger.

Zur Massenbestimmung benötigt man sehr genaue Waagen und ein evakuierbares Gefäß. Zunächst wird das Gefäß evakuiert. Das Gefäß enthält dann kein Gas mehr. Anschließend wird das leere Gefäß gewogen. Nun füllt man ein bestimmtes Volumen des zu untersuchenden Gases ein und wiegt erneut. Die Massendifferenz ist die Masse der Gasportion (M3). Das Volumen eines Gases kann mit Spritzen oder einem Kolbenprober abgemessen werden.

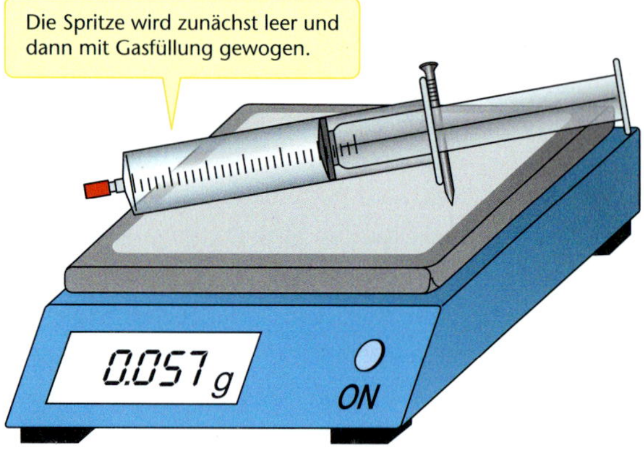

M3 *Massenbestimmung eines Gases*

Gase mit einer geringeren Dichte als Luft steigen nach oben, Gase mit höherer Dichte sinken zu Boden. Man nutzt die unterschiedliche Dichte von Helium und Luft, um Luftschiffe zu betreiben (M1).

M4 Der Nyos-See in Kamerun einige Tage nach der Katastrophe

The Lake Nyos Mystery

One night in August 1986 something strange happened in villages near Lake Nyos. About 1800 people and more than 3000 cattle and other animals died, and nobody knew why. The people and the animals were not bleeding, there were no injuries, no illness, no radioactivity, and no chemical weapons. They were just dead.
It was very strange, too, that suddenly all the oil lamps in the villages went out. So now you know why people call Lake Nyos "Bad Lake" and why they believe that evil spirits are living in it.

M5 Die Nyos-See-Katastrophe

Stoff	Dichte in $\frac{g}{l}$
Luft bei 25 °C	1,18
Luft bei 100 °C	0,93
Kohlenstoffdioxid	1,98
Wasserstoff	0,09
Stickstoff	1,25
Sauerstoff	1,43
Helium	0,18
Methan (Erdgas)	0,72
Propan	2,01

M6 Dichte verschiedener Gase bei 0 °C sofern nicht anders angegeben

V1 Bestimmung der Dichte von Luft

Materialien:
Medizinische Spritze, Nagel, Waage

Durchführung:
Ziehe die verschlossene Spritze auf 50 ml auf und arretiere diese Einstellung mit dem Nagel (M3). Wiege nun die leere Spritze. Öffne anschließend die Kappe, sodass Luft in die Spritze einströmen kann. Wiege die Spritze mit dem Nagel erneut.

Auswertung:
a) Bestimme die Dichte von Luft.
b) Ermittle die Masse der Luft in deinem Klassenzimmer.

A1 Die Katastrophe am Nyos-See

In M5 ist die Katastrophe des Nyos-Sees in Kamerun beschrieben. Der Nyos-See ist der Kratersee eines ruhenden Vulkans. Die Opfer der Katastrophe fand man nur in den benachbarten Talbereichen des Sees. M4 zeigt Regionen, in denen auch die Pflanzen abgestorben sind. Untersuchungen zeigten später, dass alle Opfer den Tod durch Kohlenstoffdioxid fanden, das am Grund des Sees freigesetzt wurde. Kohlenstoffdioxid ist ein geruchloses Gas, das in hoher Konzentration zum Ersticken führt.
a) Gib den Inhalt von M5 in deutscher Sprache wieder.
b) Stelle Hypothesen auf, die erklären, warum nur bestimmte Regionen in der Umgebung des Sees von der Katastrophe betroffen waren. Nutze dabei alle Informationen auf dieser Doppelseite.
c) Kohlenstoffdioxid entsteht auch beim Betrieb von Automotoren. Wissenschaftler warnen vor den Gefahren für kleine Kinder und Hunde in Tiefgaragen. Begründe diese Warnungen.

A2 Heißluftballon und Zeppelin

Begründe, warum Heißluftballon und Zeppelin fliegen. Arbeite dabei Gemeinsamkeiten und Unterschiede heraus. Beachte dazu auch M6.

1.9 Manche mögen es heiß – der Gasbrenner

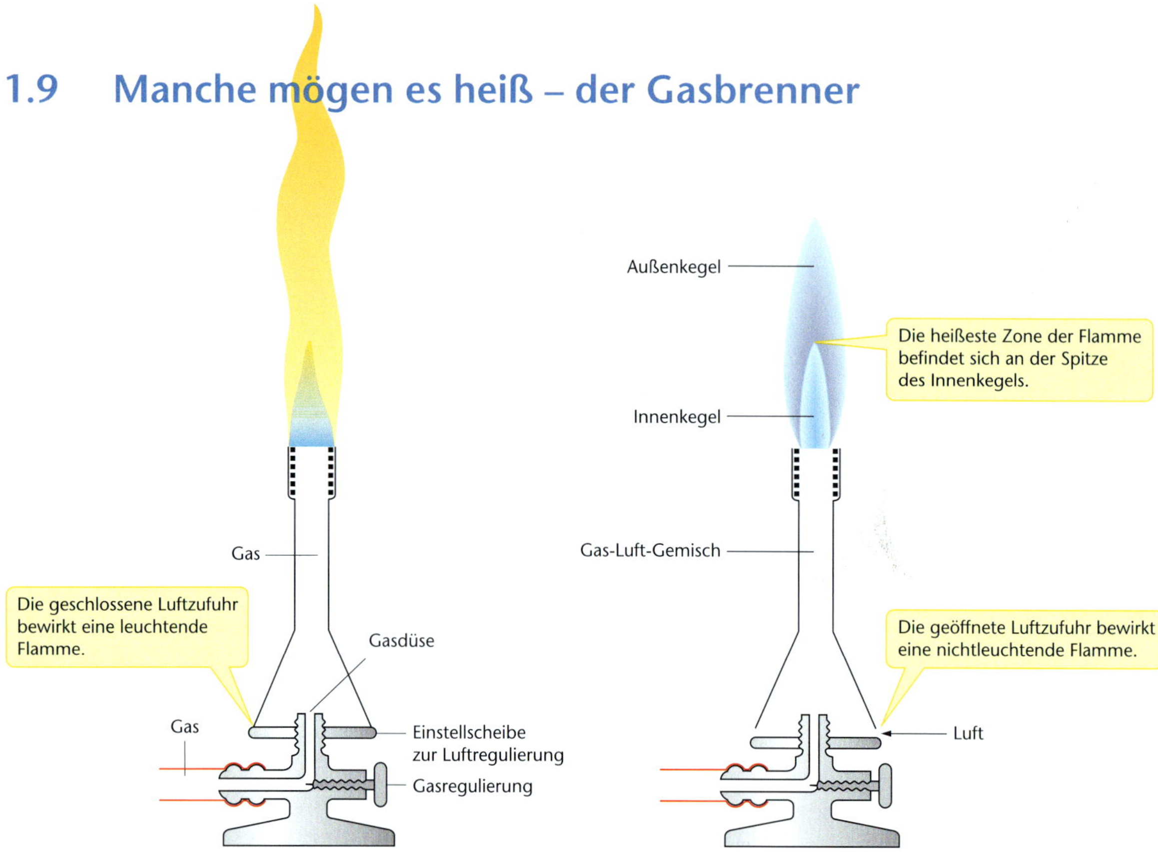

M1 *Der Gasbrenner*

Der Gasbrenner ist in der Chemie das traditionelle Gerät, um Stoffe zu erhitzen (M1). Im Gasbrenner wird Erdgas verbrannt. Die bei der Verbrennung freigesetzte Wärme wird zum Erhitzen von Stoffen genutzt. Die Verbrennung des Gases erfolgt schneller, wenn das Gas schon vor dem Austritt aus dem Brenner mit Luft vermischt wird. Dadurch erhält man eine heißere Flamme. Der Gasbrenner enthält daher eine regelbare Luftzufuhr, mit der man die Flammentemperatur regeln kann. Ohne Luftzufuhr leuchtet die Flamme gelb. Man spricht von der **leuchtenden Flamme** des Gasbrenners. Die gelbe Farbe hängt damit zusammen, dass das Gas unvollständig verbrennt. Dadurch bilden sich Rußteilchen, die in der Flamme heiß werden und glühen. Ist die Luftzufuhr geöffnet, ist die Flamme im Tageslicht fast unsichtbar. Sie leuchtet nur schwach blau. Man spricht von der **nichtleuchtenden Flamme.** Sie ist viel kleiner als die leuchtende Flamme, weil das Gas schon dichter an der Brenneröffnung verbrennt. Rußpartikel entstehen in der nichtleuchtenden Flamme nicht.

Beim Erhitzen von leicht entzündlichen oder explosiven Stoffen darf keine offene Flamme verwendet werden. In diesem Fall muss man auf besondere elektrische Geräte zurückgreifen.

Sicheres Arbeiten mit dem Gasbrenner

- Trage immer eine Schutzbrille.
- Binde lange Haare zu einem Zopf zusammen.
- Achte darauf, dass sich keine brennbaren oder explosiven Stoffe in der Nähe befinden.
- Achte auf einen festen Stand des Brenners.
- Halte nie den Kopf über den Brenner oder das zu erhitzende Gefäß.
- Verwende beim Erhitzen von Flüssigkeiten immer Siedesteine, rühre um oder schüttel vorsichtig. Es kann sonst zu einem explosionsartigen Überkochen kommen.
- Richte die Öffnung des erhitzten Gefäßes nie auf Personen.
- Vorsicht, der Brenner und erhitzte Geräte sind sehr heiß.

M2 *Regeln für den Umgang mit dem Gasbrenner*

V1 Umgang mit dem Gasbrenner

Materialien:
Gasbrenner, Anzünder

Durchführung:
Inbetriebnahme: Schließe den Gasbrenner an den Gasanschluss an. Schließe die Luftzufuhr am Brenner. Öffne die Gaszufuhr am Gasanschluss. Öffne die Gaszufuhr am Brenner teilweise. Zünde das Gas an der Brenneröffnung an. Stelle abwechselnd eine leuchtende und eine nichtleuchtende Flamme ein. Stelle anschließend den Brenner außer Betrieb.
Außerbetriebnahme: Schließe die Gaszufuhr am Brenner. Schließe die Gaszufuhr am Gasanschluss. Löse anschließend den Schlauch vom Gasanschluss.

V2 Erhitzen von Flüssigkeiten

Materialien:
Gasbrenner, Anzünder, Vierfuß, Ceranplatte, Reagenzglas, Reagenzglasgestell, Reagenzglasklammer, Becherglas, Siedesteinchen

Durchführung:
Erhitze ein zur Hälfte mit Wasser gefülltes Reagenzglas, bis das Wasser kocht. Beachte dabei M3 oben.
Stelle ein mit etwas Wasser gefülltes Becherglas auf einen Vierfuß mit Platte. Gib in das Glas einige Siedesteine und erhitze anschließend mit dem Gasbrenner (M3 unten).

Auswertung:
Protokolliere und deute die Beobachtungen. Gib an, wo die ersten Gasblasen entstehen.

A1 Umgang mit dem Gasbrenner
Erläutere, welche Gefahren bei Nichtbeachtung der jeweiligen Regel in M2 auftreten können.

V3 Erhitzen mit dem Gasbrenner

Materialien:
Gasbrenner, Anzünder, Magnesiastäbchen

Durchführung:
Erhitze ein Magnesiastäbchen nacheinander jeweils in unterschiedlicher Höhe der Flamme. Orientiere dich dabei an M4.

Auswertung:
Protokolliere und deute die Beobachtungen.

***M3** Erhitzen von Flüssigkeiten in einem Reagenzglas (oben) und einem Becherglas (unten)*

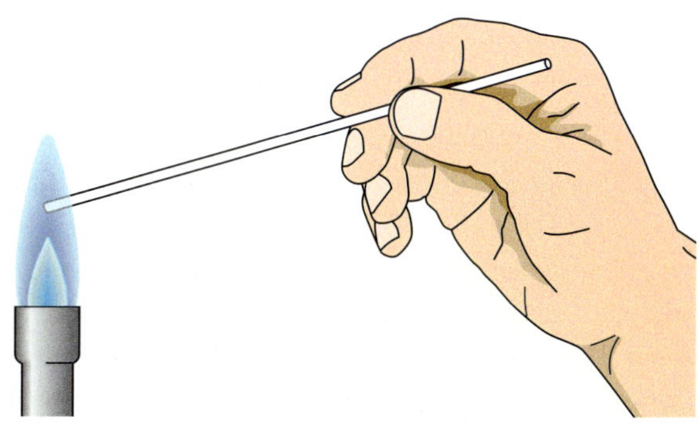

***M4** Erhitzen von Magnesiastäbchen*

1.10 Mal so, mal so – die Aggregatzustände

M1 Aggregatzustände des Wassers

Wasser kann in verschiedenen Zuständen vorliegen (M1). Die Zustände fest (Eis, Reif, Schnee), flüssig (Wasser), gasförmig (Wasserdampf) bezeichnet man als **Aggregatzustände.** Im festen Zustand besitzt Wasser eine feste Form, als Flüssigkeit passt es sich der Form des Gefäßes an und als Gas füllt es den zur Verfügung stehenden Raum vollständig aus.

Lässt man Eiswürfel im Zimmer stehen, so werden sie flüssig. Diesen Übergang vom festen in den flüssigen Zustand nennt man **Schmelzen.** Den Übergang von flüssig nach fest beim Zubereiten der Eiswürfel bezeichnet man als **Erstarren.** Schmelzen und Erstarren erfolgen bei der gleichen Temperatur, der **Schmelztemperatur.** Geht Wasser vom flüssigen in den gasförmigen Zustand über, so bezeichnet man dies als **Verdampfen.** Geschieht dies bei 100 °C, der Siede- oder Kochtemperatur, nennt man den Vorgang **Sieden.** Verdampft es unterhalb der **Siedetemperatur,** spricht man von **Verdunsten.** So verdunstet nach dem Baden das Wasser auf der Haut. Schlägt sich das gasförmige Wasser an der kalten Fensterscheibe als flüssiges Wasser nieder, spricht man von **Kondensieren.**

Liegt Schnee über einen längeren Zeitraum, wird die Menge an Schnee allmählich kleiner, auch wenn ständig Frost herrscht. Schnee kann direkt in Wasserdampf übergehen, ohne vorher zu schmelzen. Den direkten Übergang vom festen in den gasförmigen Zustand nennt man **Sublimieren** (lat. *sublimare:* erhöhen)**.** Schlägt sich in kalten Nächten Wasserdampf aus der Luft als Reif nieder, geht gasförmiges Wasser in den festen Zustand über, es resublimiert. Für das Sublimieren beziehungsweise **Resublimieren** lassen sich keine genauen Temperaturen angeben.

Auch die Aggregatzustände anderer Stoffe kann man durch Erhitzen oder Abkühlen ändern. Welchen Aggregatzustand die Stoffe jeweils einnehmen, hängt also von der Temperatur ab. Die Schmelz- und Siedetemperaturen sind charakteristische Merkmale von Stoffen (M2).

Stoff	**Schmelztemperatur in °C**	**Siedetemperatur in °C**
Wasser	0	100
Sauerstoff	–219	–183
Speisesalz	801	1465
Brennspiritus	–114	78
Superbenzin	–45	etwa 130
Diesel	–20	etwa 250
Essigsäure	17	118

M2 Schmelz- und Siedetemperaturen

V1 Erstarrungskurve von Stearinsäure

Materialien:
Stativ, Gasbrenner, Doppelkreuzmuffe, Stativklammer, Reagenzglas, Thermometer, Becherglas, Stoffhandschuhe, Stearinsäure (Bestandteil von Kerzenwachs), Wasser

Durchführung:
Gib in ein Reagenzglas etwa 2 cm hoch Stearinsäure und baue die Apparatur gemäß der Abbildung auf. Erhitze das Wasserbad solange, bis die Säure geschmolzen ist. Ziehe das eingespannte Reagenzglas hoch und entferne das Wasserbad. Notiere beim Abkühlen alle 20 Sekunden die Temperatur.

Auswertung:
Erstelle ein Diagramm nach Muster von M4.

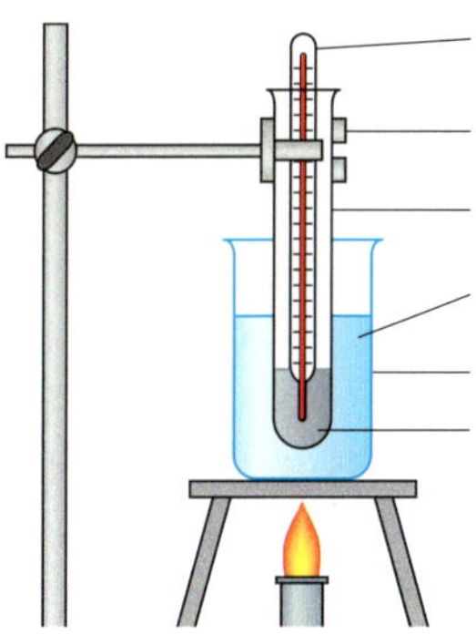

A1 Temperatur und Aggregatzustände
Gib an, welchen Aggregatzustand die Stoffe in M2 bei 20 °C und bei 100 °C jeweils besitzen.

A2 Übergänge
Ordne den Ziffern in M3 die entsprechenden Fachbegriffe zu.

A3 Eine Polarexpedition
Du bist verantwortlich für die Ausrüstung einer Polarexpedition, bei der Temperaturen bis –40 °C erwartet werden. Dabei hast du die Auswahl zwischen Benzin und Diesel betriebenen Kettenfahrzeugen (M5). Entscheide dich für eine Antriebsart und begründe deine Entscheidung.

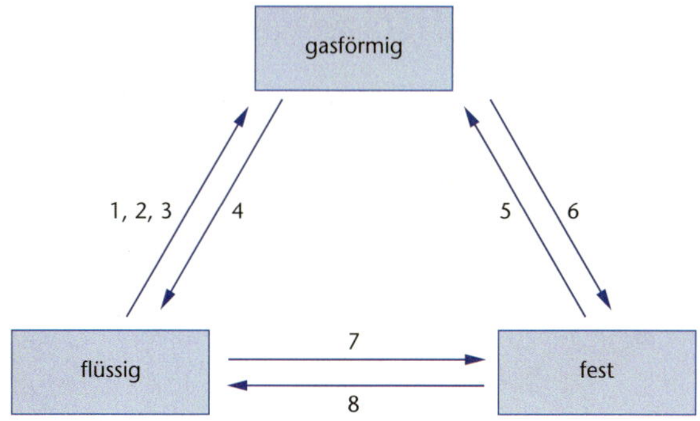

M3 Übergänge zwischen den Aggregatzuständen

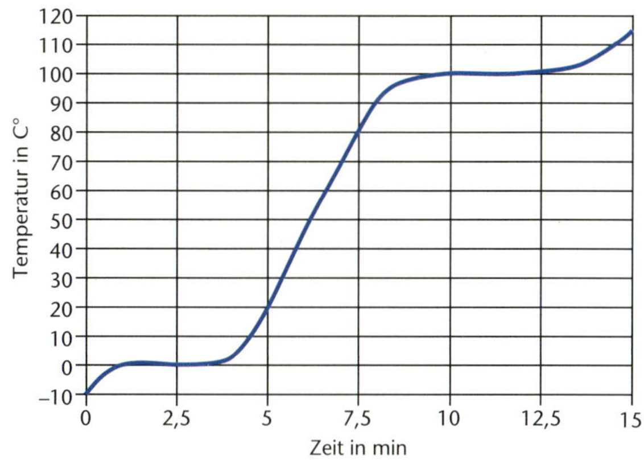

M4 Temperaturverlauf beim beständigen Erhitzen von Wasser

A4 Vom Eis zum Wasserdampf
M4 zeigt eine Messkurve, die von einer Schülergruppe in einem Experiment aufgenommen wurde. Erstelle eine Versuchsbeschreibung für das zugrundeliegende Experiment und erkläre den Verlauf der Kurve.

M5 Kettenfahrzeug bei einer Polarexpedition

1.11 Chemische Kleinigkeiten – das Teilchenmodell

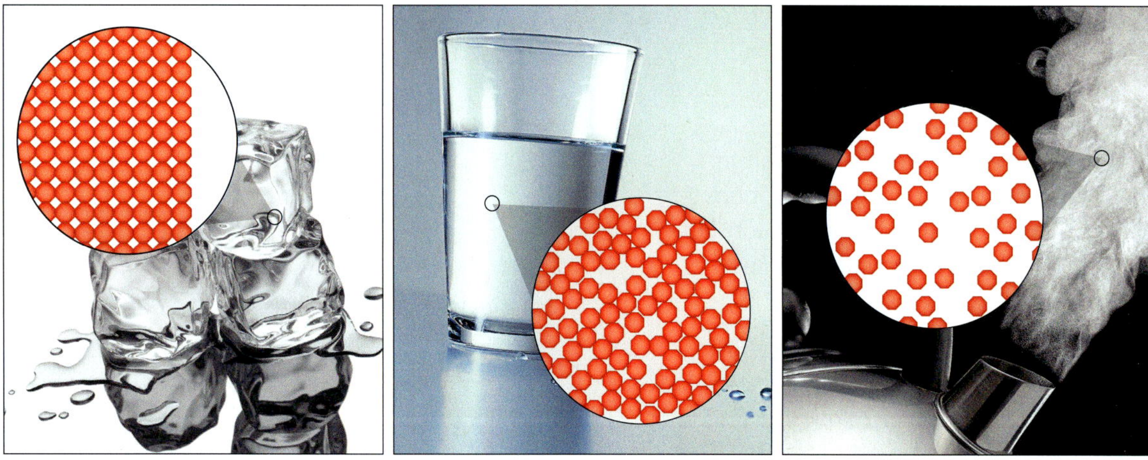

M1 Aggregatzustände und Teilchenmodell

Möchte man die Aggregatzustände und deren Übergänge erklären, hat sich die Vorstellung als sehr nützlich erwiesen, dass alle Stoffe aus **kleinen Teilchen** aufgebaut sind. Sie sind so klein, dass man sie selbst mit dem stärksten Mikroskop nicht sehen kann. Weiterhin stellt man sich vor, dass diese Teilchen eine Masse und ein Volumen besitzen. Über ihre Form kann man keine Aussage machen. Sie werden in diesem Buch als Achtecke dargestellt. Sie bewegen sich in einem Feststoff sehr langsam, in einer Flüssigkeit etwas schneller und in einem Gas sehr schnell. Je stärker man einen Stoff erhitzt, desto schneller bewegen sich die Teilchen. Zwischen den Teilchen herrschen Anziehungskräfte. Je schneller die Teilchen sich bewegen, desto leichter können sie diese Kräfte überwinden und sich voneinander entfernen. M1 und M2 geben einen Überblick über die Eigenschaften von Stoffen und deren Erklärung mithilfe der Vorstellung von den kleinen Teilchen.

Solche Vorstellungen über Dinge, die sich unserer direkten Beobachtung entziehen, nennt man **Modelle.** In unserem Fall spricht man von dem Teilchenmodell. Modelle sind dazu da, Beobachtungen und Vorgänge zu veranschaulichen, ohne dass wir wissen, ob es in Wirklichkeit so ist. Modelle sind deshalb Vorstellungen von der Wirklichkeit, nicht die Wirklichkeit selbst. Sie vereinfachen die Wirklichkeit und umfassen dadurch nicht alle Aspekte der Wirklichkeit. So kann das Teilchenmodell die unterschiedlichen Siedetemperaturen von Stoffen nicht erklären.

	Eigenschaften (Stoffebene)	Erklärung (Teilchenebene)
Feststoff	unveränderliche Form (Kristalle), keine Komprimierbarkeit, hohe Dichte	Teilchen sitzen an festen Plätzen, sehr geringe Abstände zwischen den Teilchen, kleinste Teilchen „zittern" an ihren festen Plätzen
Flüssigkeit	veränderliche Form, nimmt die Form des Gefäßes an, keine Komprimierbarkeit, niedrige Dichte	Teilchen berühren sich wie im Feststoff und verschieben sich jedoch ständig und ungeordnet
Gase	keine Form, verteilen sich im ganzen Raum, sehr gute Komprimierbarkeit, sehr geringe Dichte	Kein Zusammenhalt und große Abstände zwischen den Teilchen, Teilchen bewegen sich sehr schnell

M2 Eigenschaften von Stoffen und Erklärung durch das Teilchenmodell

A1 Stoffzustände und Teilchenmodell

a) Ordne den einzelnen Zuständen und Übergängen in M3 die entsprechenden Begriffe zu.

b) Fertige eine Tabelle ähnlich M2 an, in der du die Übergänge zwischen den Aggregatzuständen auf Teilchenebene erklärst.

A2 Das Urmeter

Bis 1960 diente das in Paris aufbewahrte Urmeter als „Metermaß" für alle Staaten (M4). Wollte man eine Kopie anfertigen, so achtete man darauf, dass dies stets bei der gleichen Temperatur von 0 °C geschah. Erkläre mithilfe des Teilchenmodells, weshalb dieses Verfahren notwendig ist.

A3 Autogas

In Erdölraffinerien entsteht bei der Herstellung von Benzin sogenanntes Petroleumgas. Dieses Gas wird einem hohen Druck ausgesetzt. Dadurch verringert sich der Raum, den das Gas einnehmen kann. Ist ein bestimmter Druck erreicht, verflüssigt sich das Gas. Es entsteht Flüssiggas, auch LPG (engl. *liquefied petroleum gas*) genannt. LPG wird als Treibstoff in Autos mit Flüssiggasmotoren eingesetzt (M5). Erkläre die Vorgänge, die beim Verflüssigen von LPG stattfinden, auf Teilchenebene.

A4 Heiße Luft

Begründe mithilfe des Teilchenmodells, weshalb die Dichte von heißer Luft niedriger ist als die von kalter Luft.

A5 Robert Brown und der Blütenstaub

Der englische Biologe Robert Brown (1773–1858) untersuchte mit Wasser vermischten Blütenstaub unter einem Mikroskop. Dabei fiel ihm auf, dass sich die im Mikroskop sichtbaren Staubkörnchen im Wasser unregelmäßig und zufällig hin und her bewegten (M6). Da zu der damaligen Zeit die Vorstellung von den kleinen Teilchen noch nicht existierte, konnte Brown diese Erscheinung nicht deuten. Während einer Zeitreise begegnest du Herrn Brown. Erkläre ihm seine Beobachtung mit deinem Wissen über das Teilchenmodell.

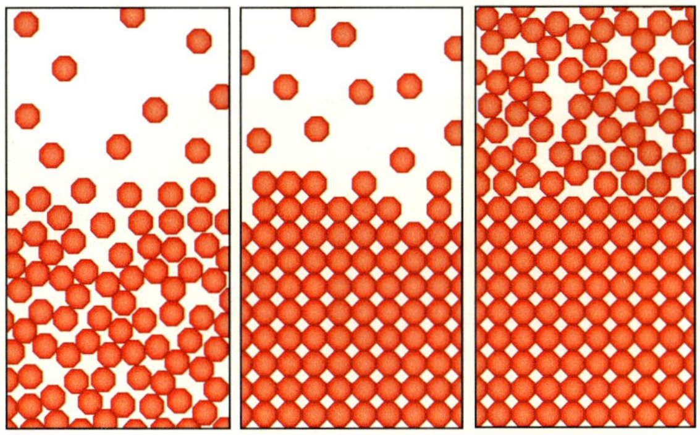

M3 Aggregatzustände und deren Übergänge

M4 Das Urmeter

M5 LPG-Tankstelle

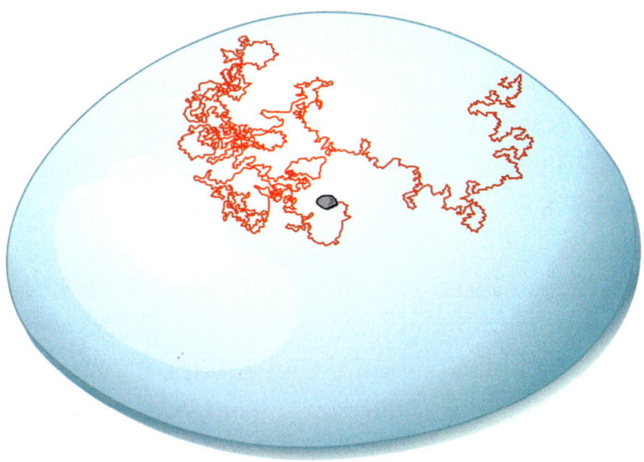

M6 Bewegung eines Staubteilchens unter dem Mikroskop

1.12 Das Salz in der Suppe – Lösungsvorgänge und Diffusion

M1 *Klare Gemüsesuppe*

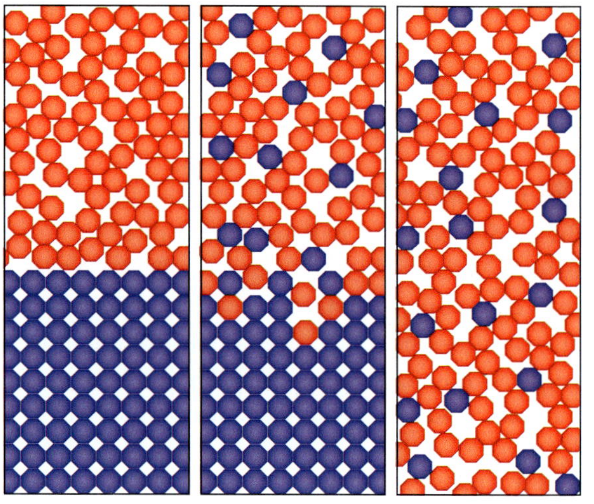

M2 *Lösen eines Feststoffs im Teilchenmodell*

Hauptbestandteil einer jeden Suppe ist Wasser, in dem eine Reihe anderer Stoffe vorhanden sind: Aromastoffe, Farbstoffe aus Gemüse und natürlich Salz (M1). Gibt man Salz in die Suppe, sind die Salzkristalle nach einiger Zeit nicht mehr zu sehen. Trotzdem muss das Salz da sein, denn die Suppe schmeckt salzig. Man sagt, das Salz hat sich gelöst. Stoffe wie Wasser, die andere Stoffe lösen können, bezeichnet man als **Lösungsmittel.** Die Gesamtheit aus Lösungsmittel und gelöstem Stoff nennt man **Lösung.** Lösungen sind klar und nicht trübe.

Die Lösungsvorgänge lassen sich mit dem Teilchenmodell erklären. Man stellt sich vor, dass beim Lösen eines Salzkristalls in Wasser, Wasserteilchen zwischen die Teilchen des Salzkristalls dringen. Sie lösen dadurch immer wieder Teilchen vom Salzkristall ab. Wenn sich der Salzkristall vollständig gelöst hat, sind alle Salzteilchen von Wasserteilchen umgeben (M2).

In Wasser lösen sich nicht nur feste Stoffe, sondern auch Flüssigkeiten. So enthält Essigessenz etwa 300 ml Essigsäure und 700 ml Wasser pro Liter Essenz. Enthält eine Lösung viel von dem gelösten Stoff, so bezeichnet man sie als **konzentriert.** Konzentrierte Lösungen lassen sich durch Zugabe des Lösungsmittels **verdünnen.**

Gase lösen sich ebenfalls in Wasser. Weil in Wasser das Gas Sauerstoff gelöst ist, können Fische und andere Wasserorganismen über ihre Kiemen den Sauerstoff für ihre Atmung aufnehmen.

Wasser löst aber nicht alle Stoffe. So schwimmen bei der Suppe die „Fettaugen" auf der Oberfläche. Sie lösen sich nicht. Stoffe, die sich in Wasser nicht lösen, lösen sich häufig in Fett oder Öl. Stoffe, die sich gut in Fett lösen, aber nicht in Wasser sind **hydrophob** (gr. *hydor:* Wasser, gr. *phobos:* Furcht) oder **lipophil** (gr. *lipos:* Fett, gr. *philos:* lieben). Stoffe, die sich in Wasser lösen, aber nicht in Fett, nennt man **hydrophil** oder **lipophob.**

Mit der Teilchenvorstellung lassen sich auch Mischungsvorgänge beim Lösen erklären. Gibt man Zucker in eine Tasse Tee und wartet längere Zeit, so schmeckt der Tee süß, ohne dass man umgerührt hat. Betritt man eine Parfümerie, wird man von einer Duftwolke umgeben. In beiden Fällen lösen und verteilen sich Stoffe ohne Einwirkung von außen in einem anderen Stoff. Diese Mischungsvorgänge bezeichnet man als **Diffusion.** Man stellt sich vor, dass die Teilchen der Stoffe aufgrund ihrer Bewegung sich gegenseitig anstoßen, sodass mit der Zeit die Teilchen sich im gesamten Raum ausbreiten und vermischen.

V1 Löslichkeit in verschiedenen Lösungsmitteln

Materialien:
Reagenzgläser, Reagenzglasgestell, Wasser, Brennspiritus (**2**), Kochsalz, Zucker, Sand, Speiseöl, Lampenöl (**8**)

Durchführung:
Gib von den Feststoffen jeweils eine kleine Spatelspitze in ein Reagenzglas, füge etwa 3 cm hoch das Lösungsmittel hinzu und schüttele.

Auswertung:
Übertrage die Tabelle in dein Heft. Trage in die Tabelle ein "+" ein, wenn sich der Stoff löst, ein "–", wenn er sich nicht löst. Ordne den Stoffen die Begriffe *lipophil, lipophob, hydrophil, hydrophob* zu.

Lösungsmittel	Salz	Zucker	Sand
Speiseöl			
Wasser			
Brennspiritus			
Lampenöl			

A1 Gefriertemperaturen von Lösungen
Meerwasser enthält gelöste Salze. Es gefriert erst bei weit niedrigeren Temperaturen als Süßwasser. Diesen Effekt macht man sich im Winter zunutze, wenn Tausalz auf die Straßen gestreut wird. Auch bei Temperaturen unter 0 °C ist auf dem Eis immer etwas flüssiges Wasser vorhanden. In diesem Wasserfilm löst sich das Tausalz. An der Grenzfläche der Eis-Salzlösung schmilzt immer weiteres Eis. Es entsteht immer mehr Salzlösung. Das Eis auf den Straßen verschwindet dadurch. Die Salzlösung, die beim Lösen des Streusalzes entsteht, erstarrt wie das Meerwasser erst weit unterhalb von 0 °C. Je höher der Salzgehalt ist, desto niedriger ist die Erstarrungstemperatur. Stelle mithilfe der Teilchenvorstellung eine Vermutung auf, warum das Salzwasser nicht bei 0 °C gefriert.

V2 Pflanzenfarbstoffe

Materialien:
50-ml-Becherglas, Messer, Schneidebrett, Vierfuß, Gasbrenner, Speiseöl, Wasser, rote Paprika oder Karotte, Kirschsaft

Durchführung:
Schneide die Karotte oder die Paprika in kleine Stückchen. Koche eine Portion des Gemüses beziehungsweise Safts in Wasser. Gib einige Tropfen Speiseöl zu. Vergleiche die Farbe des Wassers und der Öltröpfchen vor und nach dem Versuch.

Auswertung:
Protokolliere und deute die Beobachtungen.

A2 Diffusionsgeschwindigkeit in Wasser
In eine Petrischale mit Wasser gibt man einen violetten Kaliumpermanganatkristall. Man lässt die Schale mehrere Minuten stehen, ohne sie zu bewegen. M3 zeigt die Schale zu Beginn des Experiments und nach 5 Minuten.

a) Beschreibe die Veränderungen in der Schale und deute Sie mithilfe des Teilchenmodells.

b) Ermittle die Geschwindigkeit, mit der sich das Kaliumpermanganat in der Flüssigkeit ausbreitet.

A3 Diffusionsgeschwindigkeit in Gasen
Entwickle ein Experiment, mit dessen Hilfe du die Diffusionsgeschwindigkeit von Gasen in Luft bestimmen kannst. Beurteile mögliche Fehlerquellen.

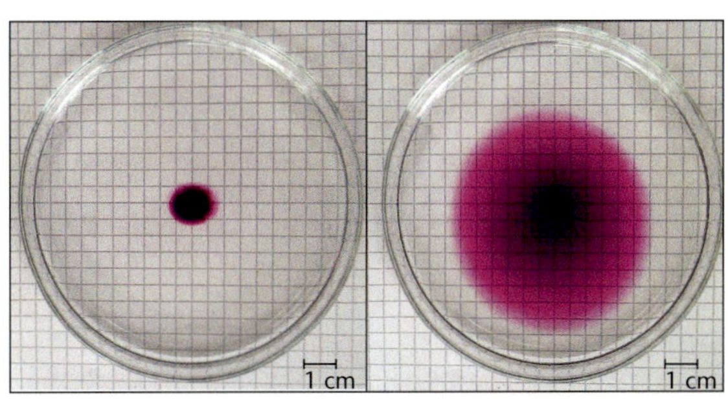

***M3** Lösen eines farbigen Kristalls: Beginn des Experiments (links) und nach fünf Minuten (rechts)*

1.13 Völlig gesättigt – Löslichkeit

M1 *Salzgarten*

In Salzgärten an den heißen Küsten gewinnt man das im Meerwasser gelöste Salz durch Verdunsten des Wassers. Da Salz nicht unbegrenzt in Wasser löslich ist, setzt sich beim Verdunsten das überschüssige Salz als fester **Bodenkörper** auf dem Boden der „Felder“ ab und kann mit Holzrechen „geerntet“ werden (M1). Die über dem Salz stehende Lösung ist an Salz **gesättigt.**

Neben Salz lösen sich in Wasser auch andere Stoffe, deren Löslichkeit jedoch unterschiedlich ist. Die **Löslichkeit** ist eine charakteristische Eigenschaft eines Stoffes. Sie gibt an, welche Masse eines Stoffes sich in einer bestimmten Portion eines Lösungsmittels löst. Häufig wird sie in Gramm gelöster Stoff in 100 g Lösungsmittel angegeben. Die Löslichkeit von Stoffen in Wasser kann sehr unterschiedlich sein (M2 und M3).

Stoff	Löslichkeit in g pro 100 g Wasser
Gips	0,2
Kalkstein	0,00015
Brennspiritus	unbegrenzt

M2 *Löslichkeit einiger Stoffe bei 20 °C*

Erwärmt man die gesättigte Lösung eines Stoffes, verschwindet in vielen Fällen der Bodenkörper. Lässt man die Lösung wieder abkühlen, kristallisiert der Bodenkörper in kleinen Kristallen aus. Bei den meisten Feststoffen nimmt mit steigender Temperatur die Löslichkeit zu. Die Löslichkeit von Gasen nimmt mit steigender Temperatur ab (M6).

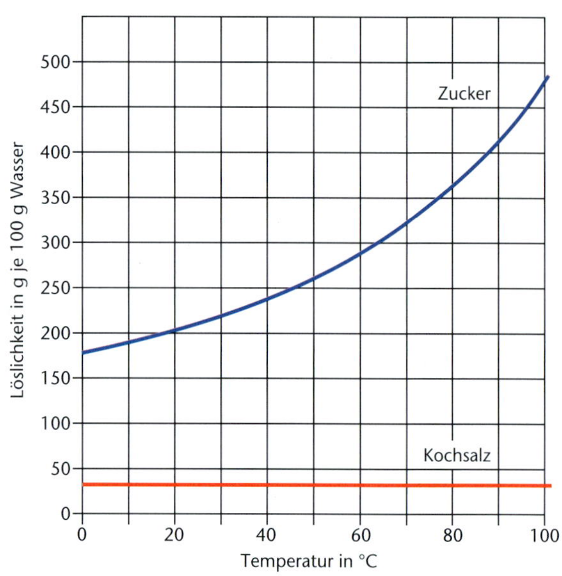

M3 *Löslichkeit von Zucker und Kochsalz*

V1 Züchten von Kristallen

Materialien:
Bechergläser, Magnetrührer, Mikroskop, Objektträger, Pipetten, Pfeifenreiniger, Bindfaden, Holzstäbchen, Kaliumaluminiumsulfat (Alaun), Kupfersulfat (**7, 9**), Natriumchlorid, Chromalaun (**7**)

Durchführung:

a) Alaunherzen
Erwärme 300 ml Wasser bis zum Sieden. Gib zu dem heißen Wasser 150 g Kaliumaluminiumsulfat und rühre um, bis alles Salz gelöst ist. Forme aus Pfeifenreinigern Herzen oder andere geeignete Formen. Befestige diese Formen mit einem dünnen Bindfaden an einem Holzstäbchen. Hänge die Herzen so in die noch warme Alaunlösung, dass die Pfeifenputzer vollständig eintauchen. Nach etwa drei Stunden ist die Kristallbildung ausreichend fortgeschritten. Das Herz kann entnommen werden (M4).

b) Kristallzüchtung unter dem Mikroskop
Stelle geringe Mengen konzentrierter Salzlösungen her. Übertrage mit einer Pipette je einen Tropfen der Salzlösungen auf einen Objektträger. Beobachte die innerhalb weniger Minuten einsetzende Kristallbildung unter einem Mikroskop (M5).

M4 *Alaunkristalle*

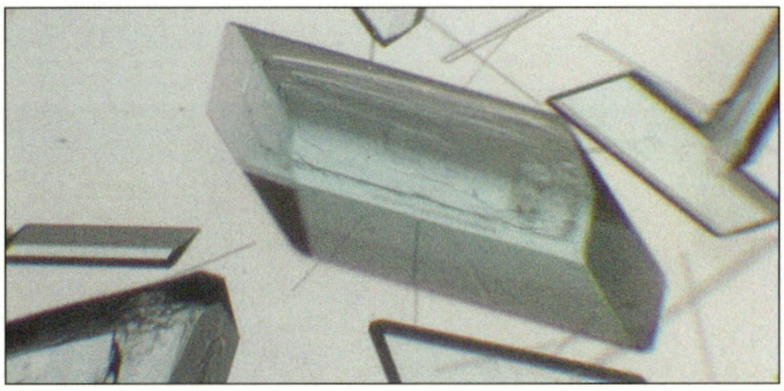

M5 *Kupfersulfatkristalle unter dem Mikroskop*

A1 Löslichkeit und Temperatur

a) Ermittle die Massen von Zucker, Sauerstoff und Kochsalz in Gramm, die sich bei 20 °C und 60 °C in 100 ml (100 g) Wasser lösen (M3, M6).
b) Berechne die Masse an Zucker, die du zu 25 g Wasser hinzugeben musst, um bei 50 °C eine gesättigte Lösung zu erhalten.
c) Bei der Herstellung von Sprudel mit einem Sprudelbereiter wird empfohlen, die mit Wasser gefüllte Flasche vor dem Befüllen mit dem Gas im Kühlschrank aufzubewahren. Erläutere den Sinn dieser Maßnahme.

A2 Gesättigte Märkte

Den Begriff *Sättigung* gibt es nicht nur in der Chemie, sondern auch in der Volkswirtschaft. Ist ein Markt gesättigt, ist es schwer, in diesem noch viele Produkte zu verkaufen. Meist bleiben die Produkte in den Lagern liegen. Vergleiche die Verhältnisse in einem gesättigten Markt mit denen in einer gesättigten Lösung. Ordne den Begriffen *Markt, Produkt, Lager, verkaufen* die entsprechenden chemischen Begriffe zu.

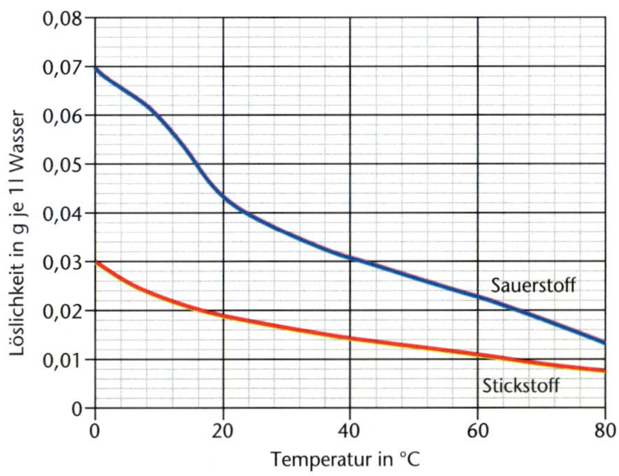

M6 *Löslichkeit der Gase Sauerstoff und Stickstoff*

1.14 Steckbrieflich gesucht – Stoffeigenschaften

Stoffsteckbrief Gold

Aggregatzustand bei 20 °C:	fest
Schmelztemperatur:	1064 °C
Siedetemperatur:	2856 °C
Dichte:	19,32 $\frac{g}{cm^3}$
Farbe:	gelb glänzend
Geruch:	geruchlos
Brennbarkeit:	nicht brennbar
Löslichkeit in Wasser:	nicht löslich
elektrische Leitfähigkeit:	sehr gut
magnetische Eigenschaft:	unmagnetisch
Gefahrenhinweise:	keine

Stoffsteckbrief Wolfram

Aggregatzustand bei 20 °C:	fest
Schmelztemperatur:	3422 °C
Siedetemperatur:	5555 °C
Dichte:	19,3 $\frac{g}{cm^3}$
Farbe:	silbrig glänzend
Geruch:	geruchlos
Brennbarkeit:	nicht brennbar
Löslichkeit in Wasser:	nicht löslich
elektrische Leitfähigkeit:	sehr gut
magnetische Eigenschaft:	unmagnetisch
Gefahrenhinweise:	keine

***M1** Stoffsteckbriefe für Gold und Wolfram*

Vor einigen Jahren tauchten gefälschte Goldbarren auf. Im Innern der Goldbarren war ein Teil des Goldes entfernt und durch Stäbe aus dem Metall Wolfram ersetzt worden. Das war erst herausgekommen, als die Polizei die verdächtigen Goldbarren aufsägte. Um zu ermitteln, aus welchem Stoff die silbrig glänzenden Stäbe bestanden, musste die Polizei die Substanz in einem Labor untersuchen lassen. Die dort ermittelte Eigenschaftskombination passte genau zu dem Stoff Wolfram (M1).

Jeder Stoff besitzt eine ganz bestimmte Kombination von Eigenschaften. Dadurch unterscheidet er sich von allen anderen Stoffen und ist eindeutig zu identifizieren. Die für einen Stoff charakteristische Eigenschaftskombination kann man in einem **Stoffsteckbrief** übersichtlich beschreiben.

Stoffe mit ähnlichen Eigenschaften kann man zu **Stoffgruppen** zusammenfassen. So leiten alle **Metalle** den elektrischen Strom, und sie besitzen eine gute Wärmeleitfähigkeit. Meistens zeigen sie auch den typisch metallischen Glanz und sind verformbar. **Salzartige Stoffe** liegen in Form von Kristallen vor. Salze haben hohe Schmelz- und Siedetemperaturen und sind spröde. Die wässerigen Lösungen der Salze leiten den elektrischen Strom. Neben Salzen und Metallen gibt es noch viele weitere Stoffgruppen.

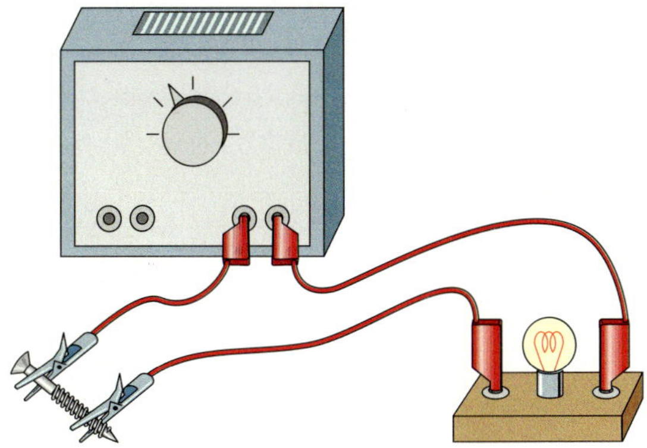

M2 Leitfähigkeitsprüfung

V1 Ermittlung von Stoffeigenschaften

Materialien:
Flachbatterie 4,5 V, Kabel, Krokodilklemmen, Glühlampe mit Fassung, Magnet, Kupferblechstreifen, Bleistiftmine, Kunststoffröhrchen, Magnesiastäbchen, Eisennagel

Durchführung:
Prüfe die oben genannten Stoffe auf ihre Eigenschaften.
Magnetische Eigenschaften: Prüfe mit einem Magneten, ob die abgebildeten Stoffe magnetisch sind.
Elektrische Leitfähigkeit: Prüfe mit der abgebildeten Apparatur (M2) die elektrische Leitfähigkeit.
Wärmeleitfähigkeit: Tauche die abgebildeten Gegenstände etwa zur Hälfte in heißes Wasser. Fühle, ob die Gegenstände am anderen Ende warm werden.
Verformbarkeit: Überprüfe vorsichtig, ob die abgebildeten Gegenstände sich verformen lassen.

Auswertung:
Stelle die Versuchsergebnisse in einer Tabelle dar. Recherchiere weitere Eigenschaften zu den Stoffen, aus denen die untersuchten Gegenstände bestehen. Bleistiftminen bestehen aus Graphit, Magnesiastäbchen aus Magnesiumoxid, der Kunststoffstab aus Polyethen.

V2 Untersuchung von weißen Pulvern

Zitronensäure, Zucker, Soda und Kochsalz sind allesamt weiße kristalline Stoffe. Mithilfe der folgenden Experimente können die Eigenschaften der Stoffe ermittelt werden.

Materialien:
Reagenzgläser, Reagenzglasgestell, Spatel, Teelicht, Uhrgläser, Stopfen, Flachbatterie 4,5 V, Kabel, Krokodilklemmen, Kohleelektroden, Glühlampe mit Fassung, Zitronensäure, Zucker, Soda, Kochsalz, Universalindikatorlösung (**2**) oder Rotkohlsaft

Durchführung:
Verhalten beim Erhitzen: Fülle je eine Spatelspitze der Substanzen in Reagenzgläser und erhitze über der Flamme eines Teelichtes.
Löslichkeit: Fülle je eine Spatelspitze der Substanzen in Reagenzgläser und gib etwa fünf Milliliter Wasser dazu. Verschließe mit einem Stopfen und schüttle.
Saures oder alkalisches Verhalten: Gib zu den Lösungen in den Reagenzgläsern einen Spritzer Universalindikatorlösung oder Rotkohlsaft.
Elektrische Leitfähigkeit der Lösungen: Gieße die erhaltenen Lösungen auf Uhrgläser. Baue die Apparatur nach M2 auf. Befestige an den Krokodilklemmen die Kohlelektroden. Tauche die Kohleelektroden in die Lösungen ein. Die Kohleelektroden sollen einen möglichst geringen Abstand haben.

Auswertung:
a) Stelle die Versuchsergebnisse in einer Tabelle dar.
b) Stelle dir vor, die Etiketten von den Flaschen sind abgefallen. Erläutere, ob man die vier Stoffe durch die Experimente eindeutig unterscheiden könnte.

A1 Wolfram, das Material der Goldfälscher

Im Grundwissentext werden Betrügereien mit gefälschten Goldbarren erwähnt. Entwickle eine Vermutung, warum die Goldfälscher Wolfram verwendet haben.

Kompetent?

1 Erläutere jeweils eine Methode, mit der man die Dichte eines Feststoffes und eines Gases bestimmen kann.

2 Beschreibe die Gefahren, auf die die folgenden Piktogramme hinweisen:

a 

b 

c 

3 Gib an, was man in der Chemie unter "Stoff" versteht.

4 Erläutere die Begriffe *Sublimieren, Verdunsten, Schmelzen, Sieden, Kondensieren.*

5 Beschreibe Feststoffe und Gase mithilfe des Teilchenmodells.

6 Gib an, ob die folgenden Aussagen richtig oder falsch sind:

a) Der pH-Wert gibt an, wie sauer eine Flüssigkeit ist.

b) Der pH-Wert gibt an, ob eine Flüssigkeit sauer oder alkalisch ist.

c) Der pH-Wert gibt an, ob eine Flüssigkeit sauer ist.

d) Bei pH = 0 ist eine Flüssigkeit neutral.

e) Bei pH = 6 ist eine Flüssigkeit stärker sauer als bei pH = 4.

f) Bei pH = 7 liegt weder eine Säure noch eine Lauge vor.

7 Einst beschlossen die Bürger von Schilda, ein neues Rathaus zu bauen. Nachdem es fertig war, merkten sie, dass es im Inneren des Gebäudes dunkel war, da sie vergessen hatten, Fenster einzubauen. So beschlossen sie, Licht in Eimern, Körben und Säcken in das Rathaus zu tragen. Dabei nutzten sie auch verschlossene Gefäße, damit das Licht nicht während des Transports entweichen sollte.
Nimm zu den Erfolgsaussichten Stellung, und begründe deine Ansicht.

8 Berechne die Masse von 2,5 l eines Stoffes mit der Dichte 0,91 $\frac{g}{cm^3}$.

9 Erläutere die Vorgänge bei der Diffusion mithilfe des Teilchenmodells.

10 Gib an, was man unter einer gesättigten Lösung versteht.

11 Im folgenden Worträtsel sind zehn Begriffe versteckt, die mit Eigenschaften von Stoffen zu tun haben. Die Begriffe können waagrecht, senkrecht oder diagonal angeordnet sein. Sie können von rechts nach links, von oben nach unten oder jeweils umgekehrt zu lesen sein.

M	O	X	L	P	H	Q	J	B	U
R	K	F	S	D	U	M	R	W	Y
O	G	I	P	H	C	E	V	N	L
F	A	E	Z	W	U	B	S	G	N
L	E	B	R	A	F	T	E	I	R
L	D	P	S	U	E	S	J	Z	P
A	L	Z	Q	K	C	P	B	L	U
T	R	O	J	H	C	H	I	A	I
S	L	X	M	R	A	W	T	S	Q
I	Z	A	N	Y	B	S	T	V	M
R	C	W	K	B	G	U	E	P	R
K	L	A	N	G	E	T	R	O	Z

Basiskonzepte

Ordne den Aufgaben auf dieser Seite die entsprechenden Basiskonzepte zu. Fertige dazu eine Tabelle nach untenstehendem Muster an. Gib in der dritten Spalte die Unterkapitel an, in denen Informationen zur Aufgabe stehen.

Aufgabe	Basiskonzept(e)	Unterkapitel
1	Stoff-Teilchen-Konzept	1.7, 1.8
2	...	...

Chemie kommunikativ: Eis für die Apfelblüte

M1 *Beregnung bei Frost*

M4 *Apfelblüten nach Beregnung*

Verrückte Obstbauern?
Wenn im Frühjahr zur Zeit der Obstblüte Nachtfrost droht, kann man in Obstanbaugebieten ein erstaunliches Bild sehen: Die Obstplantagen werden beregnet (M1). Am nächsten Morgen sind die Blüten mit einer dicken Eisschicht überzogen (M4). Erstaunlicherweise nehmen die Blüten keinen Schaden.

M2 Beregnung

Blüten können Fröste bis zu etwa –2 °C für kürzere Zeit überleben. Bei tieferen Temperaturen oder lang andauerndem Frost sterben sie ab. Für eine Beregnung werden zwischen 20 000 und 50 000 l Grundwasser benötigt. Die Beregnung dauert an, solange der Frost anhält. Zuviel Feuchtigkeit im Boden beeinträchtigt allerdings die Wurzelaktivität und begünstigt Krankheiten der Bäume.

M3 Schaden durch Wasserausfall

In einer Obstplantage fiel in einer Frostnacht während der Blütezeit in der zweiten Nachthälfte eine Pumpe aus. Ein Teil der Plantage wurde dadurch nicht mehr beregnet. Die Blüten waren zu diesem Zeitpunkt bereits mit einer dicken Eisschicht überzogen. Im weiteren Verlauf zeigte sich, dass in dem Bereich, in dem die Beregnung ausfiel, alle Blüten erfroren waren. Die Blüten in den beregneten Teilen der Plantage hatten überlebt.

M5 Wärmekissen

Wenn ein flüssiger Stoff erstarrt, wird bei diesem Vorgang immer etwas Wärme frei. Das merkt man besonders deutlich bei Wärmekissen. In diesen Kissen wird der Erstarrungsvorgang durch Knicken eines Metallplättchens ausgelöst. Der Erstarrungsvorgang verläuft sehr schnell, und das Kissen erwärmt sich stark. Nachdem der Erstarrungsvorgang abgeschlossen ist, wird das Kissen langsam wieder kälter. Die Wärme reicht aber aus, um sich für einige Zeit beispielsweise die Hände zu wärmen. Auch wenn Wasser erstarrt, wird dabei Wärme frei. Weitere Hinweise findest du in den Aufgaben und dem Versuch in Kapitel 1.10.

A Arbeitsaufträge

a) Bearbeitet die Materialien M2, M3 und M5 in kleinen Gruppen, wobei sich jede Gruppe nur mit einem Material beschäftigt. Erarbeitet dabei die Aussagen der Materialien und Problemstellungen, die sich daraus ergeben.

b) Stellt danach die Gruppen neu zusammen, wobei in jeder neuen Gruppe mindestens ein Teilnehmer aus allen drei Anfangsgruppen sein soll. Erarbeitet jetzt die Grundlagen der Frostschutzberegnung. Geht dabei auch auf mögliche Probleme der Beregnung ein. Fasst eure Ergebnisse auf einer Overheadfolie zusammen und stellt anschließend den anderen Gruppen eure Ergebnisse vor.

2 Mischen und Trennen

2.1 Pur oder Mischmasch – Reinstoffe und Gemische

M1 *Milch ist eine Öl-in-Wasser-Emulsion.*

In unserer Umwelt sind wir von einer Vielzahl von Stoffen umgeben. Die meisten dieser Stoffe liegen aber nicht als **Reinstoffe** vor. Sie sind Bestandteile von **Gemischen.**

Reinstoffe haben stets gleich bleibende Eigenschaften. Die Eigenschaften von Gemischen werden davon bestimmt, in welchem Mischungsverhältnis die verschiedenen Stoffe enthalten sind.

Häufig kann man sehen, dass ein Gemisch vorliegt. Wenn man sich zum Beispiel Brausepulver genau anschaut, kann man schon mit bloßem Auge unterschiedliche Bestandteile erkennen. Bei anderen Gemischen wie beispielsweise Milch ist das nicht so einfach. Man kann erst unter dem Mikroskop erkennen, dass bei der Milch kleine Fetttröpfchen in Wasser fein verteilt sind (M1). Diesen Gemischtyp nennt man **Öl-in-Wasser-Emulsion.** Bei manchen Cremes mit hohem Fettgehalt sind umgekehrt Wassertröpfchen in Öl fein verteilt. Dann spricht man von einer **Wasser-in-Öl-Emulsion.**

Wenn man bei Gemischen einzelne Bestandteile unterscheiden kann, spricht man von **heterogenen Gemischen** (gr. *heteros:* verschiedenartig). Viele Gemische sehen aber völlig einheitlich aus, selbst, wenn man sie unter einem leistungsfähigen Mikroskop betrachtet. Man kann sie deshalb äußerlich nicht von Reinstoffen unterscheiden. So enthält Tee viele gelöste Stoffe, ist also ein Gemisch. Aber selbst bei stärkster Vergrößerung kann man keine unterschiedlichen Bestandteile erkennen. Derartige Gemische bezeichnet man als **homogen** (gr. *homos:* gleichartig) (M2).

Heterogene Gemische		**Homogene Gemische**	
Gemenge	Feststoff und Feststoff	Lösung	Feststoff in Flüssigkeit
Suspension	Feststoff in Flüssigkeit		Flüssigkeit in Flüssigkeit
Emulsion	Flüssigkeit in Flüssigkeit		Gas in Flüssigkeit
Nebel	Flüssigkeit in Gas	Gasgemisch	Gas in Gas
Rauch	Feststoff in Gas	Legierung	Feststoff in Feststoff
Schaum	Gas in Flüssigkeit oder Feststoff		

M2 *Gemischtypen*

M3 Unterschiedliche Gemische

A1 Gemischtypen

a) Benenne die in M3 dargestellten Gemische und gib jeweils den Gemischtyp an.
b) Erläutere an Beispielen aus M3 die Begriffe *homogenes Gemisch* und *heterogenes Gemisch.*
c) Nenne eigene Beispiele für die in M2 genannten Gemischtypen.

A2 Methylenblau und Sudan-III

Methylenblau ist ein blaues Pulver. Sudan-III ist ein rotes Pulver. Aus beiden Pulvern wird ein Gemisch hergestellt. In ein Becherglas gibt man Wasser, Öl und eine kleine Menge des Pulvergemisches. Anschließend rührt man um und lässt einigen Minuten stehen. Das Ergebnis ist in M4 dargestellt. Beschreibe und deute die Versuchsbeobachtungen.

M4 Versuchsergebnis Aufgabe 2

V1 Ermittlung des Emulsionstyps

Materialien:
Tüpfelplatte, Streichhölzer, Spatel, Pulvergemisch aus Methylenblau **(7)** und Sudan-III, Butter, Margarine, Halbfettmargarine, Tagescreme, Nachtcreme

Durchführung:
Gib in die Vertiefungen einer Tüpfelplatte je eine kleine Probe der in den Materialien genannten Stoffe. Gib zu jeder Probe mit dem Spatel jeweils eine sehr kleine Menge des Pulvergemisches aus Methylenblau und Sudan-III. Rühre dann jeweils mit einem neuen Streichholz so lange um, bis eine eindeutige Verfärbung sichtbar wird.

Auswertung:
Protokolliere und deute die Beobachtungen. Recherchiere dazu auch die Zusammensetzung der untersuchten Substanzen und vergleiche mit dem Versuchsergebnis.

2.2 Lupenrein – Gemische im Teilchenmodell

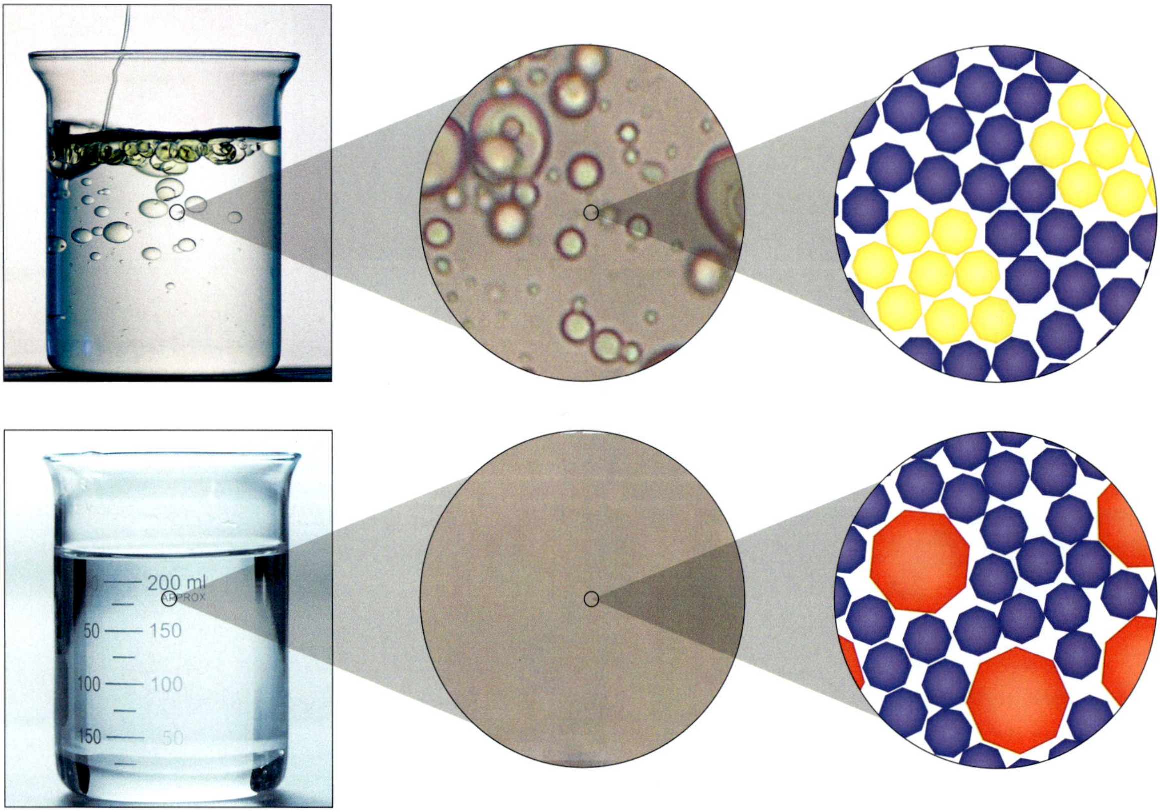

M1 Gemisch aus Öl und Wasser (oben) sowie Gemisch aus Essig und Wasser (unten)

Wichtige Bestandteile einer Salatsauce sind Öl, Essig und Wasser. Während sich Wasser und Essig vollständig vermischen lassen, gelingt es bei Öl und Wasser nicht, eine Lösung herzustellen (M1).

In beiden Fällen werden zwei flüssige Reinstoffe miteinander gemischt. Die unterschiedlichen Eigenschaften dieser zwei Gemische lassen sich mit dem Teilchenmodell erklären.

Reinstoffe bestehen aus gleichartigen kleinen Teilchen. In Reinstoffen gibt es daher nur eine *Teilchensorte.* Gemische bestehen aus den kleinen Teilchen der im Gemisch enthaltenen Reinstoffe. In Gemischen gibt es daher verschiedene Teilchensorten. Man stellt sich vor, dass im Falle der Essig-Wasser-Lösung die kleinen Teilchen des Essigs und des Wassers vollständig vermischt sind.

Die Beobachtungen bei der Öl-Wasser-Mischung lassen sich erklären, wenn man sich vorstellt, dass die kleinen Teilchen des Öls noch in kleinen Gruppen beieinander liegen. Die Öl-Wasser-Mischung ist eine *Emulsion.* Eine vollständige Vermischung der Teilchen wie bei der Essig-Wasser-Lösung findet nicht statt.

Nicht alle Eigenschaften kann man mit dem Teilchenmodell erklären. So lassen sich die Farben, der Geruch oder die Brennbarkeit von Reinstoffen und Gemischen nicht mit diesem Modell begründen.

In allen heterogenen Gemischen liegen die einzelnen Teilchensorten in größeren Teilchenverbänden vor. Emulsionen und Suspensionen sind oft unter dem Mikroskop erkennbar. Während Lösungen immer klar sind, erscheinen Emulsionen und Suspensionen trüb.

M2 Verschiedene Gemische und ihre Darstellungen im Teilchenmodell

A1 Gemische im Teilchenmodell

a) Ordne den Gemischen in M2 jeweils eine Darstellung im Teilchenmodell zu und begründe deine Zuordnung.

b) Einer Teilchendarstellung in M2 kann kein Gemisch zugeordnet werden. Nenne Beispiele für Gemische, die mithilfe dieser Darstellung beschrieben werden können.

c) Beurteile, ob es sich bei den Gemischen in M2 um heterogene oder um homogene Gemische handelt.

A2 Sieben von Farbstofflösungen

In einem Erlenmeyerkolben wird rote Tuschkastenfarbe in Wasser gegeben. In einem zweiten Erlenmeyerkolben wird blaue Tinte mit Wasser gemischt Beide Kolben werden mit Einmachfolie fest verschlossen und jeweils kopfüber in einen mit Wasser gefüllten Erlenmeyerkolben gehalten (M3). Beschreibe die Beobachtungen und deute sie mithilfe des Teilchenmodells. Entwickle Vermutungen zum Aufbau der Einmachfolie.

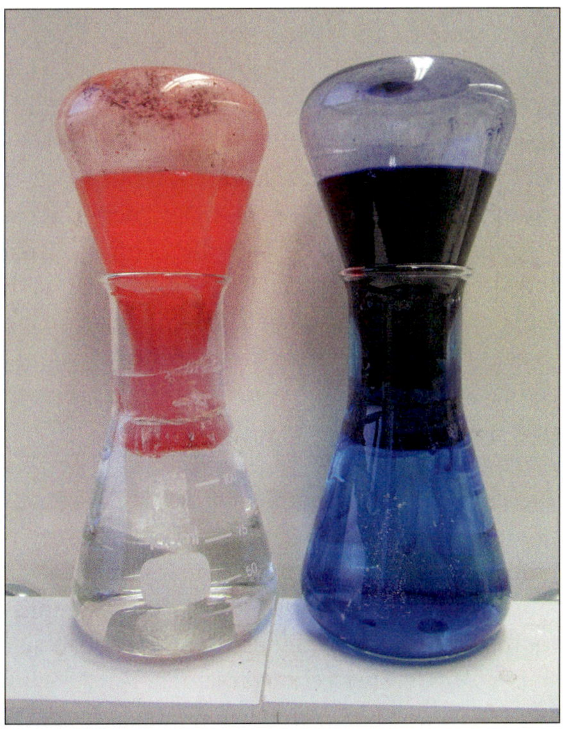

M3 Tuschkastenfarbe-Wasser-Gemisch (links) und Tinte-Wasser-Gemisch (rechts)

2.3 Es ist Gold, was glänzt – Zentrifugieren und Filtrieren

M1 Goldwäsche

Stoffe kommen in der Natur häufig nicht als Reinstoffe, sondern als Bestandteile von Gemischen vor. Die Bestandteile unterscheiden sich in ihren Eigenschaften, zum Beispiel Dichte, Wasserlöslichkeit und Partikelgröße. Unter einem **Partikel** (lat. *particulum:* Teilchen) versteht man ein kleines „Stoffbröckchen". Man kann sich die jeweiligen Eigenschaften der Stoffe zunutze machen, um die Partikel voneinander zu trennen und die Reinstoffe zu gewinnen.

Eine einfache Form der Trennung ist das **Sedimentieren.** Darunter versteht man das Absetzen eines unlöslichen Feststoffes aus einer Suspension. Der entstehende **Bodensatz** (Sediment) kann dann durch einfaches Abgießen von der Flüssigkeit darüber getrennt werden. Ein Beispiel hierfür ist das Goldschürfen. Die Goldnuggets sind aufgrund der hohen Dichte des Goldes sehr schwer und setzen sich ab, die leichteren Bestandteile werden weggeschwemmt (M1).

Die Sedimentation kann durch eine **Zentrifugation** verbessert werden. Dabei werden die zu trennenden Stoffe wie auf einem Karussell mit hoher Geschwindigkeit im Kreis gedreht. Die gleichen Fliehkräfte, die wir auf dem Karussell erleben, wirken auf die Partikel in dem Gemisch. Sie sorgen dafür, dass sich die Partikel mit hoher Dichte schneller absetzen.

Beim **Filtrieren** lässt man das Stoffgemisch durch einen Filter (meist aus Papier) laufen (M2). Im Prinzip ist das nichts anderes als das Abschütten von Nudelwasser durch ein Küchensieb. Im Labor sind die Partikel nur sehr viel kleiner und die verwendeten Siebe dementsprechend feiner. Die kleinen "Löcher" in dem Filter nennt man Poren. Nur solche Partikel, die kleiner als die Poren sind, können den Filter passieren. Alle größeren Partikel bleiben hingegen im Filter hängen. Die gefilterte Flüssigkeit bezeichnet man als **Filtrat,** der im Filter befindliche Rest ist der **Rückstand.**

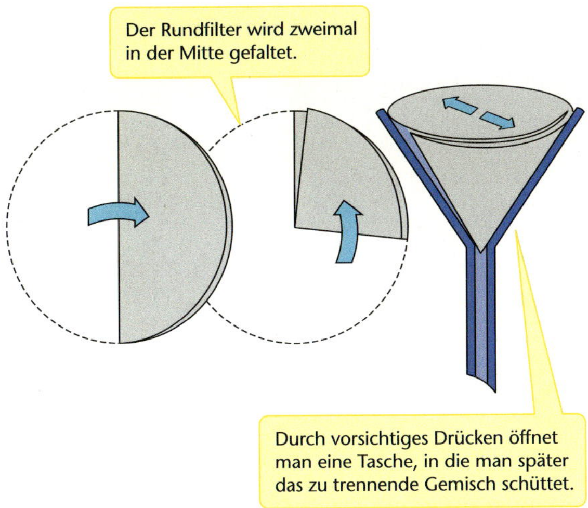

M2 Das Falten eines Filterpapiers

V1 Gartenerde aufschlämmen

Materialien:
Einmachglas, Kamera, Löffel, Gartenerde

Durchführung:
Verrühre etwas Gartenerde in einem Einmachglas mit Wasser und stelle das Glas an einen ungestörten Ort.

Auswertung:
Protokolliere, deute und dokumentiere die Beobachtungen in einer Fotoserie.

V2 Filtertest

Materialien:
Mörser mit Pistill, verschiedene Filter (Kaffeefilter, ein Stück Stoff, Mullbinde, Watte, ...), gelbe Kreide, blaue Tinte, Wasser

Durchführung:
Zerreibe ein Stück gelbe Kreide mit dem Mörser. Schlämme den Kreidestaub mit 100 ml Wasser und ein paar Tropfen blauer Tinte auf. Untersuche mithilfe dieses Gemisches die Filtereigenschaften verschiedener Filter.

Auswertung:
Protokolliere und deute die Beobachtungen.

A1 Trennverfahren

Vergleiche die Trennverfahren *Filtration, Sedimentation* und *Zentrifugation.* Erläutere, in welchen Fällen die jeweiligen Verfahren geeignet sind.

A2 Farbige Schokolinsen

Schokolinsen bestehen aus einem Schokoladenkern und einer gefärbten Hülle. M3 zeigt verschiedene Phasen eines Versuchs, bei dem die Schokolinsen in ihre Bestandteile aufgetrennt werden. Ordne die Bilder a bis h in eine sinnvolle Reihenfolge und beschreibe den Versuch.

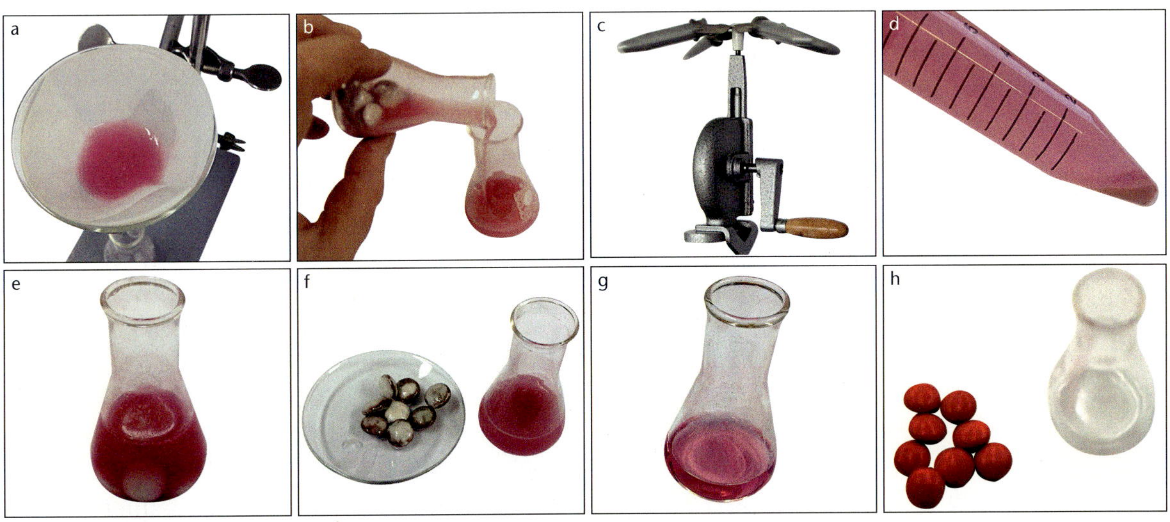

M3 Untersuchung von Schokolinsen

2.4 Mal sanft, mal hart – Extraktion und Destillation

M1 *Teeaufguss*

Gießt man einen Teebeutel mit heißem Wasser auf, lösen sich Stoffe aus den Teeblättern in Wasser (M1). Alle übrigen Stoffe verbleiben in den Teeblättern im Beutel. Ein solches Verfahren bezeichnet man als **Extraktion** (lat. *extrahere:* herausziehen). Die Extraktion ist in der Chemie ein gängiges Trennverfahren. Man kann Stoffe auch aus Flüssigkeiten extrahieren. Dazu nimmt man eine zweite Flüssigkeit, die sich nicht mit der ersten mischen lässt und in der sich der gelöste Stoff besser löst.

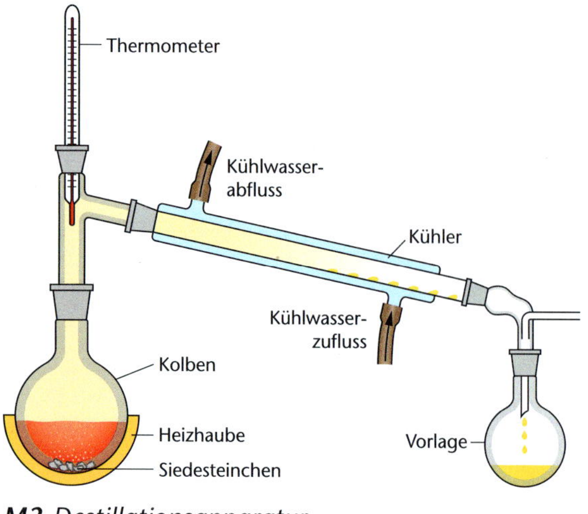

M2 *Destillationsapparatur*

M3 *Cola-Flasche an der Sonne*

In M3 erkennt man farblose Tropfen im Flaschenhals. Dabei kann es sich nur um Wasser handeln. Das Wasser muss aus der Cola-Flüssigkeit kommen. Es verdunstet an ihrer Oberfläche und kondensiert im Flaschenhals. Die in der Cola-Flüssigkeit enthaltenen gelösten Stoffe verbleiben in der Lösung. Das kondensierte Wasser enthält keine gelösten Stoffe mehr. Das hier beobachtete Phänomen macht man sich zunutze, um Lösungsmittel von den gelösten Stoffen zu trennen. Das Verfahren bezeichnet man als **Destillation.** Dabei erhitzt man die Lösung in einem Kolben, so dass das Lösungsmittel siedet. Die Dämpfe lässt man in einem Kühler kondensieren und fängt das reine Lösungsmittel in der Vorlage auf (M2). So erhält man zum Beispiel destilliertes Wasser, das keine gelösten Stoffe enthält.

Man kann die Destillation auch zum Trennen von Flüssigkeitsgemischen nutzen, wenn diese Flüssigkeiten unterschiedliche Siedetemperaturen besitzen. Zunächst siedet der Stoff mit der niedrigsten Siedetemperatur. Der Alkohol siedet bei 79 °C, Wasser bei 100 °C. Durch Destillation kann man den Alkohol herausdestillieren.

V1 Limonade

Materialien:
Reagenzglas, Stopfen, Lampenöl **(8)**, gelbe Limonade

Durchführung:
Gib in ein Reagenzglas etwa 4 cm hoch gelbe Limonade. Überschichte die Flüssigkeit mit etwa 1 cm Lampenöl. Schüttle das Gefäß.

Auswertung:
Protokolliere und deute die Beobachtungen.

A1 Kaffee
Beschreibe die Vorgänge bei der Zubereitung einer Tasse Kaffee. Vergleiche sie mit dem Aufbrühen von Tee (M1).

A2 Wassergewinnung
Beschreibe die Vorgänge bei der Wassergewinnung nach der Anleitung in M5 und vergleiche sie mit einer Destillation.

A3 Gewinnung von Blütenduftöl
Beschreibe ausführlich, wie du bei der Herstellung von Blütenduftöl nach der Vorschrift in M6 vorgehen würdest. Begründe die Vorgehensweise mit den Eigenschaften von Blütenduftöl, Olivenöl und Alkohol.

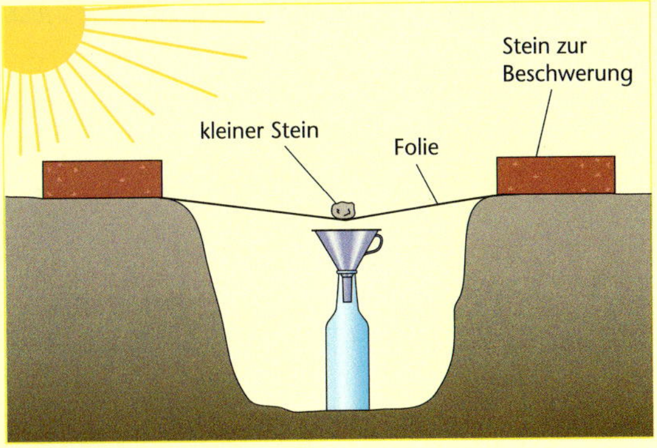

Grabe an einer gut von der Sonne beschienenen Stelle ein 50 bis 80 cm tiefes und etwa 1 m breites Loch. In die Mitte des Loches wird die Flasche mit dem Trichter gestellt und wie in der Abbildung gezeigt abgedeckt. Nach einiger Zeit fallen Wassertropfen in den Trichter.

***M5** Anleitung zur Wassergewinnung an trockenen Standorten*

....Die Blütenblätter werden zunächst mit Olivenöl übergossen. Man lässt einige Tage stehen und extrahiert anschließend mit reinem Alkohol. Das reine Blütenduftöl erhält man, indem man den Alkohol der Alkoholphase abdestilliert...

***M6** Versuchsvorschrift*

A4 Bau einer Destillationsapparatur
Skizziere den Bau einer funktionierenden Destillationsapparatur aus den in M4 aufgeführten Gegenständen.

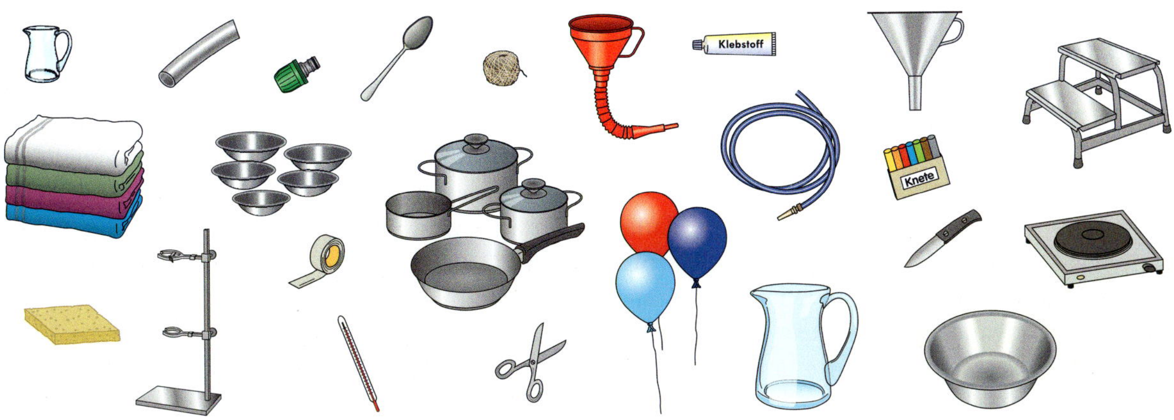

***M4** Bau einer Destillationsapparatur aus Alltagsgegenständen*

2.5 Was hängen bleibt – Adsorption und Chromatografie

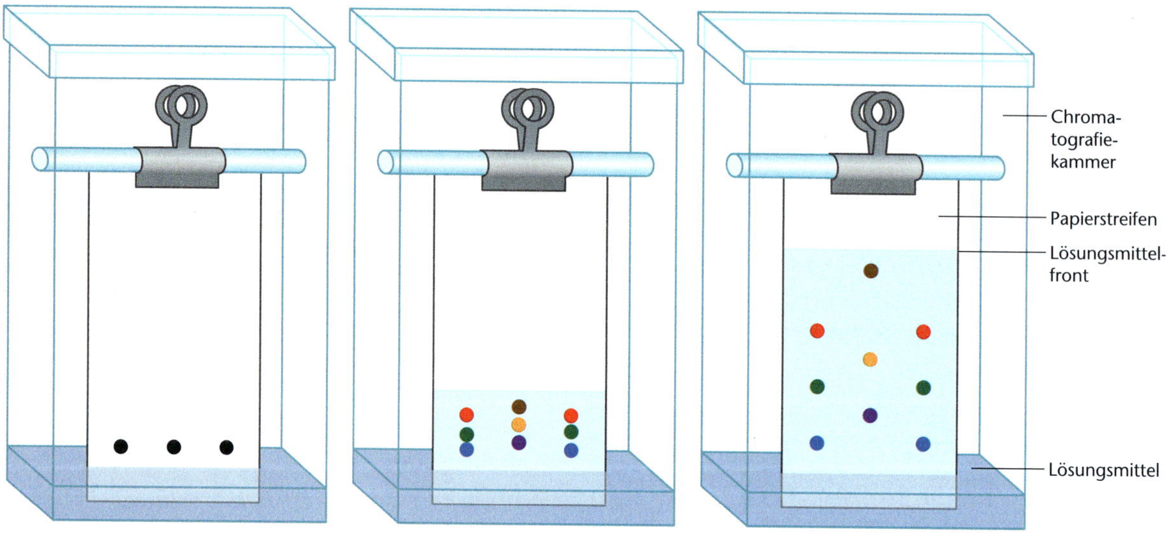

M1 Papierchromatografie

Die Polizei ermittelt in einem Erpressungsfall. Bei möglichen Tätern werden schwarze Filzstifte sichergestellt. Mit einer Untersuchung im Labor möchte die Polizei herausfinden, mit welchem Stift der Erpresserbrief geschrieben wurde.

Schwarze Filzstiftfarbe ist ein Gemisch verschiedener Farbstoffe. Für die Untersuchung wird die **Papierchromatografie** (gr. *chromos:* Farbe, gr. *graphein:* schreiben) genutzt. Dabei wird mit den Filzstiften ein Punkt auf einen Papierstreifen aufgebracht. Dann hängt man diesen in eine Trennkammer mit Wasser. Das Wasser steigt langsam auf. Dabei werden die Farbstoffe gelöst und mit dem Wasser nach oben transportiert (M1).

Zwischen den Papierfasern und den Farbstoffteilchen bilden sich je nach Farbstoff unterschiedlich starke Anziehungskräfte aus. Farbstoffteilchen werden an der Oberfläche der Fasern vorübergehend angelagert. Diese Anlagerung an eine Oberfläche nennt man **Adsorption.** Die Teilchen lösen sich auch wieder. Diesen Vorgang bezeichnet man als **Desorption.** Da die Farbstoffteilchen je nach Sorte unterschiedlich lange an die Papierfasern binden, werden sie unterschiedlich schnell mit dem Wasser transportiert. Es kommt so zu einer Auftrennung der verschiedenen Farben des Farbstoffgemisches Das Ergebnis, das man bei der Chromatografie erhält, bezeichnet man als **Chromatogramm.** Schwarze Filzstiftfarbe ist ein Gemisch aus drei Farbstoffen (M1).

Unter gleichen Bedingungen wandert ein bestimmter Stoff immer gleich schnell mit dem Lösungsmittel. Gleiche Stoffgemische erzeugen also auch gleiche Chromatogramme (M1).

Neben der Papierchromatografie gibt es weitere chromatografische Trennverfahren. Allen ist gemeinsam, dass das zu trennende Stoffgemisch von einer beweglichen Phase an einer festen Phase vorbeigeführt wird. Die feste Phase bilden meistens spezielle Feststoffpulver, die auf Unterlagen gepresst wurden. Die bewegliche Phase kann Wasser, ein anderes Lösungsmittel oder ein Gas sein. Verwendet man ein Gas, nennt man das Verfahren **Gaschromatografie.**

V1 Aktivkohlefiltration

Materialien:
Becherglas, Pipette, Teelöffel, Trichter, Filterpapier, Wasser, Rotwein, Aktivkohle

Durchführung:
Gib zu 100 ml Rotwein etwa einen Esslöffel Aktivkohle und rühre mindestens eine Minute lang kräftig um. Filtriere die Lösung anschließend.

Auswertung:
Protokolliere und deute die Beobachtungen. Recherchiere dazu Eigenschaften von Aktivkohle.

V2 Lebensmittelfarbstoffe – künstlich oder natürlich?

Künstliche Lebensmittelfarbstoffe werden fest an Wollfäden adsorbiert. Natürliche Lebensmittelfarbstoffe färben Wollfäden nicht.

Materialien:
Becherglas, Pinzette, Pipette, Wollfäden, Schere, Magnetrührer mit Heizplatte, farbige Getränke, Speiseessig

Durchführung:
Schneide Wollfäden in fünf Zentimeter lange Stücke. Fülle in ein Becherglas etwa 40 ml eines farbigen Getränks und gib drei Wollfäden und einen Spritzer Essig hinzu. Erwärme unter ständigem Rühren bis zum Kochen. Entnimm die Wollfaden mit einer Pinzette und spüle sie unter Wasser ab.

Auswertung:
Protokolliere und deute die Beobachtungen. Gib an, ob die Getränke künstliche oder natürliche Farbstoffe enthalten. Vergleiche mit den Angaben auf dem Etikett.

V3 Papierchromatografie

Materialien:
Filzstifte, Petrischale, Rundfilterpapier, Wasser

Durchführung:
Male in die Mitte des Filterpapiers mit einem wasserlöslichen Filzstift einen Kreis mit einem Durchmesser von etwa 1 cm. Steche dann in die Mitte des Filterpapiers mit einem Stift ein Loch. Stecke in dieses Loch einen Docht. Der Docht besteht aus etwa 3 cm breitem zusammen gerolltem Filterpapier. Lege das Filterpapier mit dem Docht so auf eine mit Wasser gefüllte Petrischale, dass nur der Docht eintaucht (M2). Beende den Versuch, wenn das Wasser fast den Rand des Filterpapiers erreicht.

Auswertung:
Protokolliere und deute die Beobachtungen.

A1 Chromatografie – ein Modell

Im Abstand von 100 m wird ein Bach von zwei Brücken überquert. An der ersten Brücke werfen Menschen ein Gemisch aus Ästen und Bällen in den Bach. An der zweiten Brücke werden die Gegenstände von einer weiteren Gruppe wieder aus dem Bach gefischt. Dabei wird notiert, wann die einzelnen Gegenstände die zweite Brücke erreichen.
Entwickle anhand des beschriebenen Beispiels ein Modell, mit dem du – auch mit geeigneten Zeichnungen – das Verfahren der Chromatografie erklären und veranschaulichen kannst.

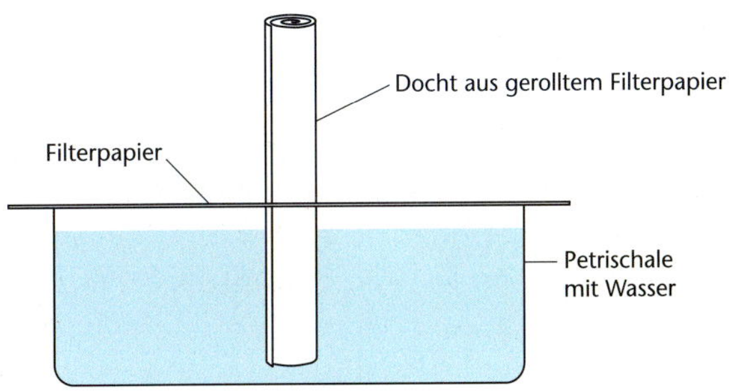

***M2** Papierchromatografie*

2.6 Verstecktes sichtbar machen – Nachweisverfahren

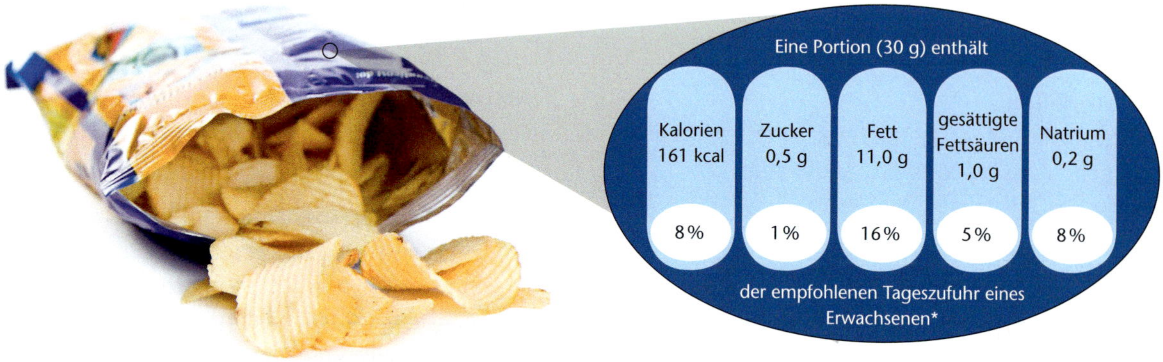

M1 *Inhaltsstoffe von Kartoffelchips*

Kartoffelchips enthalten verschiedene Inhaltsstoffe. Sie sind heterogene Gemische aus mehreren hundert verschiedenen Einzelsubstanzen. Einige davon sind auf der Verpackung angegeben, aber nicht alle (M1). Mithilfe chemischer Nachweisverfahren kann man Inhaltsstoffe von Kartoffelchips sichtbar machen.

So sieht man den Kartoffelchips nicht ohne weiteres an, dass sie Fett enthalten. Derartige „versteckte" Fette lassen sich mit der **Fettfleckprobe** nachweisen. Hierzu drückt man einen Kartoffelchip auf ein sauberes Papierstück. Nach Entfernen des Chips bleibt ein Fettfleck, der im Unterschied zu einem feuchten Fleck nicht durch Trocknen verschwindet (M2).

Zum **Nachweis von Stärke**, einem Hauptbestandteil der Kartoffelchips, wird ein Tropfen Iod-Kaliumiodidlösung auf einen Kartoffelchip gegeben. Durch die enthaltene Stärke kommt es zu einer intensiven dunkelblauen bis schwarzvioletten Verfärbung (M2).

Kartoffelchips können unterschiedliche Zuckerarten enthalten. Wenn Traubenzucker, Fruchtzucker oder Malzzucker in den Chips enthalten ist, kann man sie mit dem **Benedict-Test** nachweisen. Man gibt die zu untersuchende Probe in ein Reagenzglas mit blauem Benedict-Reagenz und erhitzt kurz. Bei Anwesenheit der Zucker bildet sich ein roter Niederschlag (M2).

Viele Lebensmittel enthalten Wasser. Zum **Nachweis von Wasser** gibt es ein spezielles Testpapier. Das Watesmo-Testpapier wird einfach auf die zu untersuchende Probe aufgedrückt. Eine Blaufärbung zeigt Wasser an (M2).

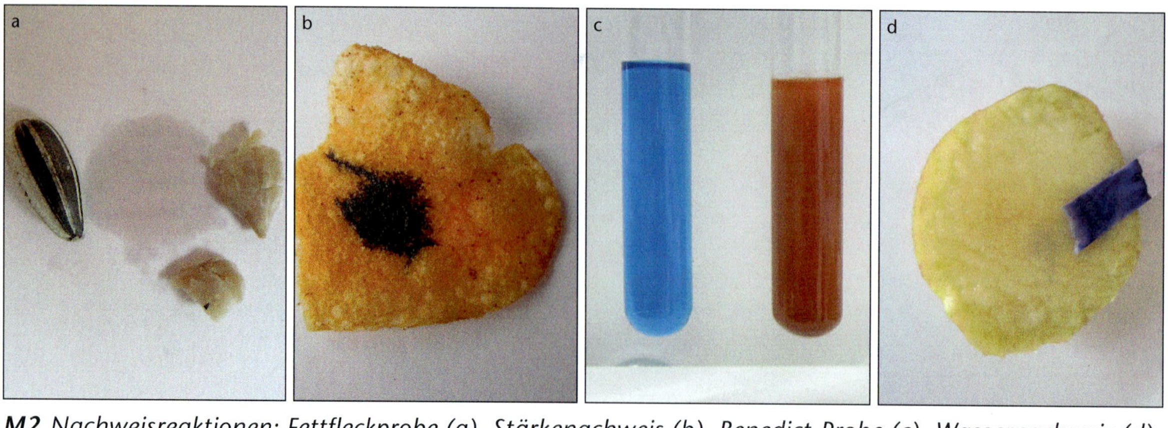

M2 *Nachweisreaktionen: Fettfleckprobe (a), Stärkenachweis (b), Benedict-Probe (c), Wassernachweis (d)*

V1 Untersuchung von Kartoffeln und Kartoffelchips

Die Verfahren zum Nachweis von Fett, Stärke und Wasser sollen mit Kartoffelchips und zum Vergleich mit rohen Kartoffeln durchgeführt werden.
Erstellt eine Liste der benötigten Geräte und Chemikalien. Fügt gegebenenfalls die Gefahrensymbole hinzu. Eine Liste findet ihr im Anhang.
Führt den Versuch nach Absprache mit der Lehrkraft durch. Protokolliert und deutet die Beobachtungen.

V2 Lebensmitteluntersuchung

Materialien:
Blatt Papier, Tropfpipette, Porzellanschale, Watesmo-Testpapier, Iod-Kaliumiodidlösung, Obst, Nüsse, Zwiebelstücke, Brot, weitere Lebensmittel deiner Wahl

Durchführung:
Verfahre mit jedem Lebensmittel wie folgt: Drücke eine Probe des Lebensmittel auf das Papier. Drücke einen Streifen Watesmo-Testpapier an das Lebensmittelstückchen. Lege die Stückchen dann auf eine Porzellanschale und gib mit der Tropfpipette einen Tropfen Iod-Kaliumiodidlösung auf die Lebensmittelproben.

Auswertung:
Protokolliere und deute die Beobachtungen.

A1 Wassergehalt von Lebensmitteln

Proben von Lebensmitteln werden gewogen. Anschließend werden die Proben fein zerkleinert und in einem Backofen getrocknet. Die Proben werden erneut gewogen (M3).
Ermittle jeweils den Wassergehalt der Lebensmittel und stelle die Ergebnisse in geeigneter Weise grafisch dar.

V3 Zuckernachweis nach Benedict

Materialien:
Reagenzgläser, Reagenzglasgestell, Reagenzglasklammer, Wasserbad, Benedict-Reagenz (7), verschiedene Getränke, auch Lightgetränke

Durchführung:
Gib je 3 ml eines Getränkes und 3 ml Benedict-Reagenz in ein Reagenzglas und schüttel. Stelle das Reagenzglas in das heiße Wasserbad (etwa 80 °C) und lasse es etwa fünf Minuten lang darin stehen.

Auswertung:
Protokolliere und deute die Beobachtungen.

A2 Fettgehalt von Käse

Ein Weichkäse mit 46 % Fett i. Tr. hat einen Wassergehalt von 52 %.
Recherchiere, was sich hinter der Abkürzung "i. Tr." verbirgt. Berechne die Masse an Fett, die in 100 g des genannten Käses enthalten ist.

A3 Nachweis der Verdauungswirkung von Mundspeichel

„Speichel enthält Stoffe, die Stärke in Malzzucker umwandeln.“ Entwickle ein geeignetes Experiment, mit dem du diese Aussage überprüfen kannst. Stelle die Versuchsvorschrift der Klasse vor.

Lebensmittel	Einwaage	Trockenmasse
Erdbeere	180 g	20 g
Banane	150 g	38 g
Erdnuss	100 g	95 g
Fleisch (roh)	300 g	80 g
Gurke	250 g	10 g
Cola	120 g	12 g
Brot	150 g	90 g

***M3** Einwaage und Trockenmasse*

Kompetent?

1 Erläutere den Unterschied zwischen einem homogenen und einem heterogenen Gemisch.

2 Erläutere die Vorteile, die das Zentrifugieren gegenüber dem Sedimentieren bietet.

3 Ordne die Darstellungen im Teilchenmodell begründet jeweils einem Gemischtyp zu.

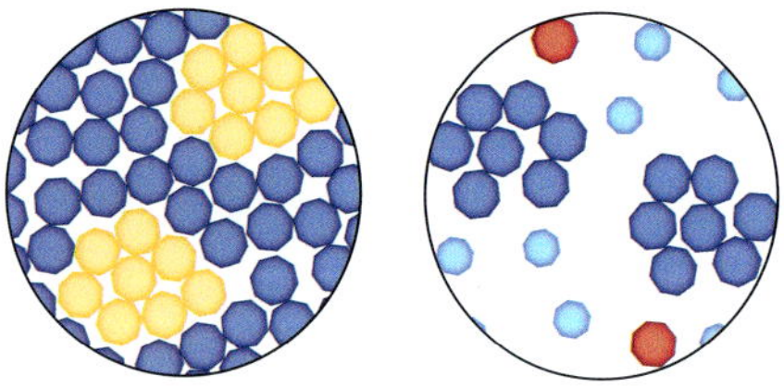

4 Gib an, worin sich Leitungswasser und destilliertes Wasser unterscheiden.

5 Nenne jeweils einen Nachweis für Wasser und Fett.

6 Füge die folgenden Silben zu Fachbegriffen zusammen und erläutere diese.
ad-chen-chro-de-dell-di-fie-gra-ma-men-mo-on-on-on-pe-pen-ra-rein-se-si-sie-sorp-sus-stoff-ta-teil-tem-ti-ti-to-tur

7 Beschreibe ein Experiment, mit dem man überprüfen kann, ob zwei Briefe mit dem gleichen Filzstift geschrieben wurden.

8 Skizziere eine Lösung im Teilchenmodell.

9 Beschreibe den Unterschied zwischen einer Suspension und einer Emulsion.

10 Nenne den Stoff, den man mit Iod-Kaliumiodidlösung nachweisen kann.

11 Ordne den Sachverhalten A bis E die entsprechenden Fachbegriffe 1 bis 5 zu:
A Öl-Essig-Gemisch
B Übertritt eines Stoffes von einem Lösungsmittel in ein anderes
C Sedimentieren mithilfe der Fliehkraft
D Flüssige „Partikel" in Gas verteilt
E Sieben mit "sehr kleinen Löchern"
1 Zentrifugieren
2 Emulsion
3 Nebel
4 Extraktion
5 Filtrieren

12 Gib an, welcher der folgenden Begriffe nicht zu den anderen passt. Begründe deine Antwort: Extraktion, Sedimentation, Filtration, Sublimation, Destillation und Zentrifugation

13 Erläutere das Verfahren der Extraktion. Gib dazu Beispiele aus dem Alltag an.

Zum Vergessen zu wichtig ...

Wissen aus früheren Kapiteln

- Beschreibe, wie sich die Löslichkeit von Stoffen bei steigender Temperatur verhält.
- Gib an, was man unter der Dichte eines Stoffes versteht.
- Erläutere die Begriffe *Sieden, Sublimieren, Kondensieren* und *Verdunsten.*
- Gib an, wie man eine gesättigte Lösung erkennen kann.
- Erläutere den Begriff *hydrophob.*

Basiskonzepte

Ordne den Aufgaben auf dieser Seite die entsprechenden Basiskonzepte zu. Fertige dazu eine Tabelle nach untenstehendem Muster an. Gib in der dritten Spalte die Unterkapitel an, in denen Informationen zur Aufgabe stehen.

Aufgabe	Basiskonzept(e)	Unterkapitel
1	Stoff-Teilchen-Konzept	2.1, 2.2
2	...	...

Chemie kommunikativ: Rosa Zeiten für Lachse

M1 Rote Farben aus der Natur

Lachsfleisch sieht besonders appetitlich aus, wenn es intensiv rosa gefärbt ist. Die rosa Farbe der Wildlachse wird durch Carotinoide verursacht. Carotinoide sind rote Farbstoffe, die von Pflanzen und Algen produziert werden. Im Meer werden diese Algen von Kleinkrebsen gefressen. Diese Krebse dienen wiederum den Lachsen als Nahrung. So gelangen Carotinoide über Nahrungsketten in die Körper der Lachse. Der Farbstoff reichert sich im Fett der Fische an. Bei dem natürlich vorkommenden Carotinoid handelt es sich hauptsächlich um den Stoff Astaxanthin. Astaxanthin hat auch für den Menschen gesundheitsfördernde Wirkungen.

M2 Rosige Zeiten für Zuchtlachse

Früher waren Lachse teure Speisefische, die nur zu seltenen Anlässen verzehrt wurden. Heute ist Lachs in jedem Supermarktregal ständig zu günstigen Preisen verfügbar. Die meisten Lachse, die bei uns auf den Teller kommen, stammen heute aus Aquakulturen. Das sind große Anlagen, in denen die Fische in riesigen Gehegen im Meer gehalten werden. Dadurch werden wild lebende Fischbestände geschont. Unproblematisch ist diese Art der Fischproduktion nicht, da das Wasser mit Arzneimitteln, Futter und Kot der auf engem Raum lebenden Tiere belastet wird. Das Futter der Zuchtlachse enthält von Natur aus keine Carotinoide. Da Verbraucher weißes Lachsfleisch aber nicht kaufen würden, werden dem Futter Carotinoide beigemischt. Dabei kann es sich um Astaxanthin handeln. Häufig wird aber auch das günstigere Canthaxanthin verfüttert. Dieser Farbstoff kann sich in der Netzhaut des menschlichen Auges ablagern und zu Sehstörungen führen.

M3 Wildlachs oder Zuchtlachs?

Lachsfleisch wird mit dem Mixer fein zerkleinert. Da die Carotinoide sich nicht in Wasser lösen, wird Aceton zugegeben. Aceton ist eine farblose Flüssigkeit. Mit dem Aceton wird das Lachsfleisch zu einem flüssigen Brei zerrieben. Der Brei wird filtriert. Man erhält eine rötlich gefärbte Lösung. Diese gibt man mit viel Wasser in einen Messkolben und fügt wenige Milliliter Waschbenzin zu. Dann wird der Kolben kräftig geschüttelt und anschließend stehen gelassen. Nach einiger Zeit setzt sich auf dem Wasser eine intensiv gefärbte Schicht ab (Abb. 1). Von dieser Schicht nimmt man eine kleine Probe und trägt sie auf eine Dünnschichtchromatografieplatte auf. Das Ergebnis der Chromatografie ist in der unteren Abbildung rechts dargestellt:

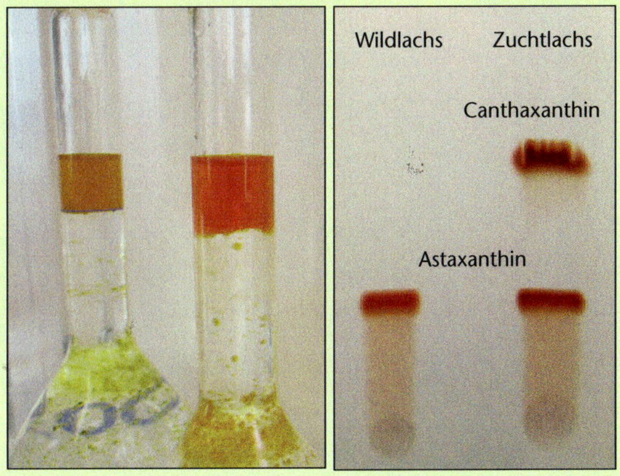

1 Farbstofflösung in Waschbenzin (links) und Chromatogramm (rechts)

A Arbeitsaufträge

a) Bildet Arbeitsgruppen aus je drei Personen. Jedes Gruppenmitglied wertet zunächst eines der Materialien und trägt anschließend der Arbeitsgruppe den Inhalt vor.

b) Entwickelt gemeinsam ein Poster, auf dem ihr die Ergebnisse eurer Besprechung darstellt. Auf dem Poster soll auch das Verfahren zur Unterscheidung von Wild- und Zuchtlachs erklärt werden.

c) Präsentiert das Poster eurer Klasse.

3 Chemische Reaktion

3.1 Neue Beziehungen – chemische Reaktionen

M1 *Grillen*

Auf einem Grill befindet sich Grillfleisch. Nach einiger Zeit sind die Fleischstückchen oberflächlich braun geworden und verströmen einen angenehmen Geruch. Am Ende ist von der Grillkohle nur noch ein Häufchen Asche übrig (M1).

Im Fleisch sind sehr viele verschiedene Stoffe enthalten, unter anderem Eiweiß, Fette und Kohlenhydrate. Diese Stoffe reagieren beim Erwärmen miteinander. Danach liegen neue Stoffe mit neuen Eigenschaften vor. Sie riechen und schmecken anders und haben ihre Farbe verändert. Aus **Ausgangsstoffen** (Edukten) entstehen **Endstoffe** (Produkte) mit neuen Eigenschaften. Das ist typisch für eine **chemische Reaktion.**

Auch bei der Verbrennung von Grillkohle entstehen neue Stoffe. Bei dieser Reaktion wird ein weiteres Kennzeichen chemischer Reaktionen deutlich: Bei der Verbrennung wird Wärme frei. Diese Reaktion ist **exotherm.** Manche Reaktionen laufen aber nur ab, wenn ständig Wärme zugeführt wird. Diese Reaktionen sind **endotherm.**

Die Reaktionen beim Grillen von Fleisch sind vielfältig, weil sehr viele Stoffe beteiligt sind. Es ist zunächst einfacher, Reaktionen zu betrachten, bei denen nur zwei Stoffe miteinander reagieren.

Kupfer ist ein rötliches Metall, Schwefel ein gelbes Pulver. Man gibt etwas Schwefel und einen Streifen Kupferblech in ein Reagenzglas und erhitzt über dem Gasbrenner. Wenn das Kupferblech zu glühen beginnt, nimmt man das Reagenzglas aus der Brennerflamme. Das Blech glüht trotzdem weiter. Ist das Reagenzglas abgekühlt, findet man weder den gelben Schwefel noch das rote Kupfer, sondern nur einen schwarzen, kristallinen Feststoff, das Kupfersulfid. Es ist ein neuer Stoff mit neuen Eigenschaften entstanden.

Chemische Reaktionen kann man mit einer **Wortgleichung** beschreiben:

Kupfer + Schwefel → Kupfersulfid

Kupfer und Schwefel reagieren zu Kupfersulfid.

M2 Bildung von Kupfersulfid

A1 Herstellung von Kupfersulfid
Ordne die Bilder von M2 in der richtigen Reihenfolge und erläutere, woran man erkennt, dass es sich um eine chemische Reaktion handelt (M3).

A2 Chemische Reaktionen?
Begründe jeweils, ob das Gefrieren von Wasser und das Rosten eines Fahrrads eine chemische Reaktion ist.

V1 Herstellung von Eisensulfid

Materialien:
Mörser mit Pistill, Spatel, Reagenzglas, Reagenzglasklammer, Gasbrenner, Luftballon, Eisenpulver **(2)**, Schwefelpulver **(7, 9)**

Durchführung:
Mische 7 g Eisenpulver und 4 g Schwefelpulver in dem Mörser mit dem Pistill und gib die Mischung etwa 3 cm hoch in das Reagenzglas.
Verschließe das Reagenzglas mit einem Luftballon.
Erhitze das Reagenzglas über dem Gasbrenner solange, bis die Mischung zu glühen beginnt (M4). Beobachte weiter.

Auswertung:
Protokolliere und deute die Beobachtungen. Formuliere die Wortgleichung für die Reaktion. Lege eine ähnliche Tabelle wie M3 für die Herstellung von Eisensulfid an.

Name	Kupfer	Schwefel	Kupfersulfid
Farbe	rotbraun	gelb	blaugrau
Dichte in $\frac{g}{cm^3}$	8,92	2,07	5,6
Schmelztemperatur in °C	1085	115	1100
elektrische Leitfähigkeit	leitfähig	nicht leitfähig	nicht leitfähig
Verformbarkeit	biegsam	spröde	spröde

M3 Stoffeigenschaften

V2 Zuckerwasser und Brause

Materialien:
Bechergläser, Löffel, Brausetablette, Zucker, Wasser

Durchführung:
Gib eine Brausetablette in etwas Wasser, rühre um und beobachte. Wiederhole den Versuch mit etwas Zucker.

Auswertung:
Protokolliere und deute die Beobachtungen. Gib jeweils begründet an, ob es sich bei den Vorgängen um eine chemische Reaktion handelt.

M4 Herstellung von Eisensulfid

3.2 Ein Verwandlungskünstler – Energie I

M1 Formen der Energie

Unser Alltag wird durch Energie bestimmt. Wir nutzen sie, wenn wir heizen, Güter transportieren oder für die Beleuchtung von Räumen (M1). Dabei können wir Energie selbst weder sehen noch spüren. Wir bemerken nur ihre Wirkung.

Energie kann in verschiedenen Formen auftreten. Im Holz des Kamins oder in Nahrungsmitteln ist Energie in chemisch gebundener Form enthalten. Aufgestautes Wasser enthält Lageenergie. Die Sonne sendet Strahlungsenergie in Form von Licht aus. Die Rotoren von Windkraftanlagen werden durch die Bewegungsenergie des Windes angetrieben. Elektrische Energie bringt eine Glühbirne zum Leuchten. Die Energie radioaktiver Stoffe wird in Kernkraftwerken genutzt.

Vorgänge in Natur und Technik werden dadurch angetrieben, dass eine Energieform in eine andere umgewandelt wird. Dabei bleibt die Gesamtmenge der Energie gleich. **Energie kann weder erzeugt noch verbraucht werden**. Bei jeder Energieumwandlung wird aber ein Teil der Energie in Wärmeenergie umgewandelt (M2). Nicht alle Energieformen sind gleich wertvoll. Elektrische Energie ist leicht in andere Energieformen umwandelbar und deshalb wertvoll. Wärmeenergie ist die Energieform, die am schlechtesten in andere Energieformen umgewandelt werden kann. Der Nutzwert ist dadurch begrenzt. Deshalb spricht man von einer **Entwertung** der Energie, wenn Wärmeenergie aus anderen Energieformen gebildet wird.

Geräte oder Lebewesen wandeln als **Energiewandler** Energieformen um. Die Weitergabe von Energie über eine Kette von Energiewandlern bezeichnet man als **Energiefluss** (M2).

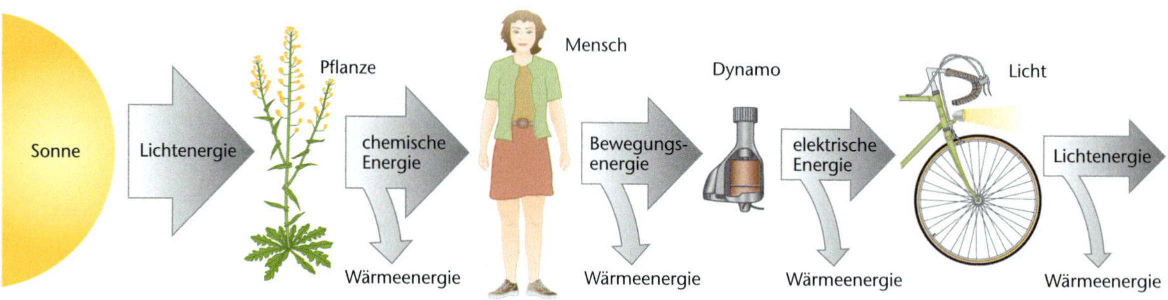

M2 Energiefluss in einer Energieumwandlungskette

abgegeben / zugeführt	Bewegungs-energie	elektrische Energie	Wärmeenergie	Lichtenergie	chemische Energie
Bewegungs-energie	a  Windmühle	b  Fahrraddynamo	c 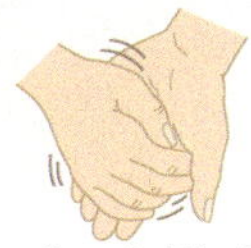 reibende Hände		
elektrische Energie	d	e 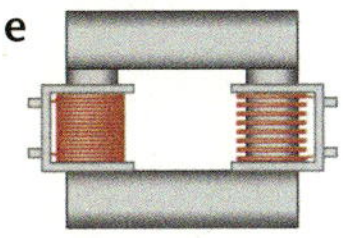 Transformator	f	g	h 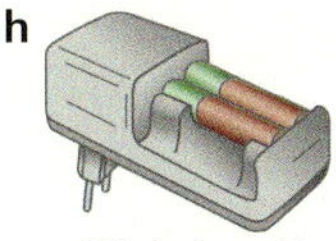 Akkuladegerät
Wärmeenergie	i  Dampflok	j  Thermoelement	k	l	m 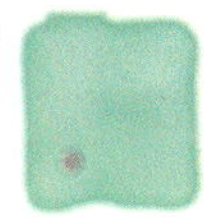 Wärmekissen
Lichtenergie	n  Lichtmühle	o	p  Sonnenkollektor	q  Spiegel	r  Fotosynthese
chemische Energie	s	t	u	v	w 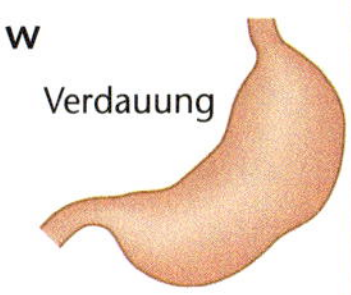 Verdauung

M3 Energieumwandlungen

A1 Energieumwandlungen

a) Beschreibe die in M2 dargestellte Energieumwandlungskette.
b) Entwickle weitere Beispiele für Energieumwandlungsketten nach dem Muster von M2.
c) In M3 sind – noch unvollständig – Beispiele für Energieumwandlungen angegeben. Gib für jedes mit einem Buchstaben markierte Feld ein Beispiel an. Ergänze möglichst für die Felder, die bereits ausgefüllt sind, eigene Beispiele.

A2 Alltagssprache und Fachsprache

In einer Zeitschrift finden sich folgende Aussagen zum Thema Energie: "Der Energieverbrauch in deutschen Haushalten ist zu hoch." "Zur Energieerzeugung werden vermehrt nachwachsende Rohstoffe genutzt."
Nimm zur fachlichen Richtigkeit dieser Aussagen Stellung.

A3 Perpetuum mobile – ein Menschheitstraum

Seit dem Mittelalter versuchen Menschen eine Maschine zu entwickeln, die, wenn sie in Gang gesetzt wird, ewig in Bewegung bleibt (M4).
Nimm zu den Erfolgsaussichten für eine derartige Konstruktion Stellung.

***M4** Ein perpetuum mobile?*

3.3 Frei oder gebunden – Energie II

M1 *Entzünden eines Streicholzes*

Reibt man ein Streichholz über die Reibfläche einer Zündholzschachtel, so entzündet sich der Streichholzkopf und setzt das Holz in Flammen (M1). Ursache dafür ist, dass beim Reiben Spuren von Phosphor von der Reibfläche am Zündkopf haften bleiben. Der Phosphor reagiert sofort mit anderen Stoffen im Zündkopf. Dabei wird Energie in Form von Wärme frei und entzündet das Holz. Solche Reaktionen, bei denen Energie in Form von Wärme frei wird, nennt man **exotherm**. Man stellt die Energieumsätze in Energiediagrammen dar (M2). Da bei der exothermen Reaktion Wärme frei wird, besitzen die Produkte einen geringeren Energieinhalt. Der Unterschied der beiden Energiegehalte ist die freiwerdende Wärme. Sie wird in Joule angegeben. Um 1 g Wasser bei Zimmertemperatur um 1 °C zu erwärmen, benötigt man 4,2 J.

Neben exothermen Reaktionen gibt es auch Reaktionen, bei denen ständig Wärme zugeführt werden muss. Solche Reaktionen nennt man **endotherm** (gr. *endon:* drinnen). Ein Beispiel dafür ist das Kalkbrennen zur Herstellung von Branntkalk für die Zementindustrie. Die Reaktionsprodukte besitzen nach der Reaktion eine höhere Energie als die Edukte (M3).

Bei vielen Reaktionen muss oft von außen Energie zum Starten der Reaktion zugefügt werden. Die erforderliche Energie heißt **Aktivierungsenergie.** So erhält man die erforderliche Aktivierungsenergie für das Zündholz durch das Reiben. Die Reaktion läuft zunächst an der Oberfläche des Zündholzes ab, die freiwerdende Energie dient als Aktivierungsenergie für die tiefer liegenden Bereiche des Zündholzes.

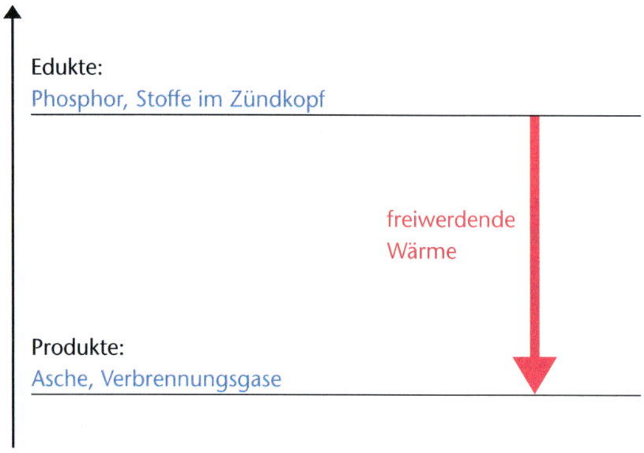

M2 *Energiediagramm einer exothermen Reaktion*

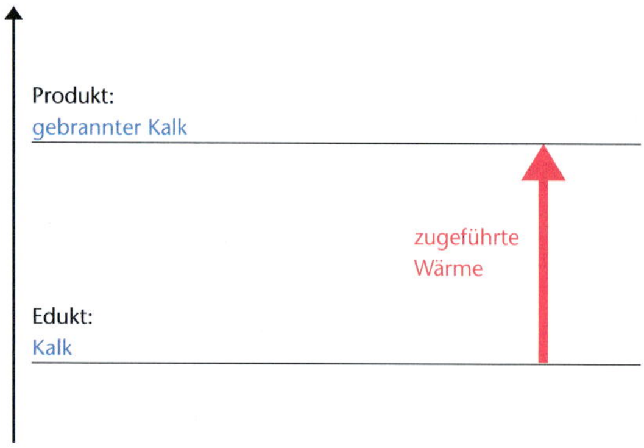

M3 *Energiediagramm einer endothermen Reaktion*

M4 *Dominoday*

V1 Kupfervitriol

Materialien:
Reagenzglas, Gasbrenner, Kupfervitriol (**7, 9**), Wasser, wasserfreies Kupfersulfat (**7, 9**)

Durchführung:
1. Erhitze Kupfervitriol in einem trockenen Reagenzglas so lange, bis die blaue Farbe verschwunden ist und notiere die Beobachtungen.
2. Lass das Reagenzglas abkühlen. Nimm dann das Glas so in die Hand, dass die Handfläche den Boden umschließt. Gib einige Tropfen Wasser hinzu und notiere die Beobachtungen.

Auswertung:
a) Stelle eine Vermutung auf, welche Stoffe bei Versuch 1 entstanden sind.
b) Überprüfe mithilfe eines Versuchs, ob deine Hypothese richtig ist.
c) Erstelle Wortgleichungen für beide Reaktionen und ordne den beiden Reaktionen die Begriffe exotherm und endotherm zu.
d) Fasse die beiden Wortgleichungen in einer gemeinsamen Gleichung zusammen und erläutere, weshalb man hier von einer umkehrbaren Reaktion spricht.
e) Zeichne ein Energiediagramm für beide Reaktionen.

A1 Energiegehalt von Nahrungsmitteln

Zum Aufrechterhalten der Lebensprozesse sowie der Temperatur in unserem Körper benötigen wir Energie. Diese Energie ist in unseren Nahrungsmitteln gespeichert (M5). Sie wird beim Verdauen der Nahrungsmittel freigesetzt.
a) Recherchiere, welche der drei Nahrungsmittelgruppen Fette, Eiweiße und Kohlenhydrate pro 100 g den höchsten Energiegehalt besitzen.
b) Gib je ein Beispiel für ein sehr energiereiches sowie für ein energiearmes Nahrungsmittel an.
c) Eine veraltete Einheit für die Energie ist die Kalorie (cal). Berechne den Umrechnungsfaktor von Kalorie in Joule.

A2 Dominoday

Vergleiche die Abläufe beim Dominoday (M4) mit den Vorgängen bei einer chemischen Reaktion.

Nährwerte	Ø/100ml	Glas Ø/250ml	%GDA
Brennwert	159 kJ/38 kcal	400 kJ/94 kcal	5 %
Eiweiß	3,6 g	9,0 g	18 %
Kohlenhydrate	5,1 g	12,8 g	5 %
davon Zucker	5,1 g	12,8 g	14 %
Fett	0,3 g	0,8 g	1 %
davon gesättigte Fettsäuren	0,2 g	0,5 g	3 %
Ballaststoffe	0 g	0 g	0 %
Natrium	0,05 g	0,13 g	5 %
GDA =Richtwerte der empfohlenen Tagesmenge			

Mineralstoffe	Ø/100ml	Glas Ø/250ml
Calcium	120,0 mg	300,0 mg
%RDA	15 %	38 %
RDA = empfohlene Tagesdosis		

M5 *Ernährungsnavigation von fettarmer Milch*

3.4 Andere Wege – Katalysatoren

M1 Modellvorstellung zu Katalysatoren

Wasserstoff ist ein farbloses, brennbares Gas. Entzündet man es an der Luft, gibt es eine Stichflamme, die von einem Knall begleitet wird. Bei Zimmertemperatur entzündet sich Wasserstoff ohne Funken oder Flamme nicht. Hält man aber etwas Platin in den Wassserstoffstrom aus einer Wasserstoffflasche, entzündet sich der Wasserstoff von selbst. Stoffe, die wie Platin wirken, nennt man **Katalysatoren.** Katalysatoren sind Stoffe, die an einer Reaktion teilnehmen und sie beschleunigen, aber unverändert wieder aus der Reaktion hervorgehen. Eine Reaktion läuft bei der Katalyse anders ab als ohne Katalysator. Bei der Reaktion mit Katalysator wird die **Aktivierungsenergie** geringer. Der Energieinhalt der Edukte und Produkte ist jedoch bei beiden Reaktionen gleich (M2). Es wird gewissermaßen ein anderer Reaktionsweg eingeschlagen. Man kann sich dies modellhaft vorstellen (M1).

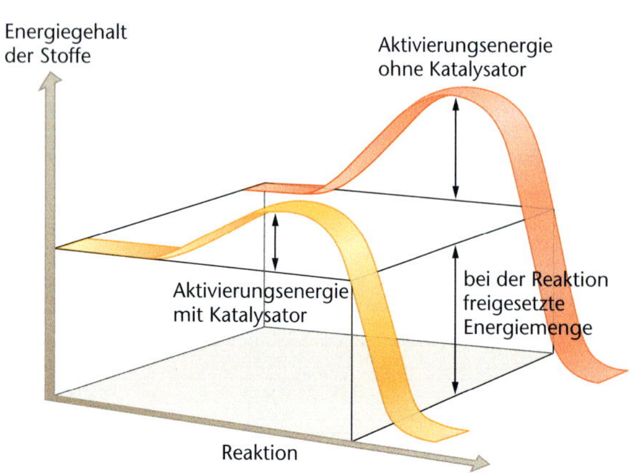

M2 Reaktion mit und ohne Katalysator

Katalysatoren werden in der Industrie heute vielfach eingesetzt. Oft sind Reaktionen ohne Katalysatoren technisch nicht möglich oder sie erfordern einen hohen Energieeinsatz. Die Entwicklung von Katalysatoren gehört deshalb heute zu den wichtigsten Fachgebieten der Chemie. Ein Spezialfall ist der Autoabgaskatalysator. Er enthält ein wabenartig aufgebautes Keramikteil, dessen Wände mit verschiedenen Katalysatoren beschichtet sind. Die Abgase werden durch diese Waben geleitet, wobei schädliche Abgase in weniger schädliche umgewandelt werden.

Auch in allen Lebewesen wirken Katalysatoren. Sie bestehen aus Eiweiß. Man nennt diese Biokatalysatoren **Enzyme.** Alle Reaktionen, die in Lebewesen ablaufen, werden durch Enzyme katalysiert. Enzyme spielen zum Beispiel bei der Verdauung eine große Rolle, indem sie schrittweise Nährstoffe in kleinere Bausteine spalten, die dann in das Blut gelangen können. So wandelt Amylase aus dem Speichel die Stärke in Malzzucker um. Enzyme kommen in allen Zellen vor. Sie sind hitzeempfindlich, die meisten werden bei Temperaturen über 42 °C zerstört. Deshalb ist Fieber in dieser Höhe tödlich.

V1 Verbrennung von Würfelzucker

Materialien:
feuerfeste Unterlage, Streichhölzer, Würfelzucker, Asche

Durchführung:
Lege ein Stück Würfelzucker auf eine feuerfeste Unterlage und versuche, es mit einem Streichholz zu entzünden. Wiederhole den Versuch mit einem Stück Würfelzucker, das mit Asche eingerieben wurde.

Auswertung:
Protokolliere und deute die Beobachtungen.

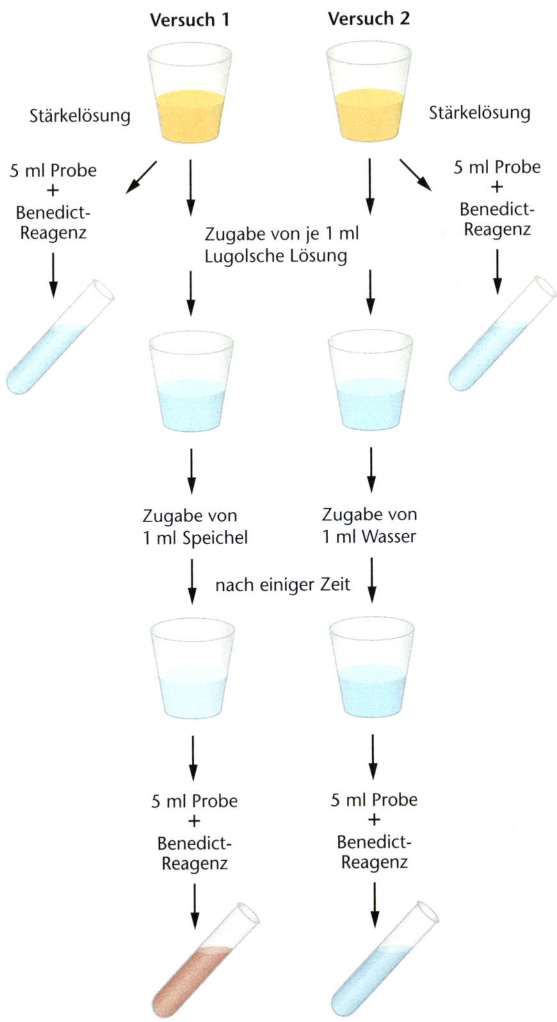

M3 Versuche mit Stärkelösung

V2 Enzyme in der Kartoffel

Beim Abbau von Fetten entsteht in den Zellen Wasserstoffperoxid, das Schäden im Erbgut hervorrufen kann. In den Zellen wird es durch das Enzym Katalase zu Wasser und Sauerstoff abgebaut. Sauerstoff kann man durch die **Glimmspanprobe** nachweisen. Dabei hält man einen glimmenden Holzspan in das Gas. Entzündet sich das Holz oder leuchtet die glimmende Stelle stark auf, ist Sauerstoff vorhanden.

Materialien:
Reagenzgläser, Reagenzglasgestell, Gasbrenner, Tropfpipette, Messer, Holzspan, Spatel, rohe Kartoffel, gekochte Kartoffel, Wasserstoffperoxidlösung (w = 3 %), Trockenhefe

Durchführung:
Gib in je ein Reagenzglas eine Spatelspitze abgeschabtes Material einer halbierten rohen Kartoffel, einer gekochten Kartoffel und Trockenhefe. Gib in jedes Reagenzglas etwa einen Zentimerter hoch Wasser hinzu und schüttle. Tropfe anschließend Wasserstoffperoxidlösung dazu. Führe dann die Glimmspanprobe durch.

Auswertung:
Protokolliere und deute die Beobachtungen.

A1 Vergleich von Reaktionen
Vergleiche eine Reaktion mit und ohne Katalysator. Fertige dazu eine Tabelle an.

A2 Modellvorstellung
Erläutere, inwieweit die Modellvorstellung in M1 katalysierte Reaktionen veranschaulicht.

A3 Katalysatoren in der Technik
Nenne Gründe für die große Bedeutung von Katalysatoren in der Technik.

A4 Versuche mit Stärkelösung
Werte die Versuche in M3 aus.

3.5 Alleine oder gemeinsam – Elemente und Verbindungen

M1 *Diiodpentaoxid vor dem Erhitzen, während des Erhitzens und nach dem Erhitzen*

Diiodpentaoxid ist ein weißes Pulver. Selbst unter dem Mikroskop sieht es einheitlich aus. Das Pulver lässt sich mit den üblichen Trennverfahren nicht in unterschiedliche Bestandteile zerlegen. Es handelt sich also um einen **Reinstoff.** Erhitzt man jedoch Diiodpentaoxid in einem Reagenzglas, bilden sich violette Dämpfe. Damit diese Dämpfe nicht entweichen können, wird das Reagenzglas mit einem Stopfen mit Aktivkohlefilter verschlossen. Das weiße Pulver ist nach einiger Zeit nicht mehr vorhanden (M1). Lässt man das Reagenzglas anschließend abkühlen, verschwinden auch die violetten Dämpfe langsam wieder. Stattdessen bilden sich an den kühleren Stellen des Reagenzglases dunkle Kristalle. Hält man dann einen glimmenden Holzspan in das Reagenzglas, leuchtet dieser heftig auf.

Die violetten Dämpfe sind Ioddämpfe. Sie resublimieren an den kühleren Stellen des Reagenzglases, und es bilden sich Iodkristalle. Das Aufleuchten des glimmenden Holzspans zeigt die Anwesenheit von Sauerstoff an. Diese Glimmspanprobe ist ein Nachweis für Sauerstoffgas.

Der Reinstoff Diiodpentaoxid enthält Iod und Sauerstoff in chemisch gebundener Form. Durch Erhitzen lassen sich Iod und Sauerstoff daraus frei setzen. Da man Iod und Sauerstoff aber nicht mit einfachen Trennverfahren voneinander trennen kann, liegt kein Gemisch vor. Diiodpentaoxid ist eine Verbindung. Die Eigenschaften der **Verbindung** Diiodpentaoxid unterscheiden sich von denen der Edukte Iod und Sauerstoff.

Iod und Sauerstoff sind ebenfalls Reinstoffe. Aber sie lassen sich weder durch starkes Erhitzen, noch durch chemische Reaktionen in weitere Bestandteile zerlegen. Es handelt sich um **Elemente.**

Verbindungen sind Reinstoffe, die sich durch chemische Reaktionen in Elemente zerlegen lassen. Elemente sind Reinstoffe, die sich auch durch chemische Reaktionen nicht weiter zerlegen lassen. Bis heute kennt man 118 Elemente. Diese Elemente werden im Periodensystem im Anhang dieses Buches genannt. Für jedes Element gibt es ein international vereinbartes **Elementsymbol,** das aus einem oder zwei Buchstaben besteht.

V1 Bildung und Zerlegung von Kupferiodid

Materialien:
zwei schwer schmelzbare Reagenzgläser, durchbohrter Stopfen, Reagenzglasklammer, Gasbrenner, 20-ml-Spritze, Glaswolle, Pinzette, Spatel, Aktivkohle, Iod (**7, 9**), Kupferblechstreifen

Durchführung:
Klemme einen Kupferblechstreifen in die Mitte eines Reagenzglases. Gib einige Iodkristalle in das Reagenzglas. Verschließe das Reagenzglas mit einem Stopfen mit Adsorptionsröhrchen gemäß Abbildung:

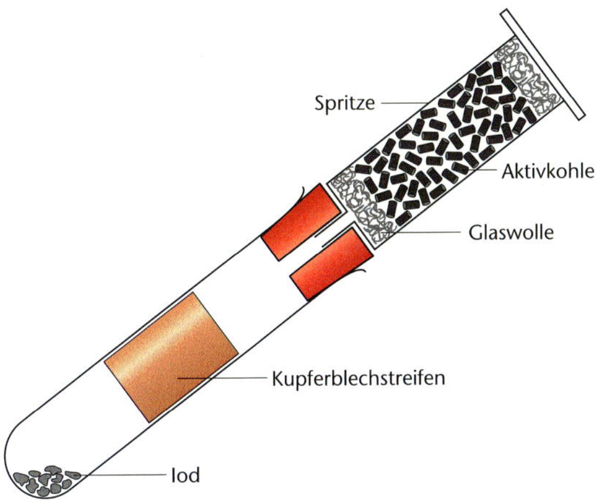

Erhitze zunächst den Kupferblechstreifen im Reagenzglas mit dem Gasbrenner. Erhitze dann die Iodkristalle vorsichtig, sodass Ioddämpfe bis zum heißen Kupferblech aufsteigen. Entnimm nach dem Abkühlen den Kupferblechstreifen mit einer Pinzette und kratze die Schicht, die sich an der Oberfläche des Kupferblechstreifens gebildet hat, mit dem Spatel ab. Fülle die abgekratzte Substanz in ein weiteres Reagenzglas und verschließe dieses erneut mit dem Gummistopfen mit Adsorptionsröhrchen. Erhitze das erhaltene Pulver.

Auswertung:
Protokolliere und deute die Beobachtungen.

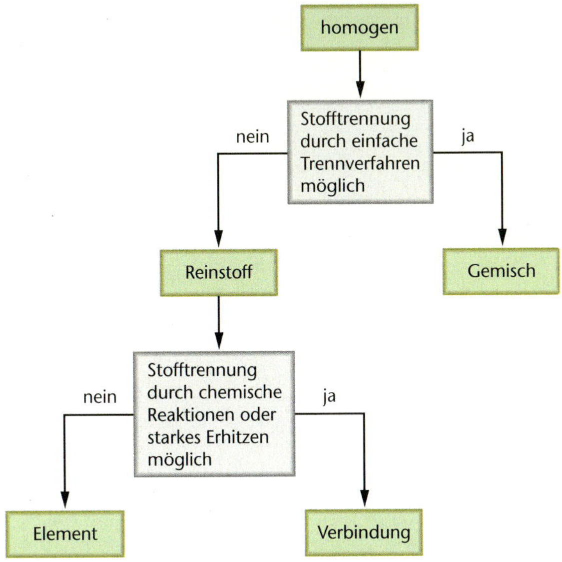

***M2** Gemische, Verbindungen, Elemente*

A1 Elemente und Verbindungen

a) Erläutere, wodurch sich Elemente, Verbindungen und Gemische unterscheiden. Berücksichtige dabei den Grundwissentext und M2.

b) Formuliere für die im Grundwissentext genannten Reaktionen die Wortgleichungen.

A2 Elemente und Verbindungen – eine modellhafte Deutung

Im Grundwissentext und in M2 sind wesentliche Kennzeichen von Gemischen, Elementen und Verbindungen genannt. Entwickle mithilfe von Lego®-Steinen (M3) ein Modell, mit dem du die Begriffe aus M2 veranschaulichen kannst. Stelle dieses Modell in deiner Klasse vor.

***M3** Lego®-Steine*

3.6 Kleiner als gedacht – Teilchen und Atome

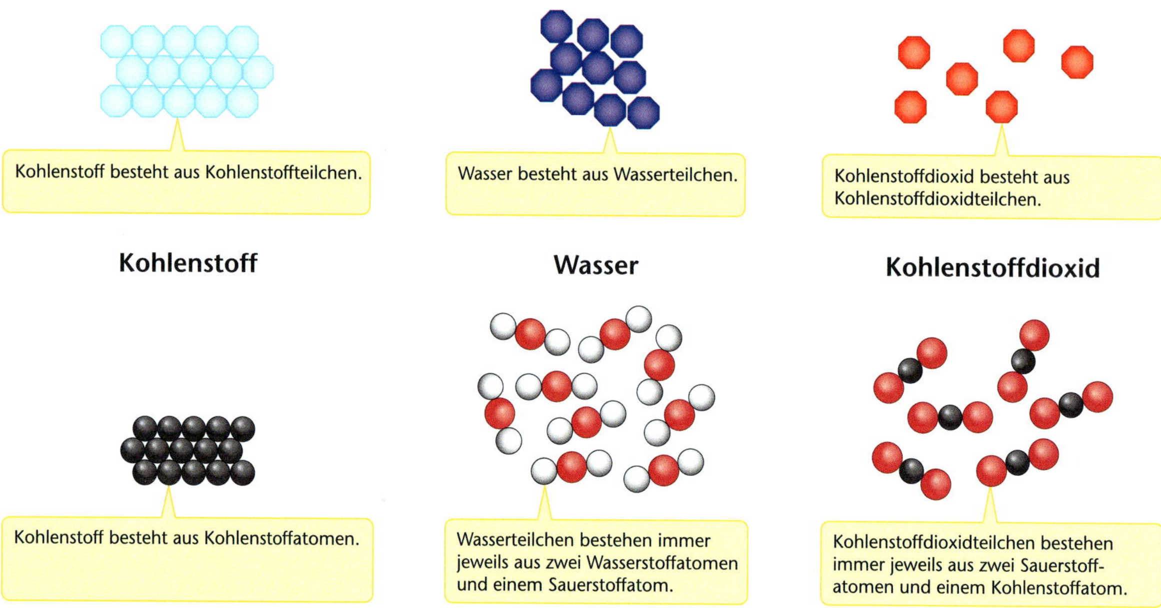

***M1** Elemente und Verbindungen im Teilchenmodell (oben) und Atommodell (unten)*

Auf der Suche nach neuen Elementen gelang es Forschern um 1800, Stoffe wie Wasser und Kohlenstoffdioxid zu zerlegen, die vorher als Elemente galten. Dies führte zu einem Widerspruch: Wenn eine Verbindung, die aus kleinen Teilchen besteht, weiter zerlegt werden kann, dann müssen auch die kleinen Teilchen weiter zerlegt werden können. Diesen Widerspruch löste 1808 John DALTON. Nach ihm bestehen nur die Elemente aus kleinen Teilchen, die er **Atome** (gr. *atomos:* unteilbar) nannte. Verbindungen bestehen aus Teilchen, die aus mehreren miteinander verbundenen Atomen zusammengesetzt sind. Informationen zu Atomen finden sich in M2. Im Gegensatz zu den achteckig gezeichneten kleinen Teilchen werden Atome in diesem Buch modellhaft als farbige Kugeln dargestellt (M1).

Die sehr kleinen Massen von Atomen konnte man zur Zeit Daltons nur ungenau bestimmen. Heutige Messungen liefern sehr genaue Werte. So besitzt ein Kohlenstoffatom die Masse von nur $0{,}000\,000\,000\,000\,000\,000\,000\,02\ \text{g} = 20 \cdot 10^{-24}\ \text{g}$ So wie man $\frac{1}{1000}$ g als 1 mg bezeichnet, bezeichnet man $\frac{1}{12}$ der Masse eines Kohlenstoffatoms als 1 u (engl. *unit*). Ein **unit** entspricht etwa der Masse des leichtesten Atoms, der des Wasserstoffatoms. Zwischen Gramm und unit besteht folgender Zusammenhang:

$$1\ \text{g} = 6 \cdot 10^{23}\ \text{u}$$

Die **Atommassen** aller Elemente sind im Anhang des Buches aufgelistet. Als Symbol für das Atom eines Elements benutzt man ebenfalls das Elementsymbol. Das Elementsymbol besitzt dadurch zwei Bedeutungen: Auf der Stoffebene steht es für das Element selbst, auf der Teilchenebene für ein Atom des Elements.

- Die Atome eines Elements sind untereinander gleich. Sie besitzen die gleiche Masse und die gleiche Größe.
- Es gibt so viel Atomarten wie es Elemente gibt.
- Die Atome unterschiedlicher Elemente unterscheiden sich in ihren Massen und in ihrer Größe.
- Die Atome sind unveränderlich, sie können weder neu erschaffen noch können sie gespalten werden.

***M2** Eigenschaften von Atomen nach DALTON*

M3 *Von winzig klein bis riesengroß – unterschiedlich große Objekte*

A1 John Dalton

a) Gib den Text in M4 mit eigenen Worten wieder.

b) Gib an, welche der in M2 genannten Eigenschaften von Atomen im Daltons Text erwähnt werden.

A2 Größe von Objekten

Jedes Objekt in M3 unterscheidet sich jeweils um den Faktor 10 von dem nächstgrößeren Objekt. Der Mensch ist etwa 1,50 m groß.

a) Kopiere M3, schneide die Bilder der Objekte aus und klebe sie nach ihrer Größe geordnet in dein Heft.

b) Gib die Größe der Objekte an.

A3 Ordnung

Ordne die folgenden Symbole, Namen und Massen in einer Tabelle. Ergänze fehlende Daten mithilfe der Tabelle im Anhang des Buches:
Gold, C, Silber, 14,01 u, Schwefel, H, 15,99 u, O, Fe, Chrom, Zink, Cu, 52,00 u, 196,97 u, Aluminium, Al, Cr, Titan, 183,85 u

A4 Bestimmung von Teilchenzahlen

Die Zahl $6 \cdot 10^{23}$ ist der Umrechnungsfaktor von Gramm in unit. Diese Zahl wird auch als *Avogadrosche Zahl* (N_A) bezeichnet. Bestimme die Anzahl der Atome in folgenden Stoffportionen als Vielfaches der Avogadroschen Zahl N_A: 12,01 g Kohlenstoff; 48,62 g Magnesium; 27,925 g Eisen; 4,00 g Schwefel; 134,9 g Aluminium; 9,122 g Zirkonium; 401,18 g Quecksilber

A New System of Chemical Philosophy

Chemical analysis and synthesis go no farther than to the separation of particles one from another, and to their reunion. No new creation or destruction of matter is within the reach of chemical agency. We might as well attempt to introduce a new planet into the solar system, or to annihilate one already in existence, as to create or destroy a particle of hydrogen.

M4 *Aus einer Veröffentlichung von John Dalton aus dem Jahr 1808*

3.7 Wenn zwei sich finden – Oxidationen

M1 *Rostendes Fahrrad*

Verbrennt man Eisenwolle, macht man eine überraschende Entdeckung: Die Eisenwolle ist nach dem Verbrennen schwerer als vorher. Das kann nur daran liegen, dass sich die Eisenwolle mit Luft oder einem Luftbestandteil verbindet.

Führt man das Experiment in einer geschlossenen Apparatur durch, stellt man fest, dass am Ende des Versuchs etwa 20 % des eingesetzten Luftvolumens fehlen (M2). Das entspricht dem Anteil des Sauerstoffs in der Luft. Eisen hat während der Verbrennung mit dem Luftsauerstoff im Reagenzglas reagiert. Es ist ein neuer Stoff, Eisenoxid, entstanden. Auch andere Metalle lassen sich verbrennen. Diese Reaktion von Stoffen mit Sauerstoff ist eine **Oxidation.** Die Produkte heißen **Oxide:**

Metall + Sauerstoff → Metalloxid

Nicht nur Metalle lassen sich verbrennen. Bei kohlenstoffhaltigen Stoffen wie Holz, Kohle oder Wachs entsteht als ein Verbrennungsprodukt Kohlenstoffdioxid. Leitet man Kohlenstoffdioxid in Kalkwasser, tritt eine Trübung auf. Diese dient als Nachweisreaktion für Kohlenstoffdioxid.

Nichtmetall + Sauerstoff → Nichtmetalloxid

Es gibt schnell und langsam ablaufende Oxidationen. Wird ein Fahrrad längere Zeit nicht gepflegt, bildet sich an verschiedenen metallischen Stellen Rost (M1). Eisenrost ist ein rotbrauner, pulveriger, nicht biegbarer Stoff, während Eisen ein grauer Stoff ist, den man mit etwas Kraft auch verbiegen kann. Rost entsteht durch die langsame Reaktion des Eisens mit dem Luftsauerstoff, besonders in feuchter Atmosphäre. Es ist eine langsame Oxidation.

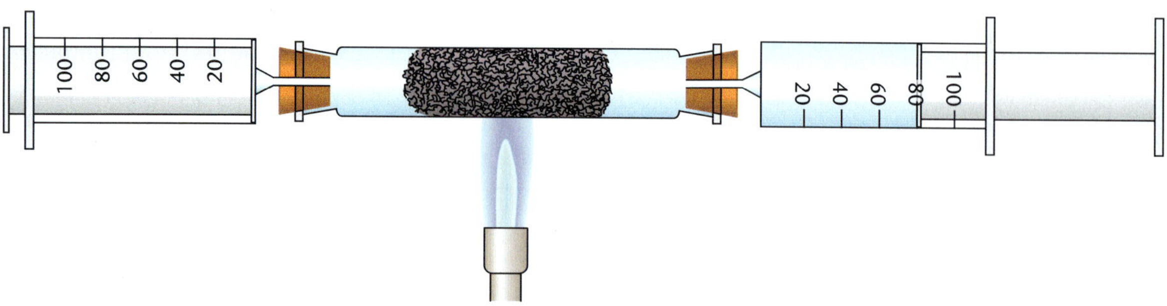

M2 *Verbrennung von Eisenwolle in einer geschlossenen Apparatur*

V1 Erhitzen eines Kupferbriefs

Materialien:
Tiegelzange, Hammer, Gasbrenner, Kupferblech

Durchführung:
Falte das Kupferblech wie in der Abbildung gezeigt zusammen, biege die Ränder um und schlage sie mit dem Hammer fest. Erhitze das Blech bis zum Glühen über dem Gasbrenner. Falte das Blech nach dem Auskühlen auseinander.

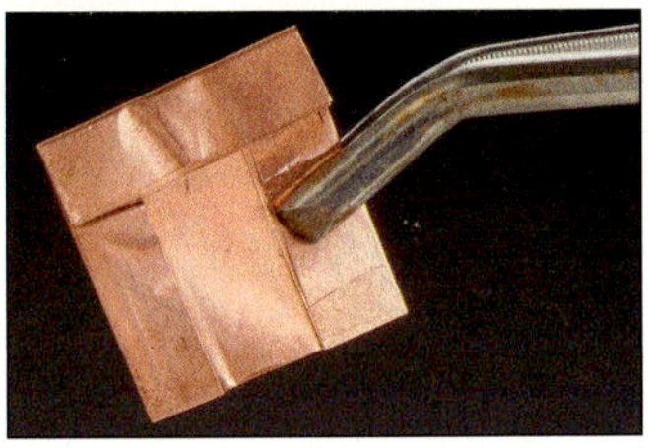

Auswertung:
Protokolliere und deute die Beobachtungen. Formuliere auch die Wortgleichung für die Reaktion.

V2 Kohlenstoffdioxid in der Ausatemluft

Materialien:
Luftballon, Ableitungsrohr, Luftpumpe, Reagenzglas mit Kalkwasser

Durchführung:
Blase einen Luftballon mit dem Mund auf und leite die Ausatemluft mithilfe des Ableitungsrohrs anschließend in das Reagenzglas mit Kalkwasser.
Blase einen Luftballon mit einer Luftpumpe auf und leite die Luft in ein Reagenzglas mit frischem Kalkwasser.

Auswertung:
Protokolliere und deute die Beobachtungen. Erläutere die Bedeutung des 2. Versuchsteils

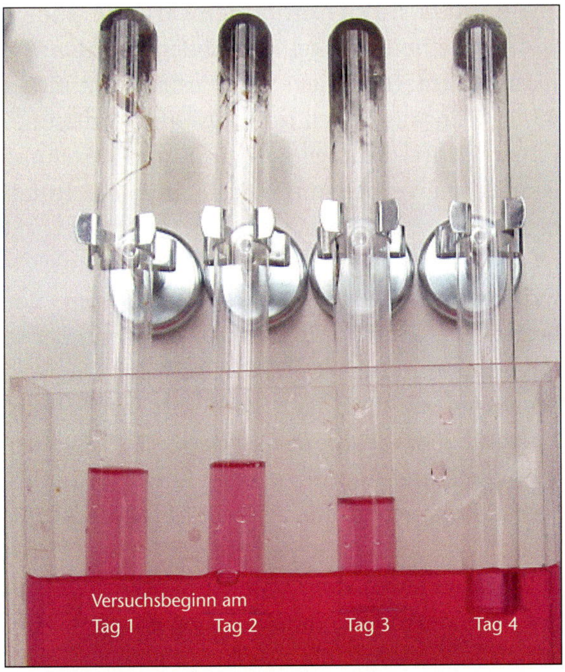

M3 Eisenwolle im Langzeitversuch

A1 Langsame Oxidation

Man gibt in ein Reagenzglas Eisenwolle und taucht die Öffnung in Wasser (Tag 1). An drei aufeinander folgenden Tagen wird jeweils ein weiteres Reagenzglas mit Eisenwolle wie beschrieben hinzugefügt. Die älteren Reagenzgläser lässt man im Stativ. Das Versuchsergebnis am Tag 4 ist in M3 abgebildet. Protokolliere und deute die Beobachtungen.

A2 Kerzentreppe

Brennende Teelichter werden in einem Aquarium wie in M4 abgebildet angeordnet. Dann leitet man über einen Schlauch langsam Kohlenstoffdioxidgas in das Aquarium. Sage begründet das von dir erwartete Versuchsergebnis voraus.

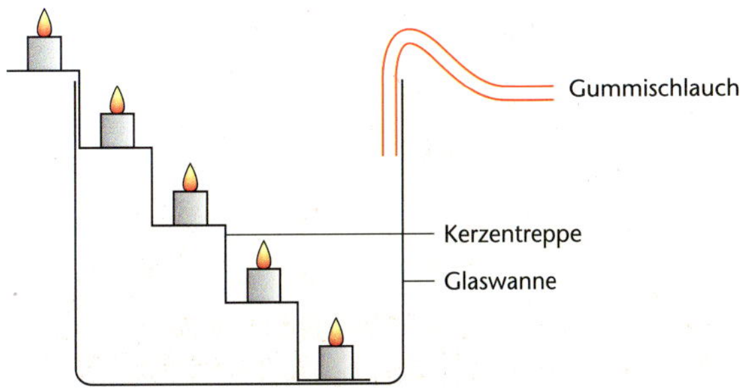

M4 Kerzentreppenversuch

3.8 Brenzlige Situationen – Brände und Explosionen

M1 Brennendes Tankschiff bei Lingen

Immer wieder kann man in den Medien Berichte über Brände und Explosionen finden (M1). Zur Brandentstehung müssen folgende Faktoren zusammenkommen: Es muss ein brennbarer Stoff vorhanden sein und Sauerstoff hinzukommen. Aber nicht alle brennbaren Stoffe lassen sich leicht entzünden. Zum Beispiel brennt Wachs nur, wenn es an einem Docht verdampft und die Wachsdämpfe mit dem Sauerstoff reagieren. Ohne Docht lässt sich Wachs nicht anzünden. Zur Brandentstehung muss also eine weitere Bedingung erfüllt sein: Entweder muss die Zündtemperatur erreicht werden oder die Flammtemperatur. Die **Zündtemperatur** ist die niedrigste Temperatur, bei der sich ein **brennbarer Stoff** an einer Wärmequelle entzünden kann. Bei Dieselkraftstoff liegt sie bei 220 °C. Die **Flammtemperatur** ist die niedrigste Temperatur, bei der ein Stoff brennbare Dämpfe in solch ausreichender Menge abgibt, dass sie sich in Gegenwart von Sauerstoff und einem Funken entzünden können. Die Flammtemperatur liegt bei Dieselkraftstoff bei 55 °C, also wesentlich tiefer als die Zündtemperatur. Die drei Bedingungen zur Brandentstehung werden im Verbrennungsdreieck übersichtlich zusammengefasst (M2).

M2 Verbrennungsdreieck

Explosionen können entstehen, wenn der brennbare Stoff zum Beispiel gasförmig und mit Sauerstoff oder Luft vermischt ist. Die Verbrennungsreaktion läuft dann sehr schnell ab. Entstehende Verbrennungsgase und große Hitzeentwicklung führen zu einer Druckwelle. Bei Feststoffen erfolgt die Verbrennung nur an der Oberfläche. Liegen die Feststoffe in kleinen Partikeln vor und sind von Luft oder Sauerstoff umgeben, kann ebenfalls eine Explosion erfolgen. Man spricht dann von einer Staubexplosion.

Verhängnisvolle Mehlstaubexplosion

Die Rolandmühle bei Bremen geriet durch einen Brandunfall am 6. Februar 1979 in die Schlagzeilen. Ein Kabelbrand löste eine der stärksten Explosionen weltweit zu Friedenszeiten aus. Dabei wurde Mehl entzündet, es kam zu einer gewaltigen Mehlstaubexplosion. Die Dächer der Silos wurden durch die Druckwelle hochgerissen, Wände zum Einsturz und ganze Gebäude zum Bersten gebracht. Noch in weiter Entfernung zur Mühle gingen in Wohnhäusern Fensterscheiben zu Bruch und über einem etwa 30 Hektar großen Areal ging ein Regen aus Mehl nieder. Bei dem Unglück verloren 14 Menschen ihr Leben, 17 wurden zum Teil schwer verletzt. Der Brand dauerte noch bis zum 12. März 1979. Das Unglück verursachte einen Sachschaden von über 100 Millionen DM, was heute etwa 109 Millionen Euro entspräche.

***M3** Die Brandkatastrophe in der Rolandmühle*

V1 Entzünden einer Kerze

Materialien:
Kerze, Streichhölzer

Durchführung:
Zünde eine Kerze an. Blase die Kerze nach einiger Zeit aus, und nähere unmittelbar danach ein brennendes Streichholz langsam dem Docht.

Auswertung:
Protokolliere und deute die Beobachtungen.

***M4** Fettexplosion*

A1 Staubexplosionen

a) Erläutere, wie es zu einer Mehlstaubexplosion wie in der Rolandmühle kommen kann (M3).
b) Stelle Vermutungen auf, warum die Brandbekämpfung bei solchen Katastrophen extrem schwierig und langwierig ist.

A2 Löschmethoden

Beschreibe die Wirkungsweise der folgenden Löschmittel beziehungsweise Löschmethoden: Löschdecke, Sand, Raupen bei Waldbränden, Gegenfeuer, Schaum, Kohlenstoffdioxidlöscher, Pulverlöscher, Wasser
Beziehe dich in der Wirkung auf das Verbrennungsdreieck (M2). Recherchiere gegebenenfalls Informationen zu den Begriffen.

A3 Fettexplosion

Fett kann sich bei hohen Temperaturen in der Pfanne selbst entzünden. Ein solcher Fettbrand ist sehr gefährlich, wenn man versucht, ihn mit falschen Mitteln zu löschen. Gießt man Wasser in die Pfanne, kommt es zu einer Fettexplosion. In M4 wurden zu Demonstrationszwecken zu einem Liter brennenden Fettes 0,2 Liter Wasser hinzugegeben. Erläutere die Vorgänge bei der Fettexplosion und beschreibe gute Löschalternativen für einen Fettbrand.

3.9 Geben und Nehmen – Redoxreaktionen

M1 *Thermitschweißen zur Reparatur schadhafter Eisenbahnschienen*

Silberoxid ist ein schwarzes Pulver. Wird Silberoxid in einem Reagenzglas mit dem Gasbrenner erhitzt, kann man einen glimmenden Holzspan im oberen Teil des Reagenzglases zum Aufflammen bringen. Das Aufflammen des Spans ist ein *Nachweis für Sauerstoff.* Zurück bleibt im Reagenzglas ein silbriger Stoff. In diesem Versuch ist Silberoxid in Silber und Sauerstoff mittels Hitze zerlegt worden (M2). Eine Stoffzerlegung mittels Hitze nennt man **Thermolyse.** Die Rückführung der Oxide in ihre Elemente ist eine **Reduktion.**

Die meisten Oxide lassen sich nicht durch Erhitzen zerlegen. Viele Stoffe lassen sich nur von anderen Stoffen reduzieren. So kann Kupferoxid durch Kohlenstoff reduziert werden. Dabei entstehen Kupfer und Kohlenstoffdioxid. Neben der Reduktion des Kupferoxids findet immer eine Oxidation des Reaktionspartners statt. Eine Reaktion, bei der Reduktion und Oxidation gleichzeitig ablaufen, nennt man **Redoxreaktion.**

Eine weitere Redoxreaktion macht man sich bei der Reparatur von Eisenbahnschienen zunutze. Dort wird das schadhafte Schienenstück herausgeschnitten und durch ein neues ersetzt. Der zwischen den Schienenstücken entstehende Spalt wird mit flüssigem Eisen gefüllt. Dazu wird am Schienenspalt eine Gießform angebracht, die mit einem feuerfesten Reaktionsofen verbunden ist. In diesen Reaktionsofen wird ein Gemisch aus Eisenoxid und Aluminium gegeben. Wird diese sogenannte Thermitmischung gezündet, setzt eine stark exotherme Reaktion ein. Aus dem Reaktionsofen läuft flüssiges, glühendes Eisen in die Gießform (M1). Nach dem Abkühlen wird die Gießform zerschlagen und die Schienenoberfläche glatt geschliffen. Bei der Thermitreaktion wird das Aluminium zu Aluminiumoxid oxidiert und gleichzeitig wird das Eisenoxid zu Eisen reduziert:

Eisenoxid + Aluminium $\rightarrow$
Eisen + Aluminiumoxid

M2 *Thermolyse von Silberoxid*

V1 Reduktion von Kupferoxid mit Eisen und Kohlenstoff

Materialien:
Reagenzglas (schwerschmelzbar), Mörser mit Pistill, Reagenzglasklammer, Gasbrenner, Luftballon, Kupferoxid (**7**, **9**), Eisenpulver (**2**), Kohlenstoffpulver

Durchführung:
1. Vermische 2 g Kupferoxid mit 2 g Eisenpulver im Mörser. Gib das Gemisch in das Reagenzglas und erhitze es bis zum Glühen. Lass das Reagenzglas abkühlen.
2. Gehe vor wie in Teil 1, verwende aber 2 g Kupferoxid und 0,2 g Kohlenstoffpulver und verschließe das Reagenzglas mit einem Luftballon.

Auswertung:
Protokolliere und deute die Beobachtungen. Formuliere die Wortgleichungen, benenne jeweils Oxidation und Reduktion.

A1 Grundbegriffe bei chemischen Reaktionen

Erläutere die Begriffe *Oxidation, Reduktion, Redoxreaktion* und *Thermolyse.* Veranschauliche deine Erklärungen jeweils durch Wortgleichungen geeigneter chemischer Reaktionen.

M3 *Reduktion von Bleioxid*

V2 Kupferschachtel mit Holzkohle

Material:
Tiegelzange, Uhrglas, Gasbrenner, Kupferblech, Holzkohlestückchen

Durchführung:
Falte aus dem Kupferblech eine kleine Schachtel. Halte die Kupferschachtel bis zum Glühen in die Brennerflamme. Lass die Schachtel abkühlen und lege einige Holzkohlestückchen in die Schachtel. Halte die Schachtel erneut bis zum Glühen in die Brennerflamme. Lass die Schachtel erkalten und schütte die Holzkohlestückchen auf das Uhrglas.

Auswertung:
Protokolliere und deute die Beobachtungen. Formuliere die Wortgleichungen für die ablaufenden Reaktionen.

A2 Reduktion von Bleioxid

In einem Porzellantiegel wird Bleioxid mit Kohlenstoffpulver gut vermischt. Bleioxid ist ein gelbes Pulver. Anschließend erhitzt man den Tiegel in der nicht leuchtenden Brennerflamme einige Minuten sehr stark bis er glüht. Danach gießt man die dabei entstehende Schmelze auf eine feuerfeste Unterlage (M3). Protokolliere und deute die Beobachtungen. Formuliere dabei auch Wortgleichungen für die bei diesem Versuch ablaufenden chemischen Reaktionen.

A3 Wer reduziert wen?

Im Grundwissentext auf der gegenüberliegenden Seite findest du Informationen zu chemischen Reaktionen. Diesen Informationen kannst du entnehmen, welche Stoffe in der Lage sind, andere Stoffe zu reduzieren. Weitere Informationen erhältst Du auf dieser Seite. Ordne begründet die folgenden Stoffe nach ihrer Fähigkeit, andere Stoffe zu reduzieren: Aluminium, Kupfer, Eisen, Kohlenstoff

3.10 Aber eins, das bleibt bestehen – Massenerhaltung

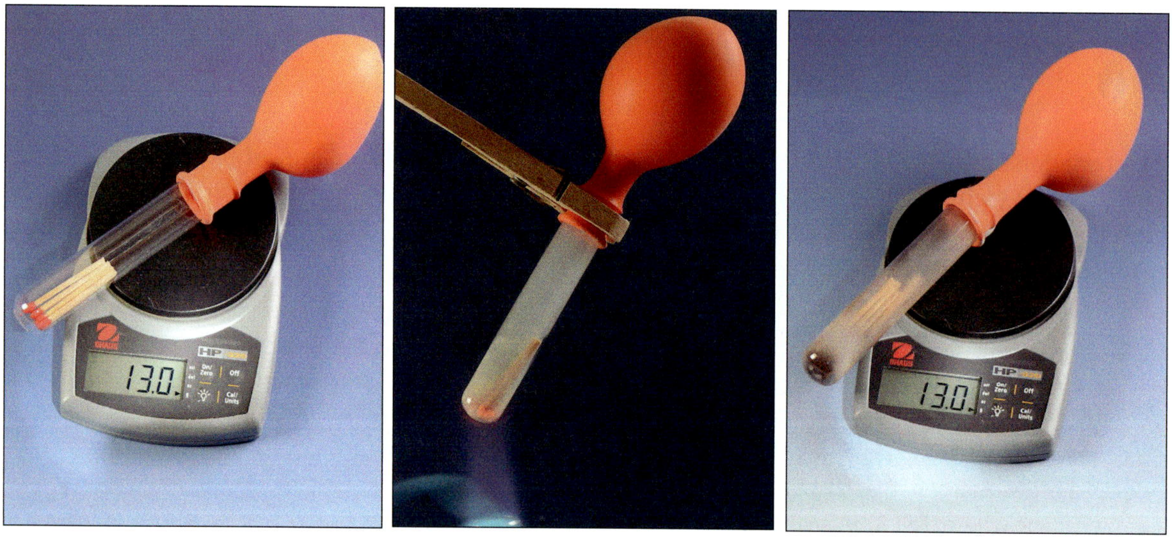

M1 Reaktion in einer geschlossenen Apparatur

Erhitzt man Streichhölzer in einem Reagenzglas, entzünden sie sich. Man nimmt einen stechenden Geruch wahr. Das deutet daraufhin, dass gasförmige Produkte entstehen. Möchte man alle an der Reaktion beteiligten Stoffe erfassen, muss man die Reaktion in einer geschlossenen Apparatur ablaufen lassen. Eine geeignete Anordnung hierzu ist in M1 gezeigt. Der Luftballon verhindert das Entweichen gasförmiger Reaktionsprodukte. Wenn man die vollständige Apparatur vorher und nachher wiegt, stellt man fest, dass die Masse exakt gleich bleibt. Obwohl im Verlauf dieser chemischen Reaktion neue Stoffe entstanden sind, hat sich die Gesamtmasse der Ausgangsstoffe und der Reaktionsprodukte nicht verändert.

Dies gilt nicht nur für das Entzünden und Verbrennen von Streichhölzern sondern für alle chemischen Reaktionen.

Diese allgemeingültige Beziehung heißt Gesetz von der Erhaltung der Masse: **Die Gesamtmasse der Ausgangsstoffe ist gleich der Gesamtmasse der Reaktionsprodukte.**

Auch bei dem in M2 gezeigten Vorgang ändert sich die Masse nicht, wenn alle Bausteine des Flugzeugs beim Umbau zum Luftkissenboot verwendet werden. Eine chemische Reaktion ist auch nichts anderes als eine Umbauaktion. Die Atome werden lediglich umgruppiert. Dabei gehen keine Atome verloren.

M2 Unterschiedliche Gegenstände, aber dieselben Bausteine

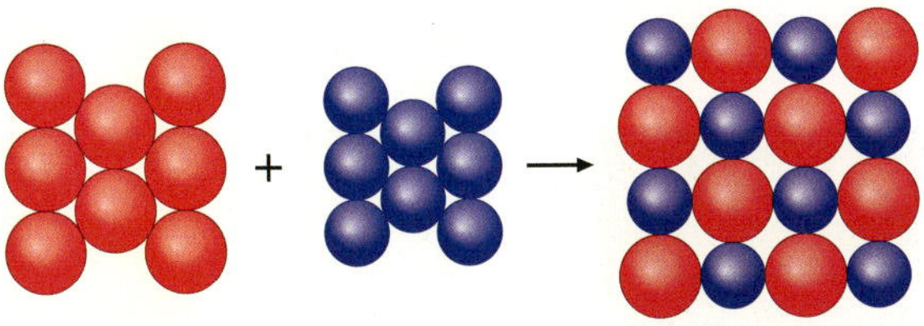

M3 Reaktion auf der Teilchenebene

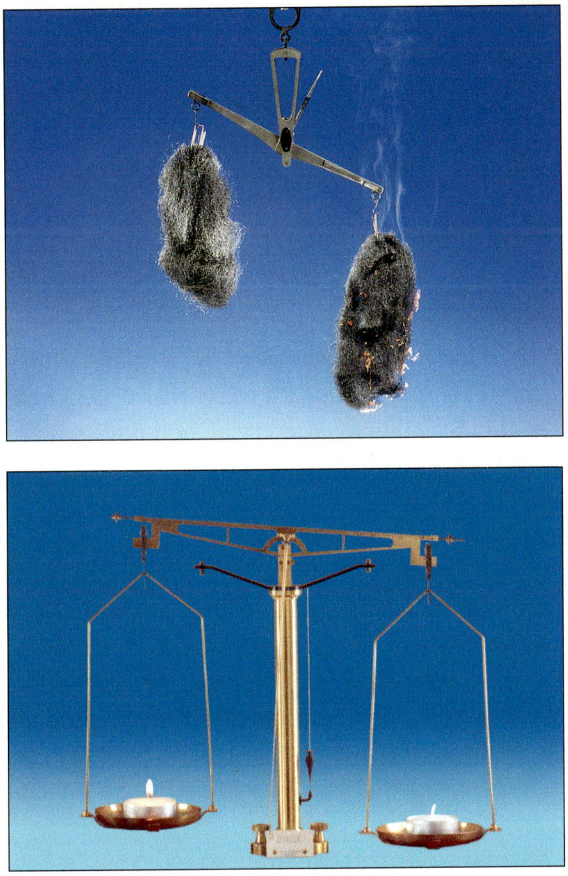

M4 Brennende Stahlwolle (oben) und brennendes Teelicht (unten)

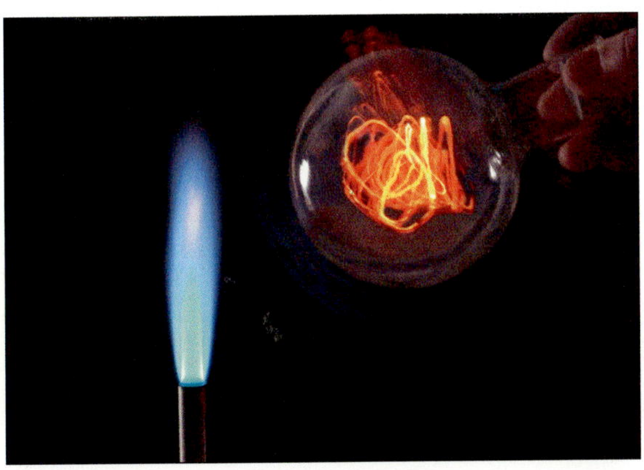

M5 Verbrennung von Holzkohle

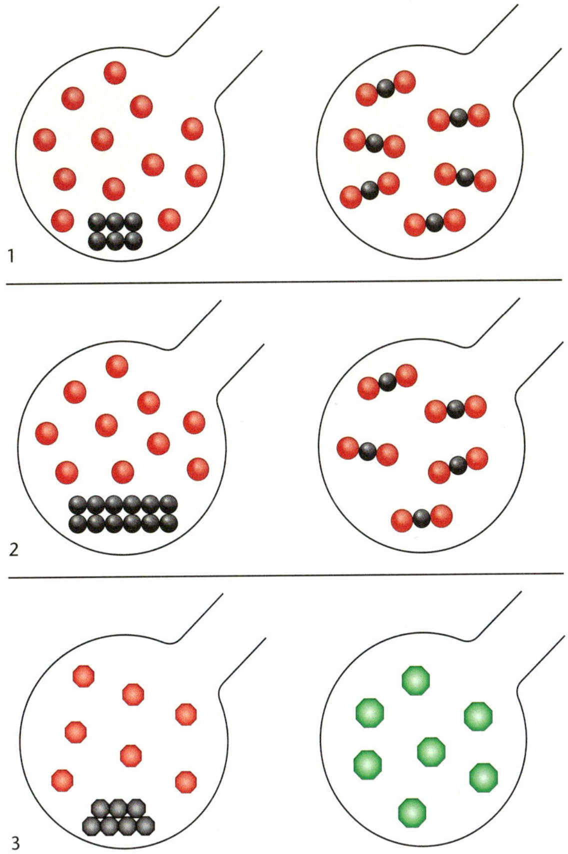

M6 Modelldarstellung zur Verbrennung von Holzkohle

A1 Gesetz von der Erhaltung der Masse

a) Erläutere das Gesetz von der Erhaltung der Masse an dem in M3 gezeigten Beispiel.

b) Beschreibe und erkläre die beiden in M4 gezeigten Massenänderungen.

c) Erläutere, ob hier ein Widerspruch zum „Gesetz von der Erhaltung der Masse" vorliegt.

A2 Verbrennungsreaktionen auf Teilchenebene

Ein Bröckchen Holzkohle (besteht aus Kohlenstoff) wird in einen Rundkolben gegeben. Den Kolben füllt man mit Sauerstoff und verschließt ihn. Dann erwärmt man die Holzkohle mit einem Gasbrenner (M5). Nach dem Erwärmen ist die Holzkohle „verschwunden".
Prüfe, welche der Abbildungen in M6 den gezeigten Versuch zutreffend erklären und welche falsch sind. Begründe deine Entscheidung für jede Abbildung.

3.11 Beständige Beziehungen – Verhältnisformeln

M1 Kupfersulfid (Mitte) und seine Bestandteile Kupfer (links) und Schwefel (rechts)

Zerlegt man rotes Kupfersulfid in seine Bestandteile Kupfer und Schwefel und wiegt deren Massen, so stellt man fest, dass in 5 g Kupfersulfid 4 g Kupfer und 1 g Schwefel enthalten sind (M1). Geht man von anderen Massen an Kupfersulfid aus, erhält man stets das gleiche Ergebnis: Die Masse von Kupfer steht zur Masse von Schwefel immer im Verhältnis 4 : 1. Zerlegt man andere Verbindungen, so findet man auch dort stets konstante Massenverhältnisse. Man bezeichnet dieses Phänomen als das **Gesetz der konstanten Massenverhältnisse:** In allen chemischen Verbindungen stehen die Massen der beteiligten Elemente in einem konstanten Verhältnis.

John Dalton erklärte das Gesetz mithilfe der Vorstellung vom Bau der Elemente aus Atomen. Er nahm an, dass das konstante Massenverhältnis in einer Verbindung auf ein konstantes Anzahlverhältnis der Atome der beteiligten Elemente hinweist. Um dieses Zahlenverhältnis der Atome zu erhalten, teilt man zunächst die Masse jedes Elements in der Verbindung durch die Masse eines Atoms des entsprechenden Elements. Man erhält dadurch die Anzahl der Atome des Elements in der Verbindung. Daraus lässt sich das gesuchte Anzahlverhältnis berechnen (M2).

Das Atomanzahlverhältnis gibt man in der **Verhältnisformel** an, indem man die entsprechenden Ziffern als Index rechts unten neben das Atomsymbol schreibt. Die Ziffer 1 wird weggelassen. Für das Beispiel aus M2 ergibt sich dadurch die Verhältnisformel

$$Cu_2S_1 \text{ beziehungsweise } Cu_2S.$$

Die Verhältnisformel Cu_2S gibt also an, dass in der Verbindung Kupfersulfid auf zwei Kupferatome ein Schwefelatom kommt. Und die Verhältnisformel Al_2O_3 zeigt, dass im Aluminiumoxid auf zwei Aluminiumatome drei Sauerstoffatome kommen.

Messung aus dem Experiment:
Masse(Kupfer) : Masse(Schwefel) = 4 g : 1 g

Aus der Elementtabelle ablesen:
Masse eines Kupferatoms: m(Cu) = 64 u
Masse eines Schwefelatoms: m(S) = 32 u

Berechnung:
Atomanzahlen (n) berechnen

$$n(Cu) = \frac{4\,g}{64\,u} = 0{,}0625\,\tfrac{g}{u}$$

$$n(S) = \frac{1\,g}{32\,u} = 0{,}03125\,\tfrac{g}{u}$$

Atomanzahlverhältnis berechnen

$$\frac{n(Cu)}{n(S)} = \frac{0{,}0625\,\frac{g}{u}}{0{,}03125\,\frac{g}{u}} = \mathbf{2:1}$$

M2 Berechnung eines Atomanzahlverhältnisses

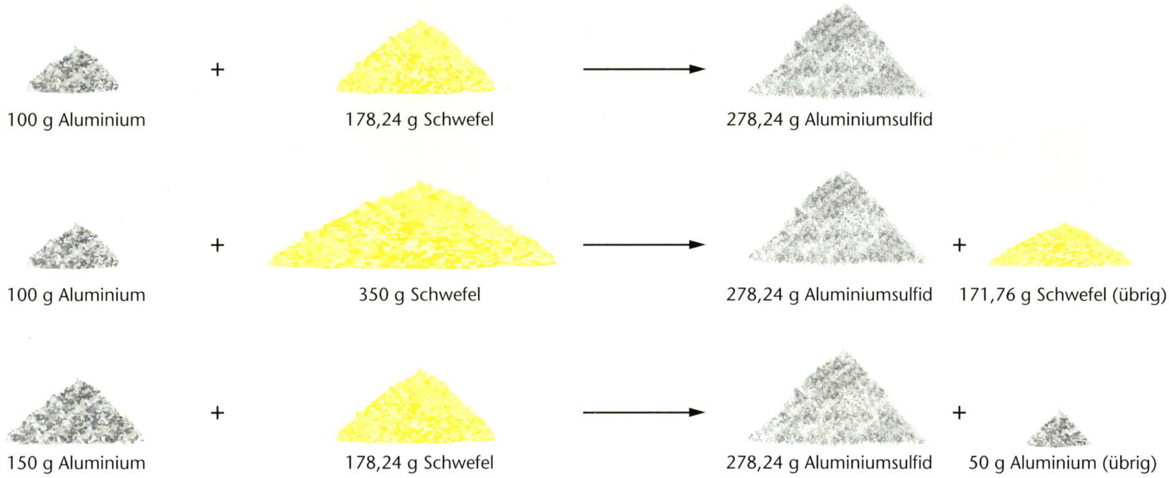

M3 *Massenverhältnisse bei der Reaktion von Aluminium mit Schwefel*

A1 Ermitteln von Verhältnisformeln

a) Ermittle mithilfe der Atommassen das Atomanzahlverhältnis der Verbindungen in M5 und gib die Verhältnisformeln der Verbindungen an. Falls du bei der Berechnung von Atomanzahlverhältnissen aus Massenverhältnissen keine ganzzahligen Verhältnisse erhältst, gehe gemäß M4 vor.

b) Das Massenverhältnis Kupfer zu Schwefel zu Sauerstoff in Kupfersulfat beträgt 2 : 1 : 2. Ermittle das Atomanzahlverhältnis der drei Elemente und gib die Verhältnisformel der Verbindung an.

A2 Anagramme

a) Gib an, welche Wörter sich hinter folgenden „Verhältnisformeln" verbergen: $(An)_2as$, $(Nen)_2$, An_2et_2e, $A(na)_2s$, $B(an)_2e$, Bet_3ruhe, Bet_2ruhe, Pap_3lakat, $Süs_3tof_2tablet_2e$.

b) Finde eigene „Verhältnisformeln".

Beispiel: Chromoxid

Anzahlverhältnis n(Cr) : n(O) = 0,25 : 0,375

Division durch die kleinste vorhandene Zahl:

$$n(Cr) : n(O) = \frac{0{,}25}{0{,}25} : \frac{0{,}375}{0{,}25} = 1 : 1{,}5$$

Erweitern des Verhältnisses mit 2:

n(Cr) : n(O) = 2 : 3

Formel der Verbindung:

Cr_2O_3

M4 *Nicht ganzzahlige Atomanzahlverhältnisse*

A3 Aluminium und Schwefel reagieren.

Interpretiere M3.

A4 Verschiedene Verhältnisse

Manche Elemente können mehrere Verbindungen miteinander eingehen. DALTON untersuchte die Massenverhältnisse dieser Verbindungen und formulierte als Ergebnis das Gesetz der vielfachen Massenverhältnissse: Bilden zwei Elemente A und B zwei oder mehr verschiedene Verbindungen miteinander, so stehen die Massen des Elements A, die sich mit der gleichen Masse des Elements B verbinden, im Verhältnis kleiner ganzer Zahlen.

Überprüfe das Gesetz anhand folgender Verbindungen: FeO und Fe_2O_3, CuCl und $CuCl_2$, PbO_2 und Pb_3O_4

Verbindung	Elemente	Massenverhältnis
Kupferoxid (schwarz)	Cu : O	4 : 1
Kupferoxid (rot)	Cu : O	8 : 1
Eisensulfid	Fe : S	7 : 8
Quecksilberoxid	Hg : O	25 : 2
Kohlenstoffdioxid	C : O	3 : 8
Wasser	H : O	2 : 16
Diiodpentaoxid	I : O	19 : 6
Eisenoxid	Fe : O	13 : 5

M5 *Massenverhältnisse in Verbindungen*

3.12 Chemspeech – Reaktionsgleichungen

***M1** Sprachverwirrung und ihre Lösung*

Ein Gemisch aus rotem Eisenoxid und Kohlenstoffpulver kann man durch Erhitzen zur Reaktion bringen. Hierbei entstehen Eisen und gasförmiges Kohlenstoffdioxid. Diese Stoffumwandlung ist ein Beispiel für eine chemische Reaktion.

Die Wörter, die zur Beschreibung dieser chemischen Reaktion verwendet werden, sind in verschiedenen Sprachen unterschiedlich (M1). Weltweit gibt es aber eine einheitliche Symbolschreibweise für chemische Reaktionen. Dabei werden die Stoffnamen durch die zugehörigen **Stoffsymbole** ersetzt. So werden in M1 die Begriffe rotes Eisenoxid, Kohlenstoff, Kohlenstoffdioxid und Eisen durch die Stoffsymbole Fe_2O_3, C, CO_2 und Fe ersetzt.

Bei chemischen Reaktionen werden Teilchen lediglich umgruppiert. Deshalb müssen die Anzahlen aller Atomsorten auf der Eduktseite und Produktseite gleich sein. Das muss auch beim Aufstellen von Reaktionsgleichungen berücksichtigt werden. Damit die Teilchenzahlen auf beiden Seiten der Reaktionsgleichung übereinstimmen, werden vor die Stoffsymbole entsprechende Faktoren eingefügt. Diese Faktoren nennt man Koeffizienten. Die Stoffsymbole selbst dürfen **nicht** verändert werden. In der ausgeglichenen Reaktionsgleichung in M1 befinden sich auf der Eduktseite und auf der Produktseite jeweils vier Eisen-, sechs Sauerstoff- und drei Kohlenstoffatome.

Reaktionsgleichungen bieten im Vergleich zu den Wortgleichungen eine Reihe von Vorteilen. Sie sind kürzer und prägnanter. Man kann erkennen, welche Atomkombinationen in den beteiligten Stoffen vorliegen und welche Umwandlung bei der Reaktion stattfindet. Darüber hinaus enthalten sie Informationen über das Mengenverhältnis, in dem die Stoffe miteinander reagieren.

1. Wortgleichung erstellen

Rotes Eisenoxid + Kohlenstoff ⟶ Eisen + Kohlenstoffdioxid

2. Stoffnamen durch Stoffsymbole ersetzen

$$Fe_2O_3 + C \longrightarrow Fe + CO_2$$

3. Ausgleichen der Atomanzahlen durch Koeffizienten

Links stehen 2 Eisenatome, rechts nur 1. Deshalb schreibe ich rechts eine 2 vor das Stoffsymbol für Eisen.

$$Fe_2O_3 + C \longrightarrow 2\ Fe + CO_2$$

Links stehen 3 Sauerstoffatome, rechts nur 2. Da ich die Stoffsymbole nicht verändern darf, muss ich Koeffizienten vor die Stoffsymbole schreiben: Eine 2 vor das Eisenoxid und eine 3 vor das Kohlenstoffoxid.

$$2\ Fe_2O_3 + C \longrightarrow 2\ Fe + 3\ CO_2$$

Jetzt habe ich auf beiden Seiten 6 Sauerstoffatome. Aber die Zahl der Eisenatome stimmt nicht mehr überein. Ich muss auch auf der rechten Seite 4 Eisenatome haben.

$$2\ Fe_2O_3 + C \longrightarrow 4\ Fe + 3\ CO_2$$

Jetzt muss ich noch die Zahl der Kohlenstoffatome berücksichtigen: Ich muss links auch 3 Kohlenstoffatome haben.

$$2\ Fe_2O_3 + 3\ C \longrightarrow 4\ Fe + 3\ CO_2$$

So jetzt stimmt alles.

M2 Rezept zur Erstellung von Reaktionsgleichungen

A1 Aufstellen von Reaktionsgleichungen

Überprüfe bei den nachfolgenden Reaktionsgleichungen die Anzahlen der Atomsorten links und rechts gemäß M2 und ergänze, falls erforderlich, Koeffizienten.

a) $Ag_2S + Zn \rightarrow ZnS + Ag$
b) $Mg + CO_2 \rightarrow MgO + C$
c) $CuO + C \rightarrow Cu + CO_2$
d) $FeO + Al \rightarrow Fe + Al_2O_3$
e) $CH_4 + CuO \rightarrow CO_2 + H_2O + Cu$

A2 Anagramme

Beurteile, ob die Beispiele in M3 den Regeln der „chemischen Symbolsprache" entsprechen.

A3 Mangangewinnung

Braunstein ist eine Mangan-Sauerstoffverbindung. Um aus Braunstein Mangan zu erzeugen, setzt man es mit Kohlenstoff um. 173,9 g Braunstein ergeben 110 g Mangan und 88 g Kohlenstoffdioxid. Ermittle die Reaktionsgleichung.

M3 Anagramme

3.13 Versteckt im Erz – Metallgewinnung

antike Kupferbeilklinge

Himmelsscheibe von Nebra

Pfeilspitzen aus Eisen

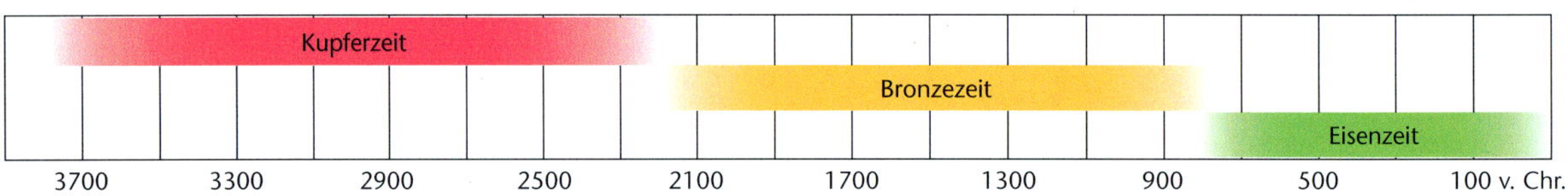

M1 Fundstücke aus verschiedenen Epochen in Mitteleuropa

Manche Epochen in der Geschichte des Menschen sind nach den jeweils vorherrschenden Werkstoffen benannt, zum Beispiel die Steinzeit. Auch einige Metalle waren von so herausragender Bedeutung, dass sie die jeweilige Zeit geprägt haben: Kupfer, Bronze und Eisen (M1).

Kupfer kommt nur selten gediegen als Element vor. Man fand es meist in Form von Kupfererzen. Dabei handelte es sich um kupferhaltige Gesteine, aus denen das Kupfer durch *Verhüttung* gewonnen werden kann: Zunächst mussten die Metallerze zerkleinert und vom *tauben (erzfreien) Gestein* getrennt werden. Da die Erze oft schwefelhaltig waren, wurden sie in einem ersten Schritt geröstet. Beim *Rösten* erhitzte man die Sulfide im Feuer und überführte sie in Oxide, wobei giftiges Schwefeldioxidgas entwich. Das entstandene Kupferoxid wurde dann im zweiten Schritt mit Kohle abwechselnd in einem Schmelzofen aufgeschichtet. Nach dem Entzünden wurde durch Einblasen von Luft die Temperatur auf etwa 1000 °C erhöht und Kupferoxid nach folgender Gleichung durch Kohlenstoff reduziert:

$$2\,CuO + C \rightarrow 2\,Cu + CO_2$$

Es entstand geschmolzenes Kupfer, das in Form gegossen werden konnte. Das haltbare und gut formbare Kupfer fand als Material für Waffen, Alltagsgeräte und Schmuck Verwendung. Später stellte man durch Zugabe von Zinn die etwas härtere Legierung **Bronze** her.

Schließlich wurde **Eisen** der bestimmende Werkstoff. Es wurde ebenfalls durch Reduktion mit Kohlenstoff gewonnen, da es in der Natur auch nur in Form seiner Erze vorkam. Dabei mussten aber etwas höhere Temperaturen von etwa 1200 °C erreicht werden:

$$2\,Fe_2O_3 + 3\,C \rightarrow 4\,Fe + 3\,CO_2$$

Die Gewinnung von Eisen und Kupfer basiert auch heute noch auf der Reduktion von Erzen.

M2 Das Kupferbeil des Gletschermannes Ötzi

A1 Erst Kupfer, dann Eisen
Erläutere, warum Kupfer noch vor Eisen als Werkstoff von Bedeutung war und Eisen erst viel später verwendet wurde. Nutze die Informationen in M3.

A2 Moderne Zeiten
In welcher "Werkstoff"-Zeit lebst du heute? Stelle in einer Collage aus Zeitungsausschnitten dar, in welcher "Werkstoffzeit" du heute lebst. Benenne "deine Zeit" und stelle sie deinen Mitschülern vor.

A3 Zur Zeit des Gletschermannes
Der mumifizierte Leichnam des Gletschermannes "Ötzi" wurde 1991 in den Alpen gefunden. Untersuchungen zeigten, dass er vor etwa 5300 Jahren gestorben ist. Bei ihm fand man die Reste seiner Ausrüstung, unter anderem ein Kupferbeil (M2). Entwirf ein Informationsblatt für das Ötzi-Museum in Bozen, in dem die Gewinnung von Kupfer erläutert wird.

Stoff	Häufigkeit in der Erdkruste in Massenprozent	Härte	Schmelztemperatur in °C
Kupfer	0,01	hart	1085
Bronze	–	sehr hart	etwa 1000
Eisen	4,7	sehr hart	1536
Zinn	0,0035	weich	232

M3 Kupfer, Bronze und Eisen im Vergleich

Die Klinge des Kupferbeils, das man bei dem Gletschermann gefunden hat, hat eine Masse von etwa 150 g und besteht aus fast reinem Kupfer (M2). Zur Herstellung kann man Chalcopyrit verwenden. Chalcopyrit hat die Verhältnisformel $CuFeS_2$.

Berechne die Masse an Chalcopyrit, die für die Herstellung der Klinge notwendig ist.

Vorüberlegung und Berechnung:
Die Massen der Atome ergeben addiert:
$63{,}5\ u + 55{,}8\ u + (2 \cdot 32{,}1\ u) = 183{,}5\ u$

Der Kupferanteil an 183,5 u Chalcopyrit beträgt 63,5 u, folglich sind in 183,5 g Chalcopyrit 63,5 g Kupfer enthalten. Grob überschlagen beträgt der Massenanteil von Kupfer in Chalcopyrit also etwa ein Drittel. Möchte man es genau wissen, muss man umrechnen:

Masse Chalcopyrit	Masse des enthaltenen Kupfers	Rechnung
183,5 g	63,5 g	erst durch 63,5 teilen dann mit 150 multiplizieren
2,9 g	1 g	
433,5 g	150 g	

Für 150 g Kupfer benötigt man 433,5 g Erz.

M4 Beispiel für eine Massenberechnung

A4 Massen kann man berechnen
a) Berechne nach dem Muster von M4 die Masse an Kupfer, die man aus einem Kilogramm Chalcopyrit gewinnen kann.
b) Ein Auto enthält etwa 600 kg Eisen. Überschlage und berechne die zur Herstellung benötigte Menge Eisenoxid (Fe_2O_3).
c) Berechne die Masse des gebildeten Kohlenstoffdioxides bei der Gewinnung von einer Tonne Eisen.

A5 Hightech-Werkstoff Bronze
Die Himmelsscheibe von Nebra (M1) besteht aus Bronze, einer Legierung aus Kupfer und Zinn, die deutlich härter als reines Kupfer ist. Die Scheibe hat eine Masse von 2,3 kg und einen vergleichsweise geringen Zinnanteil von 2,5 %. Berechne die Masse an schwarzem Kupferoxid (CuO), die zur Herstellung der Scheibe benötigt wird.

Kompetent?

1 Skizziere ein Energiediagramm für eine endotherme Reaktion.

2 Stelle die Reaktionsgleichung für die Thermitreaktion auf (Eisenoxid: Fe_2O_3, Aluminiumoxid: Al_2O_3).

3 Erläutere die Begriffe *Thermolyse, Reaktion* und *Redoxreaktion.*

4 Bei der Verbrennung von 24,3 g Magnesium erhält man 40,3 g Magnesiumoxid. Erläutere die Massenzunahme bei der Reaktion.

5 Gib die Bedeutung eines Elementsymbols an.

6 Berechne die Masse an Eisenoxid, die beim Thermitverfahren zur Gewinnung von 150 g Eisen benötigt wird.

7 Erläutere das Gesetz der konstanten Massenverhältnisse.

8 Drückt man auf die Oberfläche einer rohen Kartoffel eine glühende Münze und träufelt anschließend Wasserstoffperoxidlösung auf die Kartoffel, schäumt es auf dem Münzabdruck nicht. Erläutere das Ergebnis des Experiments.

9 Beschreibe, wie ein Fettbrand gelöscht werden kann. Begründe das Vorgehen.

10 Lege eine Klarsichthülle auf die Buchseite und fülle mit einem wasserlöslichen Filzstift das Schneckenrätsel aus. Jedes Wort beginnt bei einer Zahl und endet bei der nächsten Zahl. Das heißt, der letzte Buchstabe eines Wortes ist der Anfangsbuchstabe des nächsten Wortes:
1 Spaltung einer Verbindung durch Hitze; **2** Katalysator in Lebewesen; **3** hat jede Stoffportion, kann man "abwiegen"; **4** Element; **5** "Gegenteil" von Metall; **6** Gasgemisch in der Atmosphäre; **7** wird in Grad Celsius gemessen; **8** besteht aus gleichen Teilchen; **9** Verbrennungserscheinung; **10** Bezeichnung für Stoffe mit gleichen Atomen

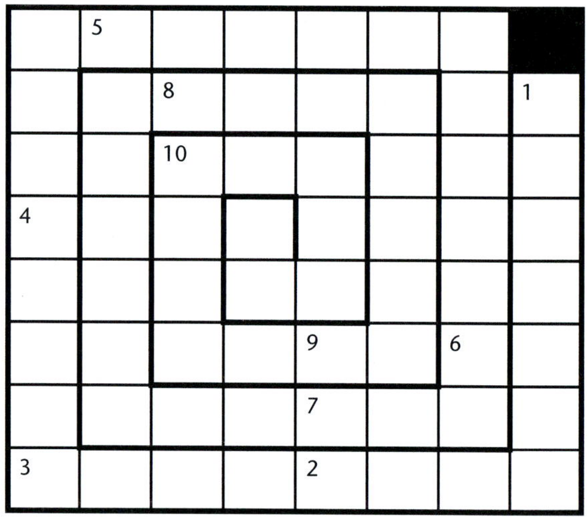

Zum Vergessen zu wichtig ...

Wissen aus früheren Kapiteln

- Beschreibe die Unterschiede zwischen *Nebel, Schaum, Emulsion* und *Rauch.*
- Skizziere eine Suspension und eine Lösung im Teilchenmodell.
- Beschreibe den Nachweis für Glucose.
- Gib ein Verfahren an, mit dem man Koffein aus Kaffeebohnen erhalten kann.
- Erläutere die Funktionsweise der Papierchromatografie.

Basiskonzepte

Ordne den Aufgaben auf dieser Seite die entsprechenden Basiskonzepte zu. Fertige dazu eine Tabelle nach untenstehendem Muster an. Gib in der dritten Spalte die Unterkapitel an, in denen Informationen zur Aufgabe stehen.

Aufgabe	Basiskonzept(e)	Unterkapitel
1	Energie-Konzept	3.3
2	...	...

Chemie kommunikativ: Blizzards

M1 Folge eines Blizzards in Chicago im Februar 2011

In Gegenden, in denen mit Blizzards gerechnet werden muss (M1), gilt die Empfehlung, im Auto stets eine Decke, eine Tafel Schokolade und eine große Kerze mit Feuerzeug zu deponieren.

M2 Energiebedarf eines Menschen

Ein Mensch (Gewicht 70 kg, Größe 1,75 m) benötigt zur Aufrechterhaltung seiner Körperfunktionen etwa 340 $\frac{kJ}{h}$. Recherchiert den Energieinhalt einer Tafel Schokolade und berechnet, wie lange der Mensch seinen Grundumsatz damit decken kann.

M3 Erwärmung von Luft

Um 1 kg Luft um 1 °C zu erwärmen, sind 1,02 kJ notwendig. Der Innenraum eines Autos hat ein Volumen von etwa 1,5 m^3. Berechnet, wie viel Energie notwendig ist, um den Innenraum von 10 °C auf 15 °C zu erwärmen.

A Arbeitsaufträge

a) Führt in Vierergruppen den Versuch in M4 durch.
b) Jeweils zwei Personen aus der Vierergruppe bearbeiten M2, die anderen M3.
c) Beurteilt in der ursprünglichen Vierergruppe, ob die oben gegebene Empfehlung sinnvoll ist und stellt eure Beurteilung der Klasse vor.

M4 Energieinhalt von Kerzenwachs

Materialien:
Erlenmeyerkolben, Waage, Thermometer, Stativ mit Muffe und Stativklammer, Kerze, Wasser

Durchführung:
Spannt den Erlenmeyerkolben so in das Stativ ein, dass die Kerze darunter noch Platz hat. Füllt 100 ml Wasser in den Kolben und messt die Wassertemperatur. Wiegt anschließend die Kerze. Entzündet die Kerze unter dem Kolben und erhitzt das Wasser. Rührt dabei mit dem Thermometer vorsichtig um. Löscht nach 5 min die Kerze und messt erneut die Wassertemperatur. Wiegt anschließend die Kerze erneut.

Auswertung:
a) Bestimmt anhand der gemessenen Temperaturänderung die freigewordene Wärmeenergie.
Hinweis: Zur Erwärmung von 1 g Wasser um 1 °C sind 4,12 Joule notwendig.
b) Bestimmt die Wärmeenergie, die bei der Verbrennung aus einem Gramm Kerzenwachs freigesetzt werden kann. Verwendet dazu den Wert aus a) und den Wert für die Masse an verbranntem Kerzenwachs.

4 Atmosphäre und Kreisläufe

4.1 Unsichtbar, aber da – Luft

M1 Hinweisschild

Die Atmosphäre unserer Erde schützt uns vor der gefährlichen Strahlung aus dem Weltall. Sie ist gleichzeitig neben dem Wasser die Grundlage für das Leben auf der Erde. Ihrem Schutz kommt daher eine besondere Bedeutung zu. Die Hauptbestandteile der Atmosphäre sind das reaktionsträge Gas Stickstoff und der zur Atmung notwendige Sauerstoff. Daneben kommen in geringen Mengen Kohlenstoffdioxid sowie einige weitere Gase vor (M2).

Kohlenstoffdioxid ist für die Fotosynthese der Pflanzen notwendig. Gleichzeitig schützt es als **Treibhausgas** unseren Planeten vor zu starker Auskühlung. Unter Treibhausgasen versteht man Gase, die die Abstrahlung von Wärme in den Weltraum vermindern. In den letzten 150 Jahren seit Beginn der Industrialisierung hat der Gehalt an Kohlenstoffdioxid durch die Verbrennung von Kohle, Erdöl und Erdgas ständig zugenommen. Damit einher geht ein Anstieg der Durchschnittstemperatur auf der Erde, der mittlerweile zu einer Bedrohung für viele Lebensräume auf der Erde geworden ist.

Ein Problem ist die Freisetzung von Schadstoffen in Verbrennungsmotoren und Anlagen zur Heizung und Energiegewinnung. Wenn bei Verbrennungen nicht genügend Sauerstoff zur Verfügung steht, bildet sich das giftige **Kohlenstoffmonooxid.** Es besetzt die Bindungsstellen für Sauerstoff in den roten Blutzellen und kann daher zum Erstickungstod führen. **Schwefeldioxid** und **Stickstoffoxide** führen zu saurem Regen, wenn sie mit Wasser in Kontakt kommen. Katalysatoren und Filteranlagen können den Ausstoß dieser Gase vermindern.

Bei der Verbrennung von fossilen Brennstoffen entstehen auch feine Stäube. Beim Holz bleibt Asche zurück, Rußstäube müssen an Schornsteinen regelmäßig abgefegt werden. Beim Autoverkehr entsteht nicht nur bei der Verbrennung von Kraftstoff **Feinstaub,** sondern auch durch den Abrieb der Reifen auf der Straße. Feinstaub atmen wir mit der Atemluft ein. Er gelangt so über die Lunge und das Blut bis ins Gehirn. Feinstaub kann sowohl in den Atemorganen als auch im Gehirn zu Entzündungen und nachfolgenden Schädigungen führen.

Gas	Anteil in 1000 ml Luft
Stickstoff	780,8 ml
Sauerstoff	209,5 ml
Argon	9,3 ml
Kohlenstoffdioxid	0,4 ml
sonstige Gase	0,0024 ml

***M2** Zusammensetzung der Luft*

Die Feinstaubbelastung in den Städten hat viele Ursachen. Untersuchungen zeigen, dass nur etwa neun Prozent der Feinstaubbelastung aus Personenkraftfahrzeugen stammt. Umweltzonen bringen kaum eine Verbesserung der Feinstaubbelastung. Eine deutliche Reduzierung der Feinstaubbelastung muss daher in erster Linie durch eine Beschränkung von anderen Quellen wie Industrie und Schwerlastverkehr erfolgen. Die Sanierung der Umwelt darf nicht auf dem Rücken von PKW-Haltern durchgeführt werden. Zumal dadurch gerade einkommensschwache Bevölkerungsschichten betroffen wären, die sich keine neuen schadstoffarmen Fahrzeuge leisten können. Diese erhielten durch die Umweltzonen gewissermaßen ein Fahrverbot, während wohlhabende Menschen weiter mit dem Auto fahren dürfen.

M3 *Leserbrief von Herrn H.*

Nachdem am 01.01.2008 in Berlin die erste Umweltzone eingeführt wurde, konnte bereits nach einem Jahr eine Reduktion des Dieselrußfeinstaubs aus den Kfz-Auspuffen um 24 % und der Stickstoffoxidemissionen um 14 % nachgewiesen werden. Erlaubt waren nach Einführung der Umweltzone in einer ersten Stufe Fahrten von Fahrzeugen mit roter, gelber und grüner Plakette. Die Maßnahmen bewirkten eine erhebliche Erneuerung der Fahrzeugflotte. Die Anzahl der Fahrzeuge, die aufgrund des besonders hohen Schadstoffausstoßes keine Plakette erhielten, verringerte sich innerhalb kurzer Zeit bei den Pkw um 70 % und bei den Lkw um 55 %. Seit dem 01.01.2010 sind innerhalb des Berliner S-Bahnrings nur noch Fahrzeuge mit einer grünen Plakette erlaubt. In Berlin haben 88 % der zugelassenen Pkw eine grüne Plakette.

M5 *Leserbrief von Frau B.*

A1 Pro und contra Umweltzonen

a) Fasse den Inalt der Leserbriefe in M3 und M5 in eigenen Worten zusammen.

b) Nimm zu den vorgebrachten Positionen Stellung.

A2 Umweltzone in Waldhausen

In Waldhausen (M4) soll eine Umweltzone wie in Frankfurt (M1) eingerichtet werden. Stimmt durch Handzeichen in der Klasse darüber ab. Unterschiedliche Interessenvertreter haben Gelegenheit, sich zu dem Vorhaben zu äußern. Bildet vier Gruppen: Anwohner, Geschäftsinhaber, Gastwirte und Vertreter der Industrie. Sammelt in den Gruppen Argumente für oder gegen die Umweltzone. Ein Sprecher der Gruppe trägt dann die Argumente der Klasse vor. Stimmt nach den Vorträgen noch einmal geheim ab.

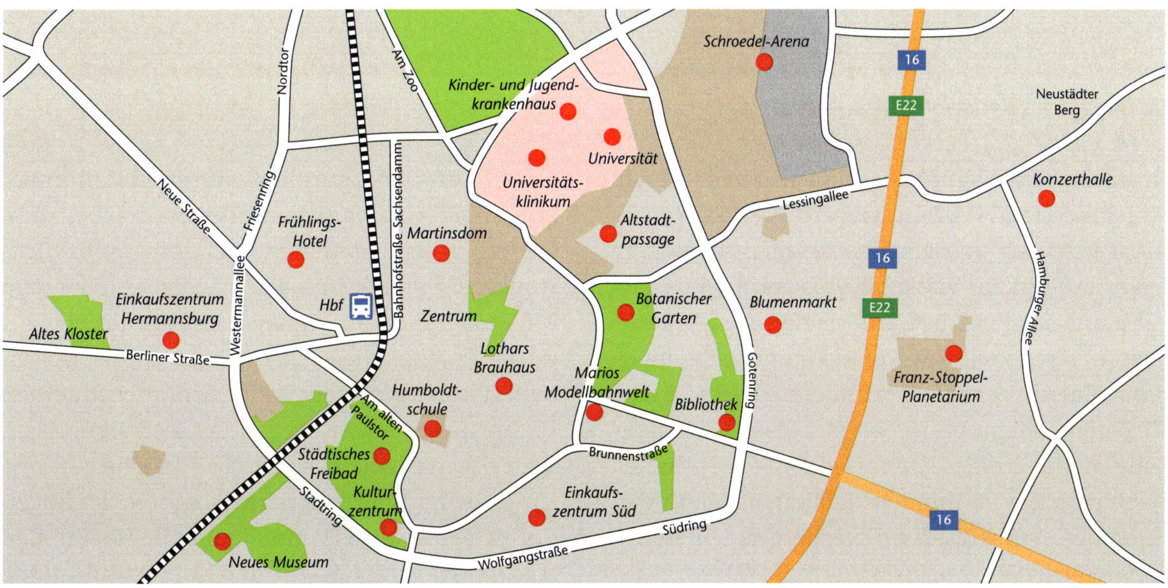

M4 *Übersichtskarte vom Stadtzentrum Waldhausen*

4.2 Tour de Carbon – Kreislauf der Kohlenstoffatome

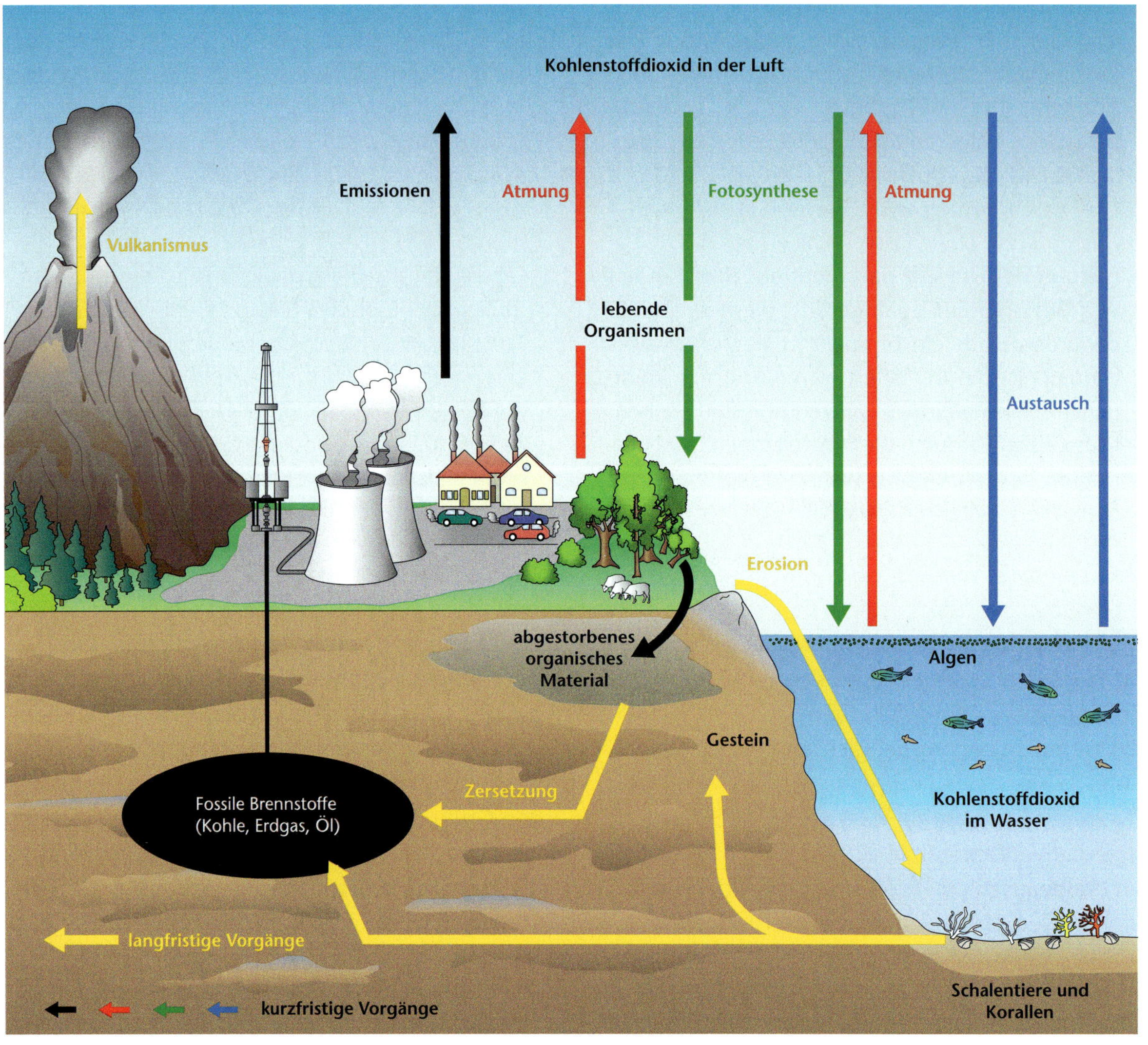

M1 Kreislauf der Kohlenstoffatome

Kohlenstoffatome findet man in der Natur in verschiedenen Verbindungen. Kohlenstoffdioxid befindet sich als Gas in der Luft und in gelöster Form im Wasser. Kohlenstoffatome sind Bestandteile nahezu aller Verbindungen in Lebewesen. Dazu kommen Korallen und Kalkschalen von Meeresorganismen und Gesteine wie zum Beispiel Kalkgestein. Auch die fossilen Lagerstätten von Kohle, Erdöl und Erdgas enthalten Verbindungen mit Kohlenstoffatomen. Diese Vorkommen von Kohlenstoffverbindungen stellen gewissermaßen *Lagerstätten* oder *Depots* von Kohlenstoffatomen dar.

Die Depots sind durch chemische Reaktionen miteinander verbunden. Lebewesen geben zum Beispiel Kohlenstoffatome in Form von Kohlenstoffdioxid an die Luft ab. Aus den Schalen von Meerestieren und Korallen wird Kalkgestein, das durch Erosion wieder in gelöstes Kohlenstoffdioxid überführt werden kann. Unter bestimmten Bedingungen entstehen bei der Zersetzung von Lebewesen fossile Brennstoffe. Manche der Vorgänge laufen sehr langsam ab, andere benötigen nur wenig Zeit (M1). Man kann alle Reaktionen zusammen als **Kreislauf der Kohlenstoffatome** beschreiben.

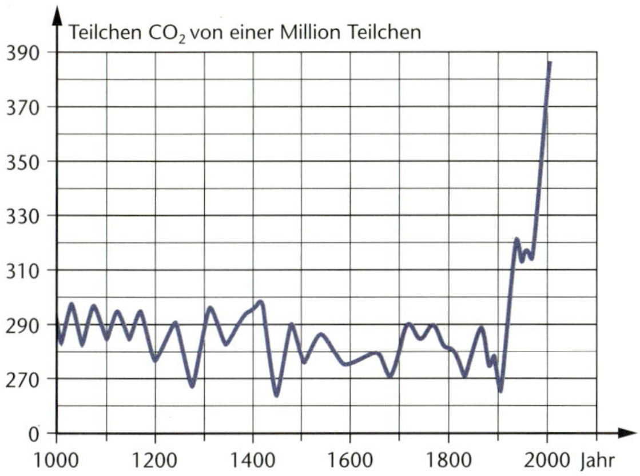

M2 *Kohlenstoffdioxidgehalt der Atmosphäre*

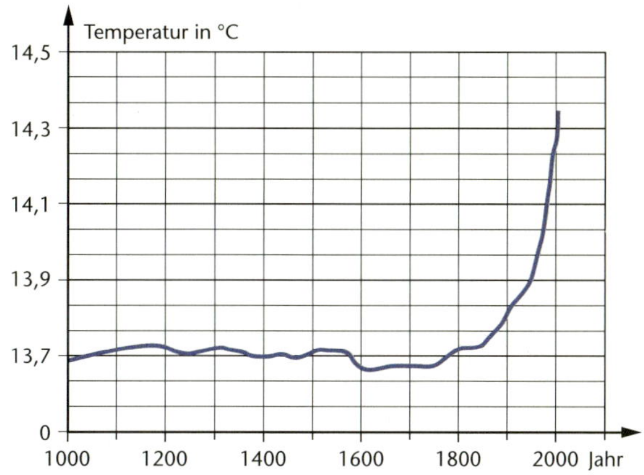

M4 *Jahresdurchschnittstemperatur*

A1 Der Kreislauf der Kohlenstoffatome
Beschreibe den Kreislauf der Kohlenstoffatome. Unterscheide dabei den langfristigen vom kurzfristigen Kreislauf.

A2 Bausteine im Kreislauf
Erläutere jeweils den Zusammenhang zwischen den Bildern in M5 und dem Kreislauf der Kohlenstoffatome.

A3 Kohlenstoffdioxid und Temperatur
Werte die Grafiken in M2 und M4 anhand folgender Leitfragen aus:
- Was ist dargestellt?
- Welche Informationen kann man der Grafik entnehmen?
- Wie sind die Zusammenhänge zu erklären?

A4 Kreisläufe im Vergleich
M3 zeigt eine Darstellung des Kreislaufs der Kohlenstoffatome. Vergleiche diese Darstellung mit M1. Vergleiche außerdem die Zahlen in M3 mit den Aussagen von M2 und M4.

M5 *Korallen (links) und Auto (rechts)*

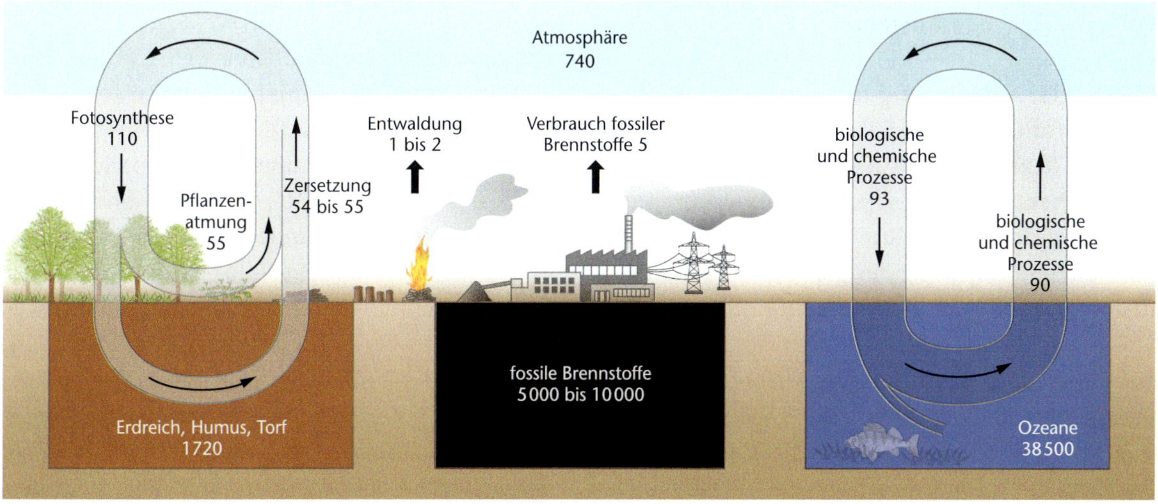

M3 *Darstellung des Kreislaufs der Kohlenstoffatome. Zahlenangaben in 10^9 t Kohlenstoff*

4.3 Zum Wegwerfen zu teuer – Recycling

Kupferklau bei der Bahn verärgert nicht nur Reisende

Wieder einmal ist es aufgrund gestohlener Kupferkabel zu erheblichen Zugverspätungen gekommen. Blockierte Strecken und ausgebremste Züge verärgern die Reisenden. Mittlerweile ermittelt die Bundespolizei in Sonderaktionen auch mit zivilen Streifen.

Allein im letzten Jahr wurde die Deutsche Bahn insgesamt 2700 Mal von Kupferdieben bestohlen. Der durch Diebstahl von Kabeln und Metallteilen entstandene Materialschaden betrug mindestens 17 Millionen Euro.

Nicht nur die Bahn ist vom Kupferdiebstahl betroffen. Immer wieder verschwinden auch Kunstwerke, Grabkreuze und Regenrinnen. Zur Zeit beträgt der Kupferpreis auf dem Weltmarkt 5000 Euro pro Tonne, ein lukratives Geschäft für Diebe.

Nach einem Diebstahl müssen neue Oberleitungskabel installiert werden.

***M1** Steigende Rohstoffpreise machen Kupfer zu einem attraktiven Diebesgut.*

Kupfer ist ein wertvoller Rohstoff (M1). Die Nachfrage ist sehr groß. In Computern, Handys, in der Gebäudetechnik, auf Dächern, in Windkraftanlagen und im Transportwesen findet Kupfer Verwendung. Ein Mittelklassewagen enthält etwa 22 kg Kupfer. Für die Elektroleitungen in einem Einfamilienhaus sind über 1000 m Kupferkabel erforderlich, für die Heizungsanlage etwa 400 m Kupferrohr. Das entspricht einer Masse von etwa 180 kg pro Haus.

Neben der Gewinnung aus Erzen kann Kupfer auch aus Altmaterialien zurückgewonnen werden. Kupferschrott ist alles andere als Abfall. Wirtschaftlich gesehen könnte man Kupferschrott als die „größte Kupfermine Europas" bezeichnen. Rohstoffe, die aus Altmaterialien gewonnen werden, nennt man **Sekundärrohstoffe.**

Verfahren, die dazu dienen, Altmaterialien so aufzubereiten, dass sie wieder verwendet werden können, bezeichnet man als **Recycling.** In Deutschland stammen mehr als 50 % des verwendeten Kupfers aus Recyclingmaterial.

Für eine Wiederaufbereitung muss der Kupferschrott zunächst gesammelt und vorsortiert werden. Abhängig von der Art des Kupferschrotts werden verschiedene Recyclingverfahren angewendet. Die Kunst des Kupferrecyclings besteht nicht nur darin, Kupfer zu isolieren und in reiner Form anzureichern. Wertvolle Begleitstoffe wie Silber und Gold sollen dabei ebenfalls zurückgewonnen werden.

Kupfer kann beliebig oft recycelt werden. Einmal aus Erzen gewonnenes Kupfer gelangt so in einen *Kreislauf* (M2), der eine wiederholte Verwendung und Verarbeitung ermöglicht. Fast alle kupferhaltigen Materialien können als Rohstoffe zur Kupfergewinnung dienen und werden in den Kreislauf zurückgeführt. Nur wenig landet auf der Deponie. Durch Kupfer- und andere Metall-Recycling-Verfahren werden Stoffkreisläufe realisiert, die einen wichtigen Beitrag zum Umweltschutz liefern. Die wertvollen Bodenschätze werden geschont. Zudem wird durch die Wiederaufbereitung Energie gespart, und Abfälle werden vermieden.

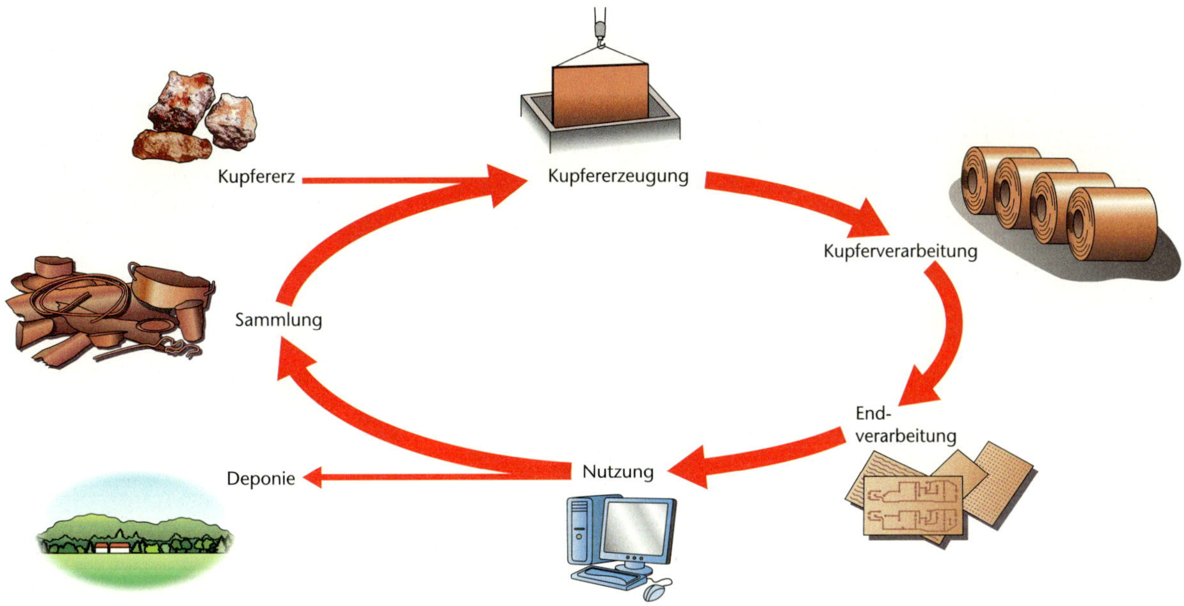

M2 Der Kupferkreislauf

A1 Kupferkreislauf

Man spricht im Zusammenhang mit Metall-Recycling auch von einem nahezu geschlossenen Rohstoffkreislauf. Erläutere dies mithilfe der Abbildung M2.

A2 Haupteinsatzbereiche von Kupfer

Es gibt viele Möglichkeiten, Kupfer einzusetzen. Ohne Kupfer gäbe es beispielsweise kein elektrisches Licht, kein Telefon, kein Auto oder keinen Computer. Allein im Bauwesen wie beispielsweise im Städtebau und im Landschafts- und Gartenbau werden 26 % des eingesetzten Kupfers verwendet. Der weitaus größte Teil wird jedoch im Bereich Elektrotechnik benötigt. Die vielfältig eingesetzten Kupferkabel machen über die Hälfte, nämlich 58 % des gesamten Kupferbedarfs aus. Ein nicht unerheblicher Anteil des produzierten Kupfers wird in Autos, Zügen, Schiffen und Flugzeugen verwendet. Gemessen am Gesamtbedarf benötigt das Transportwesen etwa 5 %. Im Maschinenbau ist der Bedarf sogar doppelt so groß wie im Transportwesen. Der verbleibende Anteil des Kupfers an der Gesamtproduktion findet in verschiedenen weiteren Einsatzbereichen Verwendung. Stelle den prozentualen Anteil der Einsatzbereiche von Kupfer grafisch dar. Wähle eine geeignete Darstellungsform.

A3 Urban Mining

Wenn Rohstoffe teurer und knapper werden, wird Recycling wirtschaftlich besonders attraktiv. In diesem Zusammenhang ist in den letzten Jahren der Begriff *Urban Mining* entstanden. Recherchiere, was man darunter versteht und erläutere an Beispielen, inwiefern sich hier Möglichkeiten eröffnen, der zunehmenden Rohstoffknappheit zu begegnen.

A4 Recycling für den Umweltschutz

Erläutere unter Nutzung aller Materialien dieser Doppelseite, inwiefern Recycling einen Beitrag zum Umweltschutz liefert.

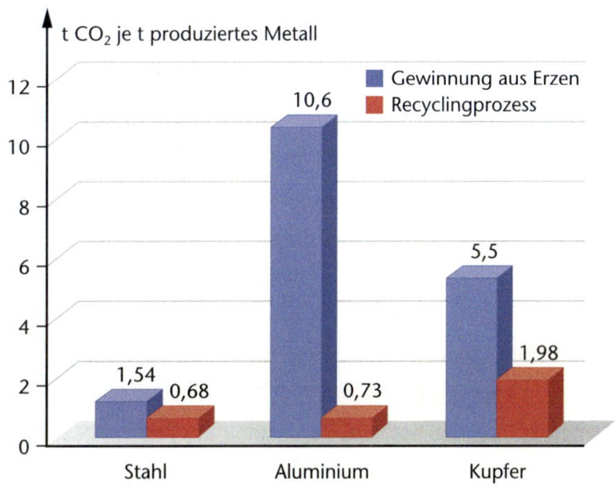

M3 Kohlenstoffdioxidbilanz

4.4 Leben unter Wasser – Löslichkeit von Gasen

M1 *Pflanzen und Tiere in einem Schulaquarium*

Wasserpflanzen in einem Aquarium (M1) benötigen – wie Landpflanzen auch – für ihr Überleben das Gas Kohlenstoffdioxid. Sie produzieren aus diesem Gas und Sonnenlicht bei der Fotosynthese energiereiche Zucker. Kohlenstoffdioxid befindet sich in gelöster Form im Wasser und kann von den Pflanzen aufgenommen werden. Das Gas gelangt durch Verwirbelung an der Oberfläche aus der Luft ins Wasser. Eine weitere Kohlenstoffdioxidquelle sind die Wasserorganismen, die bei ihrer Atmung Kohlenstoffdioxid abgeben.

Der bei der Fotosynthese entstehende Sauerstoff löst sich ebenfalls in Wasser und steht den Wasserorganismen für ihre Atmung zur Verfügung. Sie nehmen ihn über die Haut oder die Kiemen aus dem Wasser auf. Es handelt sich bei diesem Sauerstoff um in Wasser gelösten Sauerstoff und nicht um den Sauerstoff, der im Wasser mit Wasserstoff verbunden ist (M1).

Die maximale Aufnahmefähigkeit des Wassers für Gase ist begrenzt. Sie wird in **Gramm pro Liter** ($\frac{g}{l}$) angegeben und ist von der Temperatur abhängig: Je höher die Temperatur, desto weniger Gas löst sich in Wasser (M2). Oft entspricht die Gasmenge eines Gewässers nicht dem maximalen Wert. Sie wird deshalb oft in Prozent des Maximalwertes angegeben. Aufgrund der Temperaturabhängigkeit ist es wichtig, die zugehörige Temperatur mit anzugeben. So entspricht ein Sauerstoffgehalt von 4,42 $\frac{mg}{l}$ bei 20 °C nach M2 einer **Sauerstoffsättigung** von 50 %.

Neben Kohlenstoffdioxid benötigen Wasserpflanzen verschiedene Mineralsalze zum Wachstum. Bei hohem Eintrag dieser Salze durch Düngung oder durch das Einleiten von ungeklärten Abwässern kann es zur Anreicherung von Nährstoffen (**Eutrophierung**) und in der Folge zu verstärktem Algenwachstum kommen. Die für Algen günstigen Bedingungen führen zu einer fatalen Entwicklung: Der Abbau der abgestorbenen Algen durch Bakterien verbraucht so viel gelösten Sauerstoff, dass der Sauerstoffgehalt des Wassers stark absinkt (**Sauerstoffzehrung**). Die auf den Sauerstoff angewiesenen Wasserbewohner sterben ab. Der Sauerstoffmangel führt schließlich auch zur Bildung giftiger Abbauprodukte und das Gewässer "kippt um". Gefördert wird diese Entwicklung durch eine Zunahme der Wassertemperatur. Zur Vermeidung solcher Entwicklungen wird in der dritten Reinigungsstufe von Kläranlagen ein Teil der Mineralsalze ausgefällt.

Temperatur in °C	Sauerstoffgehalt in $\frac{mg}{l}$	Kohlenstoffdioxidgehalt in $\frac{mg}{l}$
0	14,16	3346
5	12,37	2774
10	10,92	2318
15	9,76	1970
20	8,84	1688
25	8,11	1449
30	7,53	1257
35	7,04	1105
40	6,59	973

***M2** Maximaler Gehalt von Sauerstoff und Kohlenstoffdioxid in Wasser*

A1 Löslichkeit und Temperatur

a) Stelle die Daten in M2 in einem Liniendiagramm dar, das die Abhängigkeit der Löslichkeit von der Temperatur zeigt.
b) Bestimme mithilfe des Diagramms den maximalen Sauerstoff- und Kohlenstoffdioxidgehalt bei 23 °C.

A2 Im Nordseeaquarium

a) Berechne die Masse des gelösten Sauerstoffs und des Kohlenstoffdioxids in einem Nordseeaquarium (25 m · 10 m · 6 m), das mit 10 °C kaltem Wasser gefüllt ist. Die Sauerstoffsättigung beträgt 100 %.
b) Im Sommer wird die Temperatur des Wassers im Aquarium auf 20 °C erhöht. Erläutere die zu erwartenden Veränderungen.

A3 "Bei Hitze läuft nichts mehr."

Die hier zitierte Schlagzeile einer Tageszeitung aus Frankreich beschreibt die Situation bei dortigen Atomkraftwerken: Diese nutzen Flusswasser zur Kühlung und leiten anschließend erwärmtes Wasser zurück in den Fluss. Wenn im Sommer die für die Erwärmung des Flusses erlaubten Sauerstoffgrenzwerte unterschritten werden, müssen die Atomkraftwerke abgestellt werden.
Erläutere die zugrundeliegenden Zusammenhänge in einem Artikel für die Schülerzeitung.

V1 Es braust im Zylinder

Brausetabletten setzen beim Auflösen in Wasser das Gas Kohlenstoffdioxid frei.

Materialien:
Stativmaterial, Messzylinder (500 oder 1000 ml), Wanne, Tiegelzange, 3 bis 4 Brausetabletten

Durchführung:
Baue den Versuch wie in der Abbildung gezeigt auf. Der Messzylinder muss dabei vollständig mit Wasser gefüllt sein. Schiebe dann eine Brausetabletten unter den Zylinder und beobachte etwa 5 min lang. Markiere den Wasserstand und wiederhole den Vorgang mindestens zweimal.

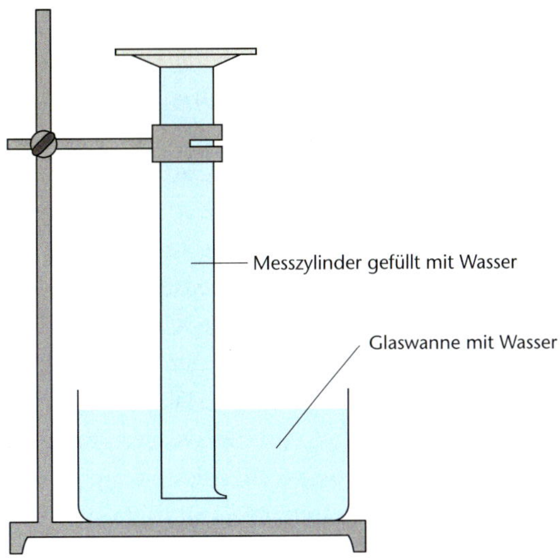

Auswertung:
Protokolliere und deute die Beobachtungen.

A4 Fischtransport

Peter bekommt einen Goldfisch geschenkt. Der Fisch wiegt 40 g. Für den Transport kalkuliert er zwei Stunden ein. Er füllt einen Beutel mit 3 Litern Wasser von 20 °C, das mit Sauerstoff gesättigt ist. Für Goldfische rechnet man mit einem Sauerstoffverbrauch von etwa 0,1 mg pro Stunde und Gramm. Sauerstoffgehalte unter 4 $\frac{mg}{l}$ sind für die meisten Fische gefährlich. Analysiere, ob der Transport gefahrlos möglich ist.

4.5 Eine unendliche Geschichte – der Wasserkreislauf

***M1** Die Erde und ihr Wasser*

Für Betrachter von außen ist die Erde ein weitgehend geschlossenes System (M1): Es kann Sonnenenergie aufnehmen und Wärmeenergie abgeben. Ein Austausch von Stoffen mit dem umgebenden Weltall findet praktisch nicht statt. Innerhalb des Systems Erde laufen dagegen kontinuierlich Austauschprozesse ab. Die dafür nötige Energie liefert die Sonne. Unter ihrer Einwirkung verdunstet Wasser an der Erdoberfläche und gelangt in die Atmosphäre. Durch die jeweils herrschenden Winde kann der Wasserdampf mitgerissen und über weite Strecken transportiert werden. Kühlt diese feuchte Luft ab, kondensiert der Wasserdampf zu kleinen Tröpfchen. Diese bilden Wolken, werden immer größer und schwerer und gelangen schließlich als Niederschlag zurück zur Erdoberfläche. Dort gelangen sie in Gewässer oder versickern im Boden. Unterhalb der Schmelztemperatur gefriert das Wasser und bedeckt als Schnee oder Eis die Oberfläche. Das Schmelz- und Regenwasser gelangt über das Grundwasser und die Flüsse in die Ozeane. Auf seinem Weg löst es Salze aus dem Gestein und führt diese mit sich. Schließlich verdunstet ein Teil des Wassers wieder und der Kreislauf (M2) schließt sich. Dabei geht innerhalb des Systems kein Wasser verloren.

Ein Teil des Wassers wird durch den Menschen genutzt und muss dafür aufbereitet werden. Dazu wird meist Fluss- oder Grundwasser durch die Versorgungsunternehmen von gelösten Stoffen, Partikeln und Krankheitserregern befreit und mit Chlor oder UV-Licht desinfiziert. Nach dem Gebrauch müssen die anfallenden Abwässer vor Rückführung in den Kreislauf in einer **Kläranlage** gereinigt werden (M3). In drei Reinigungsstufen erfolgt zuerst eine **mechanische Reinigung** durch Filtration und Sedimentation zur Entfernung fester Verunreinigungen. Bei der **biologischen Reinigung** wird Sauerstoff eingeblasen und Mikroorganismen bauen im Belebungsbecken organische Schadstoffe ab. Als dritte Stufe folgt im Belebungsbecken eine **chemisch-physikalische Reinigung**, in deren Verlauf weitere Stoffe wie beispielsweise Mineralsalze ausgefällt werden. Der in den Stufen 2 und 3 anfallenden Klärschlamm kann zum Teil zu brennbarem Gas abgebaut werden. Der restliche Schlamm wird als Dünger genutzt oder verbrannt.

Seit 2010 ist das Recht auf *Zugang zu sauberem Wasser* als Menschenrecht anerkannt. Weltweit haben dennoch etwa drei Milliarden Menschen kein sauberes Trinkwasser zur Verfügung.

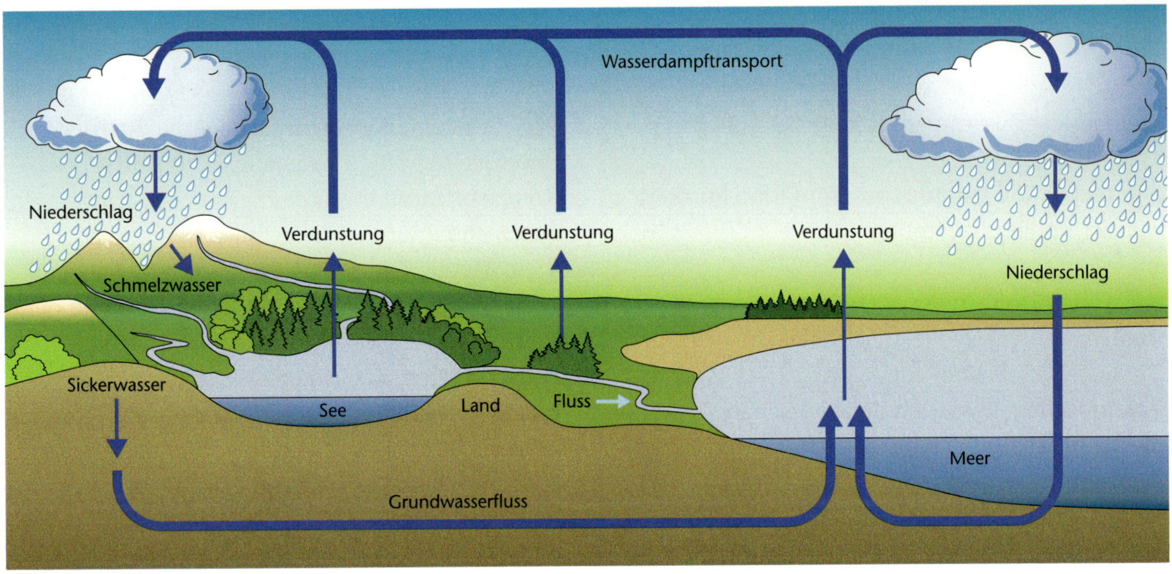

M2 Der Wasserkreislauf

A1 Ein Begriffsnetz zum Wasserkreislauf

a) Erkläre mit den folgenden Begriffen die Zusammenhänge in M2: Versickerung, Kondensation, Ozean, Niederschlag, Grundwasser, Verdunstung, Transport von gelösten Stoffen, Oberfläche, Eis, Abwasser, Sonne, Wasserdampf, Fließgewässer, Schmelzwasser.
Schreibe dazu die Begriffe auf Kärtchen und ordne sie auf einem DIN A4-Blatt sinnvoll an.

b) Stelle mit Pfeilen Verbindungen zwischen den Begriffen her und beschrifte diese mit kurzen Erklärungen, sodass ein Begriffsnetz entsteht.

A2 Vorgänge in der Kläranlage

Formuliere zu jedem der Punkte 1 bis 6 in M3 einen erklärenden Kommentar.

A3 Regen auf Wunsch

Bei den Olympischen Spielen in Peking wurden heranziehende Regenwolken gezielt durch Chemikalien zum Abregnen gebracht, bevor sie Peking erreichten. Dieses Verfahren kann auch für die Landwirtschaft angewandt werden. Erläutere mögliche lokale und überregionale Auswirkungen des *künstlichen Regens*.

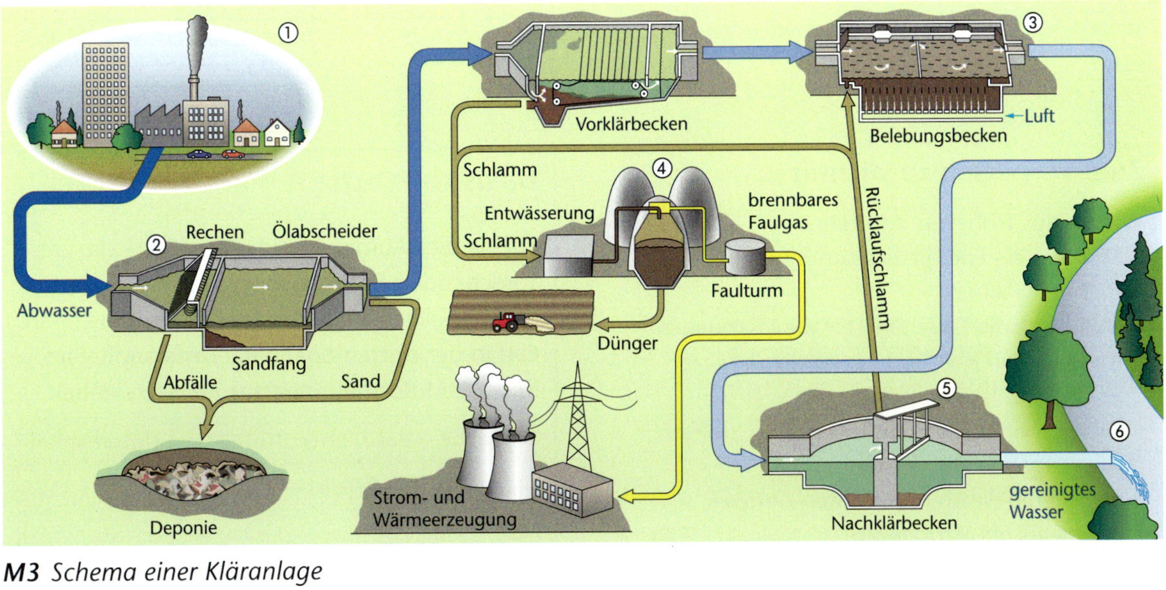

M3 Schema einer Kläranlage

Kompetent?

1 Gib die Zusammensetzung der Luft an.

2 Nenne die langfristigen Vorgänge im Kreislauf der Kohlenstoffatome.

3 Gib an, was man unter *Urban Mining* versteht.

4 In Aquarien werden neben Fischen Wasserpflanzen gehalten. Erläutere die Funktion dieser Pflanzen.

5 Nenne wichtige Schadstoffe in der Luft und ihre Wirkung.

6 Erläutere die Rolle von Kohlenstoffdioxid in der Atmosphäre.

7 Begründe, warum viele Städte Umweltzonen einführen.

8 Erläutere die Stufen einer Kläranlage.

9 Beschreibe die Auswirkungen auf den Kreislauf der Kohlenstoffatome, wenn man großflächig Wälder abholzt und Flächen bebaut.

10 Erläutere die Auswirkungen verstärkter Düngung und Einleitung von Abwässern auf Seen.

11 Lege eine Klarsichthülle auf die Buchseite und fülle mit einem wasserlöslichen Filzstift das Kreuzworträtsel aus.

Senkrecht:

1 ein Metall; **2** metallhaltiges Gestein; **3** lebensnotwendiger Bestandteil der Luft, der einen glimmenden Holzspan aufflammen lässt; **4** lässt sich komprimieren; **5** Ausgangssubstanz;
6 eine Verbindung, die Sauerstoff enthält

Waagrecht:

1 Alles im Fluss, es geht aber nichts verloren;
7 enthält sehr viel Wasser; **8** unser Planet;
9 Gas, das in geringem Anteil in der Luft vorkommt; **10** ein wichtiges Element; **11** Bestandteil der Luft

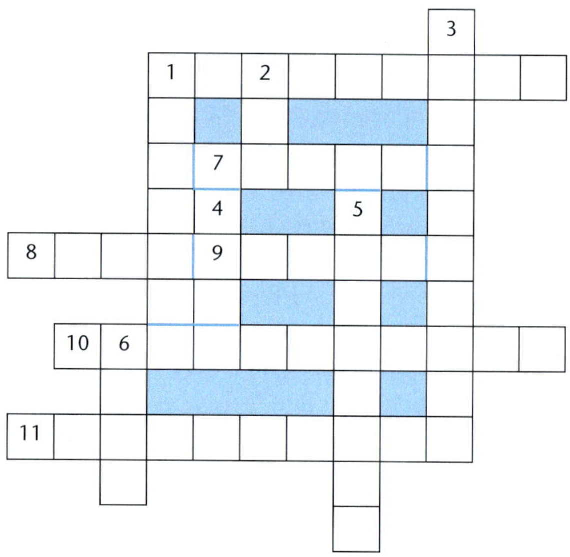

Zum Vergessen zu wichtig ...

Wissen aus früheren Kapiteln

- Skizziere ein Energiediagramm für eine exotherme Reaktion.
- Übertrage die Gleichung für die Eisengewinnung in dein Heft und vervollständige sie: $Fe_2O_3 + C \rightarrow Fe + CO_2$
- Gib an, wie sich die Löslichkeit von Stoffen mit steigender Temperatur ändert.
- Beschreibe die Trennverfahren *Filtrieren, Sedimentieren, Extrahieren.*

Basiskonzepte

Ordne den Aufgaben auf dieser Seite die entsprechenden Basiskonzepte zu. Fertige dazu eine Tabelle nach untenstehendem Muster an. Gib in der dritten Spalte die Unterkapitel an, in denen Informationen zur Aufgabe stehen.

Aufgabe	Basiskonzept(e)	Unterkapitel
1	Stoff-Teilchen-Konzept	4.1
2	...	...

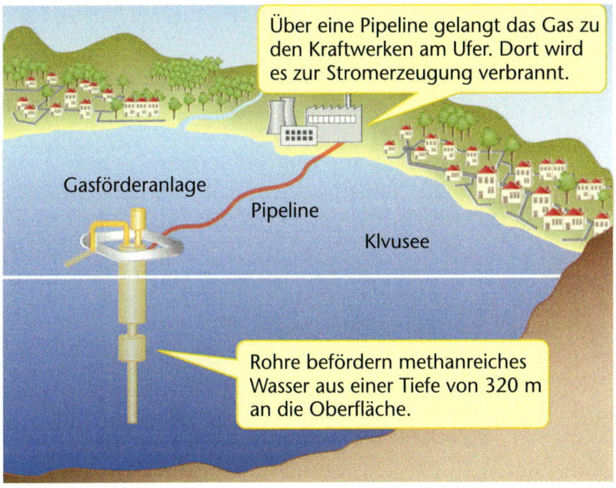

M1 *Der Kivussee*

Der Kivusee ist ein großer, tiefer See im Grenzgebiet der afrikanischen Staaten Ruanda und Kongo. Am Boden des bis zu 490 m tiefen Sees herrscht ein hoher Druck. Anders als bei anderen Seen findet hier keine Durchmischung des Wassers aus unterschiedlichen Schichten statt. Deshalb konnten sich über Tausende von Jahren in tiefen Wasserschichten Methan und Kohlenstoffdioxid stark anreichern. Die beiden Gase entstehen beim Abbau organischen Materials durch Bakterien. Durch intensivierte Landwirtschaft gelangen heute mehr Nährstoffe in den See.

M2 Eine Chance für Ruanda?

Der Staat Ruanda versucht, seine Energieprobleme mithilfe des Kivusees zu lösen. Methangas kann eingesetzt werden, um in Kraftwerken Strom zu erzeugen. Die Förderung des Methans scheint einfach: Methanreiches Tiefenwasser wird nach oben gepumpt. Das dabei entweichende Methangas wird aufgefangen und mit Pipelines zu Kraftwerken geleitet. Kohlenstoffdioxidgas wird in den See zurück gepumpt. Kritiker befürchten, dass der See durch die Gasgewinnung in Unruhe geraten könnte. Wenn die Gasentnahme nicht ständig kontrolliert wird, kann es gefährlich werden. Zudem gilt die Region als politisch instabil. Befürworter argumentieren, dass durch die kontrollierte Entnahme von Methan das Risiko von gefährlichen Gasausbrüchen sogar vermindert würde.

M3 Löslichkeit von Gasen

Verschiedene Gase lösen sich unterschiedlich gut in Wasser. Für alle Gase gilt: Je höher der Druck und je niedriger die Temperatur, desto mehr Gas löst sich. Das kann man zum Beispiel beobachten, wenn man eine Mineralwasserflasche öffnet. Die geschlossene Flasche steht unter Druck. Unter diesen Bedingungen ist viel Kohlenstoffdioxidgas gelöst. Beim Öffnen sprudelt der Flascheninhalt sofort. Der Druck verringert sich, und vorher gelöstes Kohlenstoffdioxidgas wird frei.

M4 Risiko Kivusee

Im Kivusee ist Eintausend Mal mehr Gas gespeichert als im Nyossee. Experten weisen darauf hin, dass die Gasmengen am Grund des Sees katastrophale Folgen für die dicht besiedelte Region haben könnten. Sollte das Wasser des Sees in Bewegung geraten, würde gasreiches Tiefenwasser nach oben gelangen. Dieser Vorgang würde riesige Mengen an Gas freisetzen. In erster Linie werden Vulkane wie der Nyiragongo als Risikofaktoren gesehen. Dieser Vulkan entließ zuletzt 2002 Lavamassen in den See. Ebenso gefährlich könnte die Zunahme von Stürmen werden.

A Arbeitsaufträge

a) Bildet Expertengruppen aus jeweils vier Personen. Jede Gruppe beschäftigt sich mit einem der Materialien M2 bis M4. Die Expertengruppe zu M4 informiert sich zusätzlich über die Katastrophe, die sich im August 1986 am Nyossee in Kamerun ereignete (Kapitel 1.8).

b) Bildet anschließend neue Gruppen. Jeder neuen Gruppe gehört je ein Mitglied der Expertengruppen an. Die Experten berichten über das von ihnen bearbeitete Material.

c) Die Gruppenmitglieder kehren in ihre Stammgruppen zurück und berichten gegenseitig. Diskutiert, welche Gefahren vom Kivusee ausgehen könnten und ob eine Gasförderung am Kivusee sinnvoll und vertretbar ist.

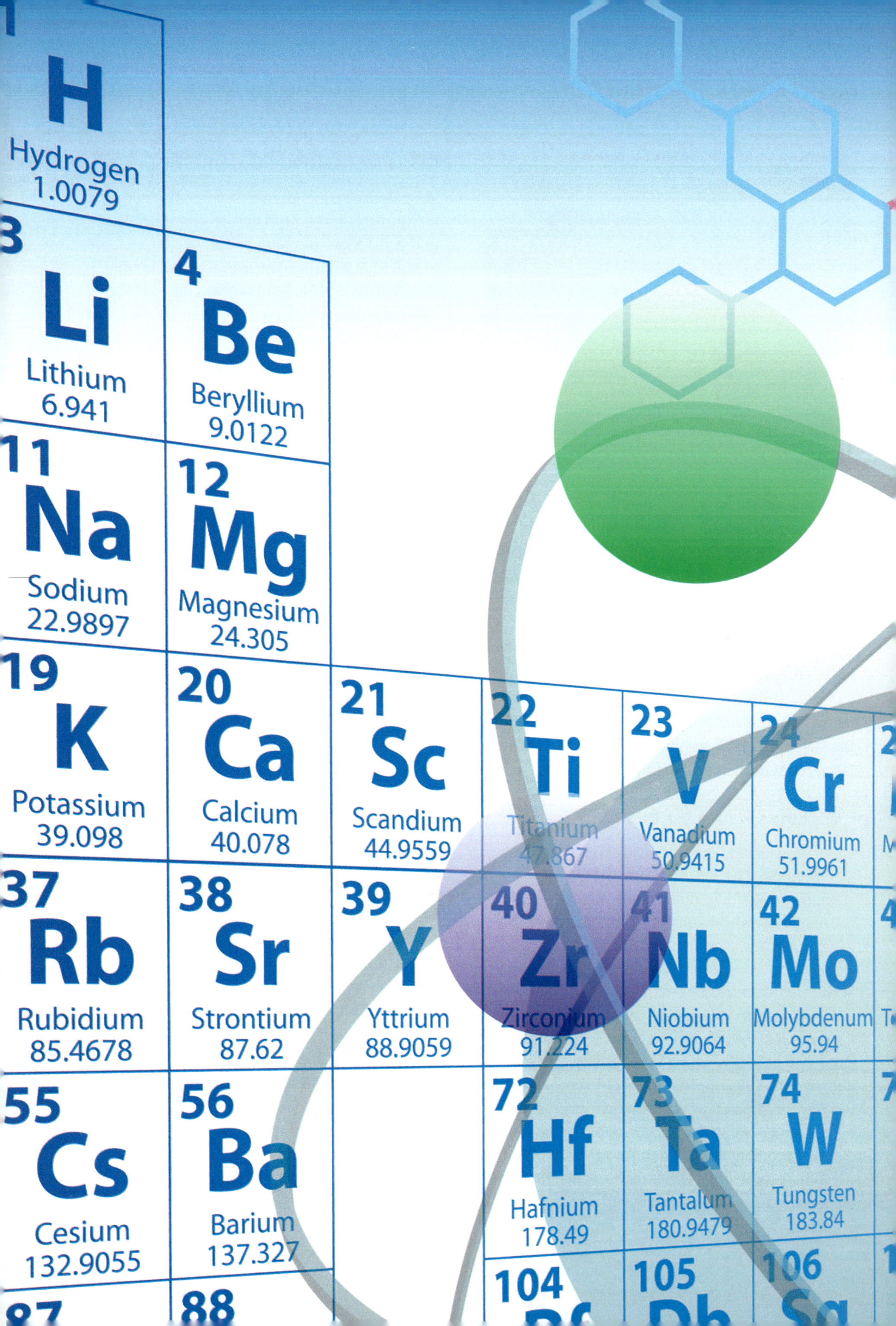

H
Hydrogen
1.0079
3
Li
Lithium
6.941
4
Be
Beryllium
9.0122
11
Na
Sodium
22.9897
12
Mg
Magnesium
24.305
19
K
Potassium
39.098
20
Ca
Calcium
40.078
21
Sc
Scandium
44.9559
22
Ti
Titanium
47.867
23
V
Vanadium
50.9415
24
Cr
Chromium
51.9961
37
Rb
Rubidium
85.4678
38
Sr
Strontium
87.62
39
Y
Yttrium
88.9059
40
Zr
Zirconium
91.224
41
Nb
Niobium
92.9064
42
Mo
Molybdenum
95.94
55
Cs
Cesium
132.9055
56
Ba
Barium
137.327
72
Hf
Hafnium
178.49
73
Ta
Tantalum
180.9479
74
W
Tungsten
183.84
104
105
106
88

5 Atombau und Periodensystem

5.1 Schwierige Geburt – Chemie wird Naturwissenschaft

***M1** Lavoisiers Labor*

Vom Altertum bis ins antike Griechenland stand die Gewinnung und Verarbeitung der Metalle Eisen, Kupfer und Silber im Mittelpunkt des Interesses. Um diese Metalle aus ihren Erzen zu gewinnen, sind hohe Temperaturen notwendig. Man begann daher schon recht früh, sich Vorstellungen über die Wirkung des Feuers zu machen. Um 450 vor Christus entwickelte EMPEDOKLES die Vorstellung, dass alle Stoffe aus vier Grundstoffen oder Elementen – Feuer, Erde, Wasser und Luft – bestehen. Holz besteht danach aus Feuer und Erde; beim Verbrennen wird das Feuer frei, die entstehende Asche, die Erde, bleibt zurück. Diese Vorstellung über die Zusammensetzung der Materie war das Produkt philosophischer Überlegungen, nicht gezielter Versuche. Sie hielt sich fast zweitausend Jahre lang.

Während des Mittelalters versuchten die Alchemisten Stoffe zu verändern, um den sogenannten „Stein der Weisen" zu erhalten. Man hoffte mit seiner Hilfe unedle Metalle in Gold verwandeln zu können. Auf der Suche danach entdeckte Hennig BRAND 1669 das erste nichtmetallische Element, den Phosphor. Zu dieser Zeit rückte man vom Elementbegriff des EMPEDOKLES ab und bezeichnet nun Elemente als Stoffe, die mit chemischen Methoden nicht mehr in andere Stoffe zerlegt werden können (Robert BOYLE, 1680). Gegen Ende des 17. Jahrhunderts waren von diesen Elementen 14 bekannt.

Ernst STAHL entwickelte um 1740 die Vorstellung, dass bei Verbrennungen ein unsichtbares Element, das Phlogiston (gr. *phlogistos:* verbrannt) in die Luft entweicht. Auf der Suche nach diesem Element entdeckte Joseph PRIESTLEY 1774 das Element Sauerstoff.

Im 18. Jahrhundert begann man, Stoffumwandlungen mithilfe von Experimenten und exakten Waagen zu verfolgen (M1). Dabei stellte Antoine LAVOISIER (1743 – 1794) beim Verbrennen von Metallen fest, dass die entstehenden Metalloxide eine höhere Masse besaßen als die eingesetzten Metalle. Damit widerlegte er die Vorstellung von STAHL, denn danach hätte die Masse des Metalls durch das Entweichen des Phlogistons abnehmen müssen. LAVOISIER erklärte die Massenzunahme bei der Verbrennung mit der Vorstellung, dass Metall und Sauerstoff dabei zu einer neuen Verbindung reagieren. Er trug weiterhin die Eigenschaften aller damals bekannten Stoffe zusammen und führte für sie einheitliche Namen ein. Er gilt als Begründer der Chemie als Naturwissenschaft.

Phosphor	
Atommasse:	31 u
Siedetemperatur:	280 °C
Verbindungen:	P_2O_5, PH_3
Nichtmetall	

Kalium	
Atommasse	39 u
Siedetemperatur	776 °C
Härte	sehr weich
Reaktion mit Wasser:	sehr heftig
Verbindungen:	KCl, K_2O
Metall	

Fluor	
Atommasse:	19 u
Siedetemperatur:	–188 °C
Reaktion mit Metall:	sehr heftig
Verbindungen:	HF, NaF
Nichtmetall	

Calcium	
Atommasse	40 u
Siedetemperatur	1483 °C
Härte	mäßig hart
Reaktion mit Wasser:	langsam
Verbindungen:	CaO, $CaCl_2$
Metall	

Stickstoff	
Atommasse:	14 u
Siedetemperatur:	–196 °C
Verbindungen:	N_2O_5, NH_3
Nichtmetall	

Lithium	
Atommasse:	7 u
Siedetemperatur:	1370 °C
Reaktion mit Wasser:	heftig
Verbindungen:	Li_2O, LiCl
Metall	

Magnesium	
Atommasse:	24 u
Siedetemperatur:	1105 °C
Härte:	hart
Reaktion mit Wasser:	sehr langsam
Verbindungen:	MgO, $MgCl_2$
Metall	

Chlor	
Atommasse:	36 u
Siedetemperatur:	–34 °C
Reaktion mit Metall:	sehr heftig
Verbindungen:	HCl, NaCl
Nichtmetall	

Arsen	
Atommasse:	75 u
Siedetemperatur:	sublimiert
Verbindungen:	As_2O_5, AsH_3
Halbmetall	

M2 *Eigenschaften einiger ausgewählter Elemente*

A1 Ein unbekanntes Gas

a) Zeichne den Versuchsaufbau zur Herstellung des unbekannten Gases (M3).
b) Nenne das Gas, um das es sich handelt und begründe.
c) Nenne den Namen des Forschers, der dieses Experiment durchführte.
d) Formuliere für die Reaktion zur Herstellung des Gases die Wortgleichung. Mercurius calcinatus ist ein alter Name für Quecksilberoxid, die Verhältnisformel ist HgO.

A2 Antoine de Lavoisier

a) Recherchiere in der Bibliothek oder im Internet das Leben von Lavoisier und seine Verdienste um die Chemie.
b) Schreibe einen Artikel von einer DIN A4-Seite über Lavoisier für eure Schülerzeitung.
c) Gestalte über Lavoisier ein Poster für den Flur vor dem Chemiesaal.

A3 Das nasse Element

Oft spricht man von Wasser als "nassem Element" oder davon, dass ein Mensch in seinem Element ist. Erläutere, was man unter dieser Redensart versteht und gib an, auf wen diese Vorstellung zurück geht.

Am ersten August 1774 unternahm ich es, Gas aus mercurius calcinatus zu extrahieren. Ich that dies, indem ich das Sonnenlicht durch eine Linse von 12 Zoll Durchmesser auf das mercurium calcinatum richtete. Das entstehende Gas leitete ich in mit Quecksilber gefüllte Gefäße, die wiederum umgedreht in einer Wanne mit Quecksilber standen [...], Was mich aber mehr überraschte, als ich es ausdrücken kann, war, daß eine Kerze in diesem aufgefangenen Gas mit einer bemerkenswert starken Flamme brannte. [...] Auch brannte die Flamme der Kerze in diesem Fall [...] nicht nur größer, sondern mit höherer Leuchtkraft und Hitze als in den Proben mit normaler Luft; ein glimmendes Holzstück brannte hell auf und war sehr schnelle verbraucht.

M3 *Ein unbekanntes Gas*

A4 Ein System für Elemente

M2 zeigt die Eigenschaften von 9 Elementen beziehungsweise deren Atomen. Zum großen Teil wurden diese Eigenschaften von Lavoisier zusammengetragen. Kopiere die Abbildung und schneide die Kärtchen aus.
Ordne die Kärtchen der Elemente nach selbstgewählten Kriterien und stelle Dein Ordnungssystem der Klasse vor.

5.2 In Reih' und Glied – das Periodensystem

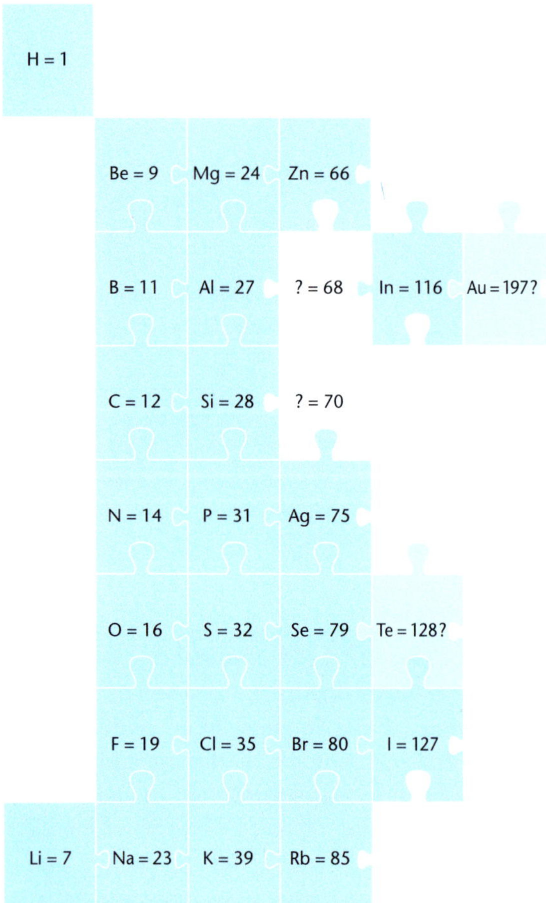

M1 Anordnung der Elemente nach Mendeleev

1869 ordnete Dmitri MENDELEEV die damals bekannten Elemente wie in einem Puzzle nach steigender Masse ihrer Atome (M1). Dabei stellte er fest, dass sich nach einer bestimmten Anzahl von Elementen deren Eigenschaften ähnelten. Er begann mit diesem Element deshalb eine neue Spalte, sodass sich in einer Reihe stets Elemente mit ähnlichen Eigenschaften befanden. Er entdeckte, dass er Lücken in seinem System lassen musste, damit sein Ordnungsprinzip erhalten blieb. Er folgerte daraus, dass in den Lücken zu seiner Zeit noch nicht entdeckte Elemente stehen müssten.

Eines dieser Elemente nannte er Eka-Silicium (? = 70 in M1). Aufgrund der Lage des Elements in seinem System sagte er dessen Eigenschaften voraus (M3). 1885 wurde dieses von ihm vorhergesagte Element gefunden. Es wurde Germanium genannt. Das war eine Bestätigung seines Ordnungssystems.

Die von MENDELEEV entdeckte Anordnung der Elemente wurde durch neu entdeckte Elemente im Laufe der Zeit immer wieder ergänzt und in ihrer Form verändert. M2 zeigt eine heute übliche verkürzte Darstellung mit den sogenannten Hauptgruppenelementen. Diese Anordnung nennt man das **Periodensystem der Elemente (PSE).**

In einer **Spalte,** auch **Gruppe** genannt, stehen Elemente mit ähnlichen chemischen Eigenschaften. Man bezeichnet sie als eine **Elementfamilie.** Die acht Hauptgruppen des PSE werden mit römischen Ziffern bezeichnet (M2). Einzige Ausnahme ist die Anordnung des Wasserstoffs. Er gehört nicht zur Elementfamilie der ersten Hauptgruppe, da er andere Eigenschaften als deren Elemente besitzt.

Die Reihen des PSE werden auch **Perioden** genannt und mit den Ziffern 1 bis 7 gekennzeichnet. Die Elemente werden im PSE durchnummeriert, sodass jedes Element eine **Ordnungszahl** erhält. Neben der Ordnungszahl wird oft für das Element seine **Atommasse** angegeben (M2). Links im Periodensystem stehen die Metalle, rechts die Nichtmetalle. Dazwischen stehen diagonal angeordnet die Halbmetalle. Sie besitzen sowohl metallische als auch nichtmetallische Eigenschaften. In den meisten Periodensystemen werden diese drei Gruppen farblich unterschieden.

Wichtige Metalle wie Kupfer, Eisen, Gold sind in den Hauptgruppen nicht zu finden. Sie befinden sich in den acht Nebengruppen des PSE, die zwischen die II. und III. Hauptgruppe eingefügt werden. Der Grund dafür liegt im Bau der Atome der entsprechenden Elemente. Im Anhang des Buches findet sich eine Langform des PSE mit allen bekannten Elementen.

Periode	Hauptgruppen							
	I	II	III	IV	V	VI	VII	VIII
1	1 1,01 H Wasserstoff							2 4,00 He Helium
2	3 6,94 Li Lithium	4 9,01 Be Beryllium	5 10,81 B Bor	6 12,01 C Kohlenstoff	7 14,01 N Stickstoff	8 15,99 O Sauerstoff	9 18,99 F Fluor	10 20,18 Ne Neon
3	11 22,99 Na Natrium	12 24,31 Mg Magnesium	13 26,98 Al Aluminium	14 28,09 Si Silicium	15 30,97 P Phosphor	16 32,06 S Schwefel	17 35,45 Cl Chlor	18 39,95 Ar Argon
4	19 39,10 K Kalium	20 40,08 Ca Calcium	31 69,72 Ga Gallium	32 72,60 Ge Germanium	33 74,92 As Arsen	34 78,96 Se Selen	35 79,90 Br Brom	36 83,80 Kr Krypton
5	37 85,47 Rb Rubidium	38 87,62 Sr Strontium	49 114,82 In Indium	50 118,71 Sn Zinn	51 121,75 Sb Antimon	52 127,60 Te Tellur	53 126,90 I Iod	54 131,29 Xe Xenon
6	55 132,91 Cs Caesium	56 137,34 Ba Barium	81 204,38 Tl Thallium	82 207,20 Pb Blei	83 208,98 Bi Bismut	84 (209) Po Polonium	85 (210) At Astat	86 (222) Rn Radon
7	87 (223) Fr Francium	88 226,03 Ra Radium	113	114 (289) Uqq* Ununquadium				

M2 Periodensystem der Elemente (Kurzform)

A1 Welches Element ist es?

In Frankreich gewann man Anfang des 19. Jahrhunderts aus der Asche von Tang einen Stoff für das Seifensieden. Der Stoff wurde als *soude de varech* (*engl.* wrack) bezeichnet. Dem Seifensieder COURTOISE fiel auf, dass eine Lösung dieser Asche den zum Eindampfen benutzten Kupferkessel stark angriff. Um der Ursache dieses Phänomens auf den Grund zu kommen, gab er zu der Lösung verschiedene Chemikalien. Dabei entstanden manchmal veilchenfarbene Dämpfe. COURTOISE hatte ein neues Element entdeckt. Seinen Namen erhielt es nach dem altgriechischen Begriff für seine Farbe.

a) Recherchiere, um welches Element es sich handelt.

b) Erstellt ähnliche Rätselgeschichten für andere Elemente. Tauscht die Geschichten untereinander aus und löst die Rätsel um die Elemente.

A2 Das Eka-Silicium

Informiere dich über die Eigenschaften des Elements Germanium. Vergleiche die von Mendeleev vorausgesagten Eigenschaften des Eka-Siliciums (M3) mit den gefundenen Eigenschaften für Germanium.

Eigenschaft	1869 vorausgesagt
Atommasse	etwa 70 u
Dichte	$5{,}5\ \frac{g}{cm^3}$
Schmelztemperatur	sehr hoch
Farbe	dunkelgrau
Dichte des Oxids	$4{,}7\ \frac{g}{cm^3}$
Fomel des Oxids	EsO_2

M3 Von Mendeleev vorausgesagte Eigenschaften von Eka-Silicium

A3 Besonderheiten im PSE

Betrachtet man das Periodensystem, stellt man fest, dass die Ordnung der Elemente nach steigender Atommasse nicht immer gegeben ist. So steht im Periodensystem Kalium nach Argon und Iod nach Tellur. Begründe diese Einordnung der Elemente in das Periodensystem.

A4 Die Elemente der IV. Hauptgruppe

"In einer Gruppe des Periodensystems stehen Elemente mit ähnlichen Eigenschaften". Überprüfe diese Aussage anhand der Eigenschaften der Elemente der IV. Hauptgruppe.

5.3 Verhüllt – das Kern-Hülle-Modell

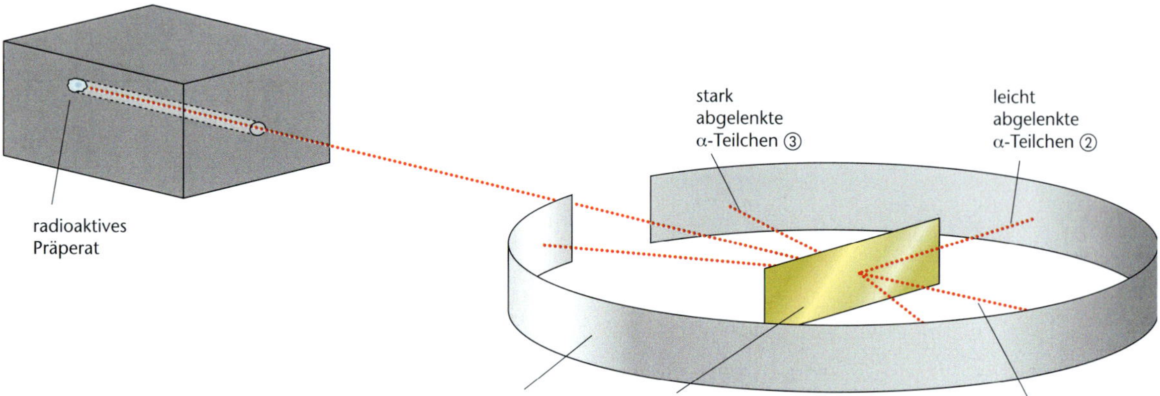

M1 *Streuversuch von* RUTHERFORD

1897 entdeckte Joseph THOMSON (Nobelpreis 1906) negativ geladene Teilchen, die etwa 2000 mal leichter als ein Wasserstoffatom sind. Er nannte sie **Elektronen.** Seine Beobachtung war mit der Vorstellung von Atomen als kleine unteilbare Teilchen nicht erklärbar. Die Vorstellung musste erweitert werden. Experimente mit radioaktiver Strahlung halfen dabei.

Ernest RUTHERFORD (Nobelpreis 1908) zeigte, dass eine Art der radioaktiven Strahlung aus einem Strom positiv geladener Teilchen, den α-Teilchen besteht. Diese sind kleiner als Atome. Mit diesen Teilchen bestrahlte RUTHERFORD dünne Goldfolien (M1). Die Folien waren etwa 1000 Atomlagen dick. Strahlungsquelle für die α-Teilchen war Radium, das sich in der Bohrung eines für radioaktive Strahlen undurchdringlichen Bleiblocks befand. Die Strahlen konnten nur an einer Stelle aus dem Bleiblock austreten. Die dünne Goldfolie befand sich im Strahlengang der α-Teilchen. Um die Goldfolie herum war kreisförmig ein Fotopapierstreifen angeordnet. Trafen α-Teilchen auf das Fotopapier, so entstanden nach dem Entwickeln an den entsprechenden Stellen schwarze Punkte. M1 zeigt den Versuchsaufbau und das Ergebnis des Experiments: Die meisten α-Teilchen gingen ungehindert durch die Folie (1), einzelne wurden leicht abgelenkt (2), nur wenige stärker (3).

RUTHERFORD folgerte daraus, dass Atome keine kompakten Teilchen sind, sondern dass der größte Teil eines Atoms masseleer ist. Nach RUTHERFORD existiert im Atom ein sehr kleines, positiv geladenes Massezentrum, der **Atomkern.** Er vereinigt fast die gesamte Masse des Atoms in sich. Er ist etwa 10 000 mal kleiner als die kugelförmige **Atomhülle,** in der sich die negativ geladenen Elektronen um den Kern bewegen. Über die Art der Bewegung kann man keine Aussage machen. Im Vergleich zur Masse des Kerns ist die Masse der **Elektronen** extrem klein. Im Kern befinden sich genauso viele positiv geladene Teilchen, die **Protonen,** wie Elektronen in der Atomhülle. Die Ladungen von Elektronen und Protonen sind vom Betrag her gleich. Man bezeichnet diese Ladungsportionen als Elementarladungen. Protonen und Elektronen nennt man **Elementarteilchen.** Im Raum zwischen Kern und Elektronen befindet sich keine Materie. Es herrschen lediglich elektrische Anziehungskräfte zwischen den unterschiedlich geladenen Elementarteilchen. Rutherford fand weiterhin heraus, dass es sich bei den α-Teilchen um positive geladene Heliumatomkerne handelt. Beschießt man die Goldfolie mit α-Teilchen, fliegen diese Kerne ungehindert zwischen den weit voneinander entfernten Kernen der Goldatome hindurch. Nur wenn α-Teilchen positiv geladenen Kernen nahe kommen, werden sie abgestoßen und abgelenkt.

M2 Heißluftballon

M4 Eine Supernova

A1 Größenvergleiche

Ein Stecknadelkopf hat einen Durchmesser von 3 mm. Berechne den Durchmesser eines Heißluftballons (M2), wenn die gleichen Größenverhältnisse gelten wie zwischen Kern und Hülle eines Atoms.

A2 Die Bahn von α-Teilchen

a) Die Goldfolie beim Streuversuch bestand aus etwa 1000 Atomlagen. M3 zeigt modellhaft einige dieser Atomlagen. Lege eine Klarsichtfolie auf die Buchseite und ergänze mit einem wasserlöslichen Filzstift die Flugbahnen der α-Teilchen.

b) Erkläre, weshalb die α-Teilchen nie den Atomkern treffen.

c) Die Modelldarstellung der Atome in M3 ist nicht korrekt. Erläutere diese Aussage.

A3 Goldfolie

Recherchiere, weshalb RUTHERFORD und seine Mitarbeiter hauptsächlich Goldfolie für ihre Experimente einsetzten.

A4 Neutronensterne

Am Ende ihres "Lebens" verlieren leichte Sterne wie unsere Sonne einen Großteil ihrer Masse und werden zu "Weißen Zwergen". Sehr massereiche Sterne explodieren in einer Supernova und können zu einem Neutronenstern werden (M4). Kurz vor der Explosion bestehen diese Sterne aus dicht gepackten Kernen von Eisenatomen. Die Masse eines Eisenatoms beträgt 55,85 u und sein Durchmesser liegt bei $1{,}40 \cdot 10^{-10}$ m.
Berechne die Masse einer Streichholzschachtel voll Sternenmaterie kurz vor der Supernova.

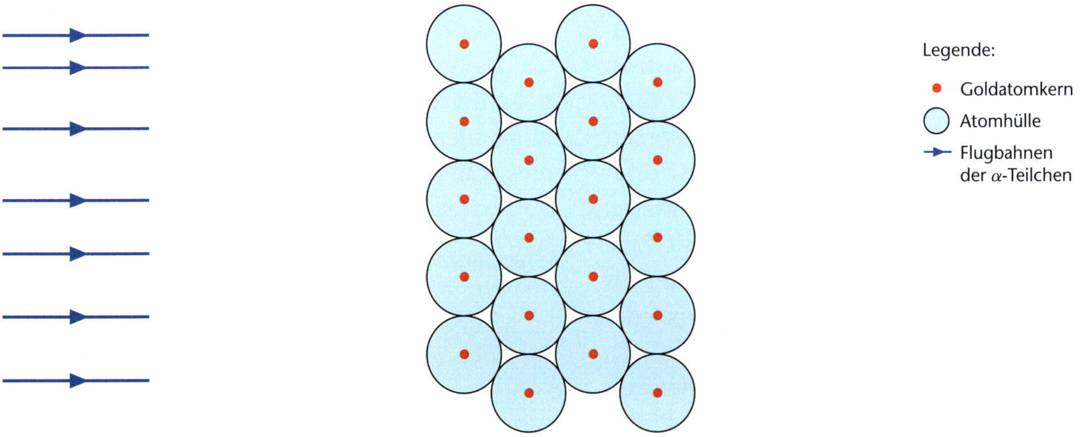

M3 RUTHERFORDS Versuch auf Teilchenebene

5.4 Hüllenlos – der Atomkern

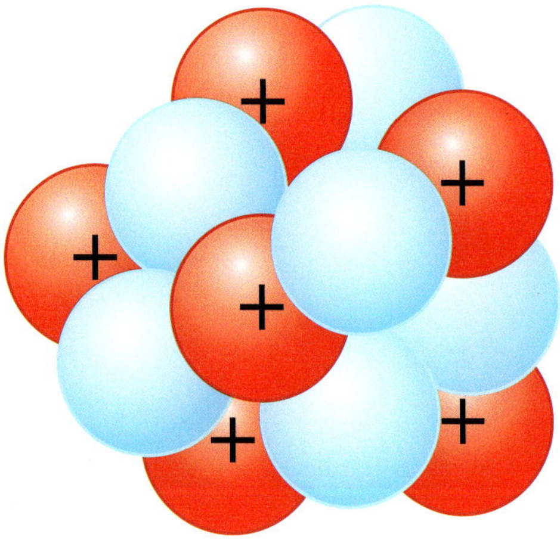

Nukleonenzahl
= Massenzahl
= Anzahl Protonen + Anzahl Neutronen

Kernladungszahl
= Ordnungszahl
= Protonenzahl
= Elektronenzahl

$^{12}_{6}\mathrm{C}$

Neutronenzahl = Nukleonenzahl – Kernladungszahl

M1 *Modell des Kohlenstoffatomkerns und Symbolschreibweise*

1896 beobachtete Antoine BECQUEREL (Nobelpreis 1903), dass lichtdicht verpackte Fotoplatten, die in der Nähe von Uransalzen lagerten, nach dem Entwickeln schwarze Stellen aufwiesen. BECQUEREL folgerte, dass die Uransalze etwas Ähnliches wie Lichtstrahlen aussenden. Bei der Untersuchung dieser „BECQUEREL-Strahlen“ entdeckten Marie und Pierre CURIE (Nobelpreis 1903) zwei weitere „strahlende“ Elemente, Radium und Polonium. Die Eigenschaft von Elementen, Strahlung abzugeben, nannten sie **Radioaktivität.**

Man vermutete die Ursache der Radioaktivität im Aufbau des Atomkerns. RUTHERFORD hatte schon einen Kernbestandteil entdeckt, das **Proton** mit einer Masse von etwa 1 u (M2). James CHADWICK (Nobelpreis 1935) entdeckte 1932 einen weiteren Kernbestandteil, das ungeladene **Neutron** mit einer Masse von ebenfalls etwa 1 u (M2). Die Anzahl der Protonen eines Atoms entspricht seiner Ordnungszahl im PSE und wird **Kernladungszahl** genannt. Neutronen und Protonen nennt man **Nukleonen** (lat. *nucleus*: Kern). Eine Modellvorstellung besagt, dass die Neutronen als „Protonenkitt“ die Abstoßung der positiv geladenen Protonen untereinander verhindern (M1). Bei vielen Atomkernen mit hoher Protonenzahl wie dem Uran können die Neutronen die Protonen jedoch nicht immer zusammenhalten: Die Kerne zerfallen und geben Strahlung in Form von α-, β- und γ-Strahlung ab, deren Reichweite unterschiedlich ist.

Da jeder Kernbaustein die Masse von etwa 1 u hat, entspricht die Nucleonenzahl der Masse des Atoms. Sie steht links oben, die Zahl der Protonen links unten neben dem Elementsymbol (M1).

Die Massen der meisten Elemente sind nicht ganzzahlig. Da die Nukleonen jeweils die Masse 1 u besitzen, ist dies erstaunlich. Ursache dafür ist, dass sich Atome des gleichen Elements in ihrer Neutronenzahl unterscheiden können. So besteht Chlor zu 24,2 % aus Atomen mit 20 Neutronen ($^{37}_{17}\mathrm{Cl}$) und zu 75,8 % aus Atomen mit 18 Neutronen ($^{35}_{17}\mathrm{Cl}$). Die im PSE angegebene Masse von 35,48 u ist die durchschnittliche Masse der Chloratome (M6). Atome des gleichen Elements mit unterschiedlicher Neutronenzahl heißen **Nuklide** oder **Isotope** (gr. *iso:* gleich, gr. *topos:* Ort), da sie an gleicher Stelle im PSE stehen.

Teilchen	Symbol	Ladung	Masse	Ort
Proton	p^+	+1	1,007 u	Kern
Neutron	n	0	1,009 u	Kern
Elektron	e^-	–1	1/1800 u	Hülle

M2 *Eigenschaften der Elementarteilchen*

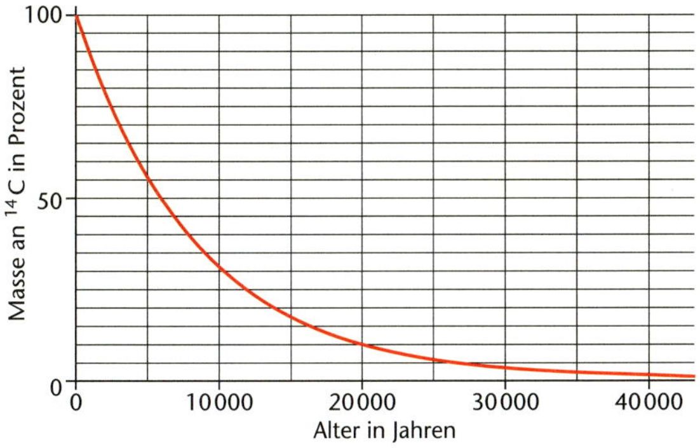

M3 Zeitlicher Verlauf des Zerfalls von ^{14}C

A1 Elemente und Zahlen

a) Ergänze bei folgenden Elementen die Massen- und Ordnungszahlen gemäß M1. Gib weiterhin ihre Namen an: Tl, K, Cd, Bi, Au, Ag, F, Cl, Al

b) Gib in Form einer Tabelle die Namen der folgenden Isotope sowie die Anzahl der Elementarteilchen in den Isotopen an: $^{72}_{32}Ge$, $^{131}_{54}Xe$, $^{52}_{24}Cr$, $^{56}_{26}Fe$, $^{195}_{78}Pt$

A2 Radioaktiver Zerfall

M3 zeigt den zeitlichen Verlauf des Zerfalls des Kohlenstoffisotops ^{14}C. Die Zeit, nach der noch die Hälfte der ursprünglich vorhandenen Isotope vorhanden ist, nennt man Halbwertzeit.

a) Bestimme die Halbwertzeit von ^{14}C mithilfe von M3.

b) Bestimme, wie viel Prozent der ursprünglichen Isotope nach 8000 Jahren noch vorhanden ist.

c) In der Archäologie und in der Kriminaltechnik kann man den ^{14}C-Anteil zur Alterbestimmung von Gegenständen heranziehen. Zuverlässig lässt sich der noch vorhandene ^{14}C-Anteil nur bis zu einem Gehalt von 0,2 % der in frischen Proben vorhandenen ^{14}C-Menge messen. Ermittle, bis zu welchem Alter Datierungen mit dieser Methode möglich sind.

Element	Isotope (%-Anteil)		
Sauerstoff	$^{16}_{8}O$ (99,8)	$^{18}_{8}O$ (0,2)	
Schwefel	$^{32}_{16}S$ (95,0)	$^{33}_{16}S$ (0,8)	$^{34}_{16}S$ (4,2)
Wasserstoff	$^{1}_{1}H$ (99,98)	$^{2}_{1}H$ (0,02)	

M4 Isotopenverteilung verschiedener Elemente

Zerfall und Halbwertzeit

Beim radioaktiven Zerfall wandeln sich instabile Atomkerne, auch Radionuklide genannt, in andere Atomkerne um, es entstehen andere Elemente. Dabei können sie Strahlung in Form von α-, β- und γ-Strahlen abgeben.

So zerfällt das Uranisotop ^{238}U unter Abgabe von α-Strahlung in das Thoriumisotop ^{234}Th. Die Anzahl der Uranisotope nimmt deshalb im Lauf der Zeit ab, während die Anzahl der Thoriumisotope zunimmt.

Zu welchem Zeitpunkt ein einzelnes Radionuklid zerfällt, lässt sich nicht vorhersagen. Es gibt jedoch für jedes Teilchen eine gewisse Wahrscheinlichkeit, innerhalb einer bestimmten Zeit zu zerfallen. Ein Maß für diese Wahrscheinlichkeit ist die Halbwertzeit. Das ist der Zeitraum, in dem die Hälfte der Atomkerne einer Anfangsmenge zerfallen sind. Zerfallen pro Zeiteinheit viele Atomkerne, so ist die Halbwertzeit klein, zerfallen wenige Atomkerne, so ist die Halbwertzeit sehr groß. So hat das Isotop ^{238}U eine Halbwertzeit von 4,4 Milliarden Jahren, das Isotop ^{234}Th eine Halbwertzeit von 24 Tagen und das Isotop ^{214}Po eine sehr kurze Halbwertzeit von 164 µs.

M5 Vorgänge beim radioaktiven Zerfall

A3 Durchschnittliche Atommassen

a) Berechne analog zu M6 die durchschnittlichen Atommassen der Elemente in M4.

b) Lithium hat zwei Isotope, $^{6}_{3}Li$ und $^{7}_{3}Li$. Die durchschnittliche Atommasse beträgt 6,94 u. Berechne den Anteil der jeweiligen Isotope.

A4 Simulation eines radioaktiven Zerfalls

Dir stehen 100 Würfel zur Verfügung. Entwickle ein Modellexperiment, mit dem du die Gesetzmäßigkeiten des radioaktiven Zerfalls wie sie in M5 beschrieben sind, simulieren kannst. Beschreibe und begründe deine Vorgehensweise.

Isotope: $^{35}_{17}Cl$ (75,8 %) $^{37}_{17}Cl$ (24,2 %)

$$35\ u \cdot \frac{75{,}8}{100} + 37\ u \cdot \frac{24{,}2}{100} = 35{,}484\ u$$

M6 Berechnung der durchschnittlichen Atommasse von Chlor

5.5 Verteilungsprobleme – das Energiestufenmodell

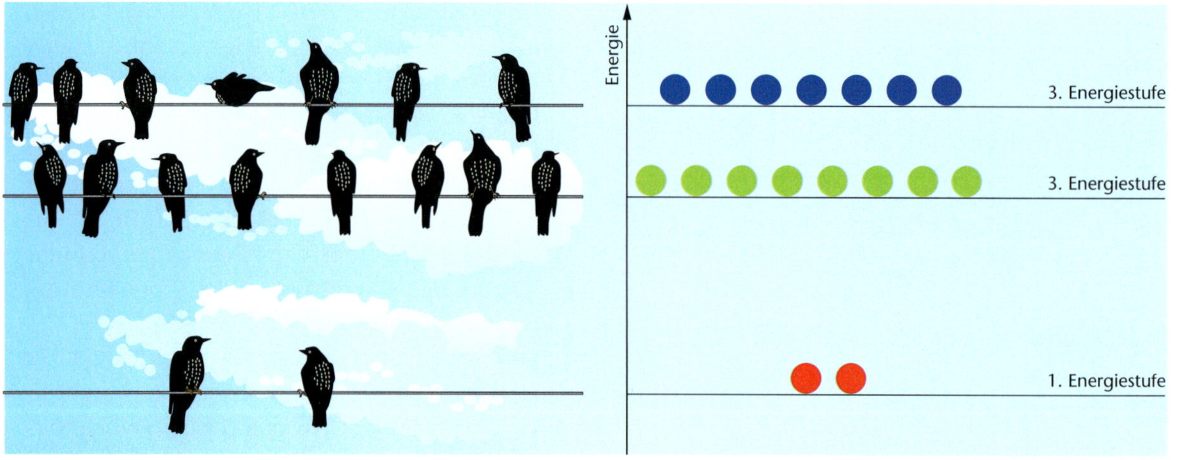

M1 Vögel und Elektronen mit unterschiedlicher Energie

Niels BOHR (Nobelpreis 1922) bestimmte die Energie, die nötig ist, um Elektronen aus der Atomhülle zu entfernen, die **Ionisierungsenergie.** M2 zeigt das Messergebnis für die schrittweise Entfernung aller Elektronen beim Chlor. Man stellt fest, dass die Energie mit jedem Elektron, das aus der Hülle entfernt wird, steigt. Auffallend ist das sprunghafte Ansteigen der Energien zwischen dem 7. und 8. sowie dem 15. und 16. Elektron. BOHR erklärte dies folgendermaßen: Je näher Elektronen sich am Kern befinden, desto stärker werden sie von ihm angezogen und desto höher ist ihre Ionisierungsenergie. Diese steigt von Elektron zu Elektron, da nach jedem entfernten Elektron die Abstoßung der restlichen Elektronen untereinander sinkt. Sie rücken näher an den Kern und es ist mehr Energie zum Entfernen nötig. Das sprunghafte Ansteigen lässt darauf schließen, dass die Elektronen in der Hülle nicht wahllos verteilt sind. Sie sind in Gruppen, den sogenannten **Energiestufen** oder **Energieniveaus** um den Kern angeordnet. Elektronen im gleichen Energieniveau kann man sich als **Schale** vorstellen, die den Atomkern kugelförmig umgibt. In diesen Räumen bewegen sich die Elektronen. Beim Chloratom befinden sich in der kernnächsten Schale zwei, in der nächsten Schale acht und in der folgenden Schale sieben Elektronen (M1, M2, M3). In den einzelnen Schalen können sich unterschiedlich viele Elektronen aufhalten. Je weiter weg vom Kern sich die Schale befindet, desto größer ist sie und umso mehr Elektronen können sich in ihr befinden.

Man müsste die Elektronenschalen eigentlich räumlich darstellen. Dies ist oft schwierig und man wählt eine Schnittzeichnung (M3). Die Ringe entsprechen dabei den Schalen, die Punkte den Elektronen. Gleiche Farben der Elektronen symbolisieren das gleiche Energieniveau.

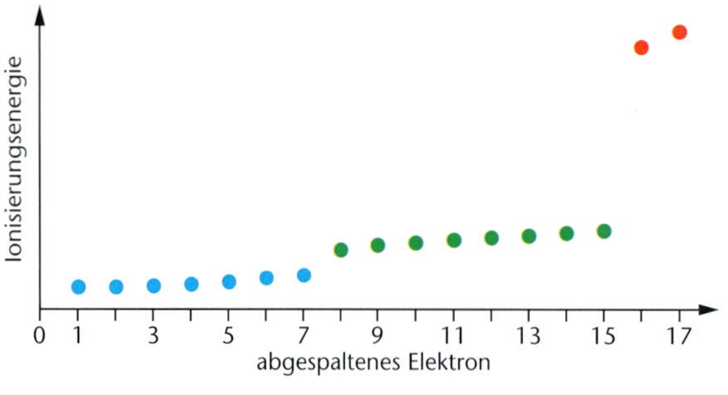

M2 Ionisierungsenergien beim Chloratom

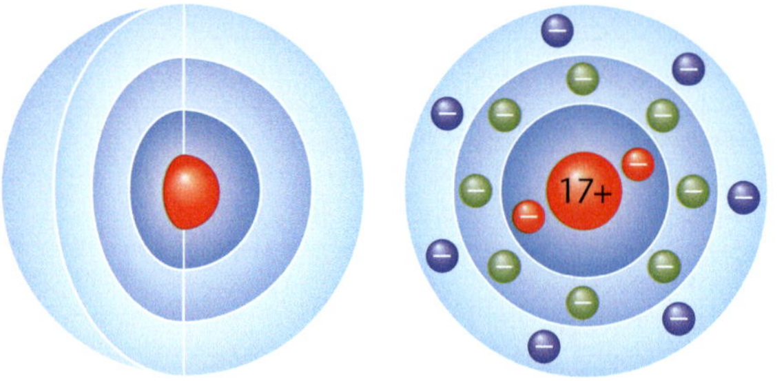

M3 3D- und 2D-Darstellung der Schalen

Elektron	C	O	Ne	Na
1	18,1	21,8	34,6	8,2
2	39,0	56,3	65,6	75,7
3	76,6	87,8	102,4	114,6
4	103,2	123,8	155,4	158,1
5	627,0	182,2	202,2	221,8
6	783,7	221,0	252,6	275,8
7		+182,6	331,2	333,4
8		1393,8	380,8	422,6
9			1904,0	479,8
10			2160,0	2336,0
11				2637,9

***M4** Ionisierungsenergien in 10^{-19} J*

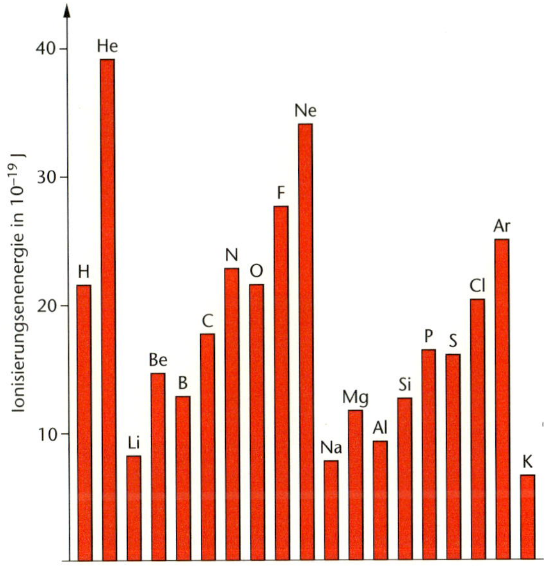

***M5** Ionisierungsenergien für das erste Elektron*

A1 Ionisierungsenergien bei Atomen

a) Erstelle anhand der Daten aus M4 mithilfe eines Tabellenkalkulationsprogramms jeweils ein Säulendiagramm der Ionisierungsenergien aller Elektronen für ein Kohlenstoff-, Sauerstoff-, Neon- und Natriumatom.

b) Erstelle anhand der Säulendiagramme ein Energiestufenmodell der vier Atomarten, wie es auf der Grundwissenseite für das Chloratom dargestellt ist (M1).

A2 Ionisierungsenergien in Perioden

a) Beschreibe mithilfe von M5 den Zusammenhang zwischen den Ionisierungsenergien und der Stellung im Periodensystem der Elemente in einer Je-desto-Beziehung. Erläutere deine Überlegungen.

b) Schätze die Ionisierungsenergien für die Elemente Krypton (Kr) und Rubidium (Rb) begründet ab.

c) Die Isotope eines Elements besitzen eine unterschiedliche Neutronenzahl. Erläutere, ob sie auch eine unterschiedliche Schalenbesetzung besitzen.

A3 "Krieg der Atome"

Beschreibe den im Cartoon beschriebenen Vorgang und überprüfe, ob die Darstellung mit unserer Atomvorstellung übereinstimmt.

A4 Gleich und doch nicht gleich

Erkläre in eigenen Worten deiner Banknachbarin/deinem Banknachbarn, weshalb sich Elektronen im gleichen Energieniveau dennoch in ihrer Ionisierungsenergie unterscheiden.

A5 Ionisierungsenergie und Stellung im PSE

Bei vier Elementen E1, E2, E3, und E4 mit den Ordnungszahlen x, x + 1, x + 2, x + 3 wurde jeweils die erste Ionisierungsenergie für ein Atom in 10^{-19} J gemessen:

Element	E1	E2	E3	E4
Ionisierungsenergie	13,1	16,8	20,8	4,9

Nenne die Hauptgruppen des PSE, denen die einzelnen Elemente angehören und begründe.

***M6** Neulich im "Krieg der Atome"*

5.6 Es wächst zusammen – Atombau und Periodensystem

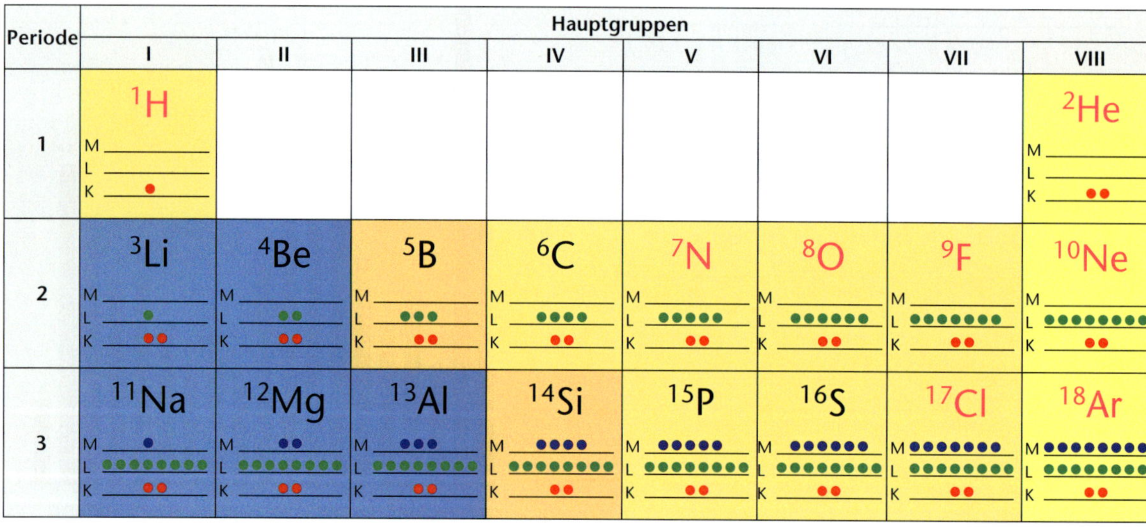

M1 Ausschnitt des Periodensystems mit Elektronenkonfiguration

Die Ordnungszahl eines jeden Elements im PSE entspricht der Anzahl der Protonen beziehungsweise Elektronen. Die Atome des folgenden Elements haben jeweils ein Proton und ein Elektron mehr (M1). Die Verteilung der Elektronen auf die Schalen nennt man **Elektronenkonfiguration.**

Die **Perioden** entsprechen den Schalen eines Atoms. Sie werden mit K, L, M usw. gekennzeichnet. Elektronen in Atomen befinden sich stets in den Schalen mit dem niedrigsten Energieniveau. So befindet sich das Elektron des Wasserstoffatoms in der K-Schale. Beim Helium befinden sich zwei Elektronen in dieser Schale. Da in der kernnächsten Schale nur zwei Elektronen Platz haben, wird beim Lithiumatom für das dritte Elektron eine neue Schale begonnen (M1). Lithium steht deshalb in der nächsten Periode. In der achten Gruppe ist die äußerste Schale voll besetzt, beim Helium mit zwei, bei den anderen Elementen mit acht Elektronen. Diese Elemente nennt man Edelgase. Man bezeichnet deren Elektronenanordnung als **Edelgaskonfiguration.**

Die Elemente einer **Gruppe** besitzen alle die gleiche Anzahl an Elektronen in der äußersten Schale. Die Anzahl dieser **Außen-** oder **Valenzelektronen** entspricht der Gruppennummer (M1) und beträgt maximal acht Elektronen. Man führt das gleiche chemische Verhalten der Elemente einer Gruppe auf die gleiche Anzahl an Außenelektronen zurück.

Messungen von Ionisierungsenergien zeigen, dass die Anzahl der Elektronen in einer Schale umso größer ist, je weiter die Schale vom Kern entfernt ist. In der ersten Schale haben zwei Elektronen, in der zweiten Schale acht Elektronen Platz. In die dritte Schale passen 18 Elektronen, in die vierte Schale 32 Elektronen. Allgemein gilt, dass in eine Schale maximal $2 \cdot n^2$ Elektronen passen, wobei n die Nummer der Schale ist.

Bei Argonatomen ist die dritte Schale mit acht Elektronen besetzt. Bei den folgenden Atomen Kalium und Calcium gelangen die zusätzlichen Elektronen schon in die vierte Schale (siehe PSE im Anhang). Erst von den Scandium- bis zu den Zinkatomen wird die darunter liegende dritte Schale mit zehn weiteren Elektronen nach und nach gefüllt. Elemente, bei deren Atomen die zweitäußerste Schale gefüllt wird, sind **Nebengruppenelemente**. Sie haben jeweils zwei Elektronen in der äußersten Schale. Bei den Lanthanoiden und Actinoiden in der 6. und 7. Periode wird die drittäußerste Schale gefüllt.

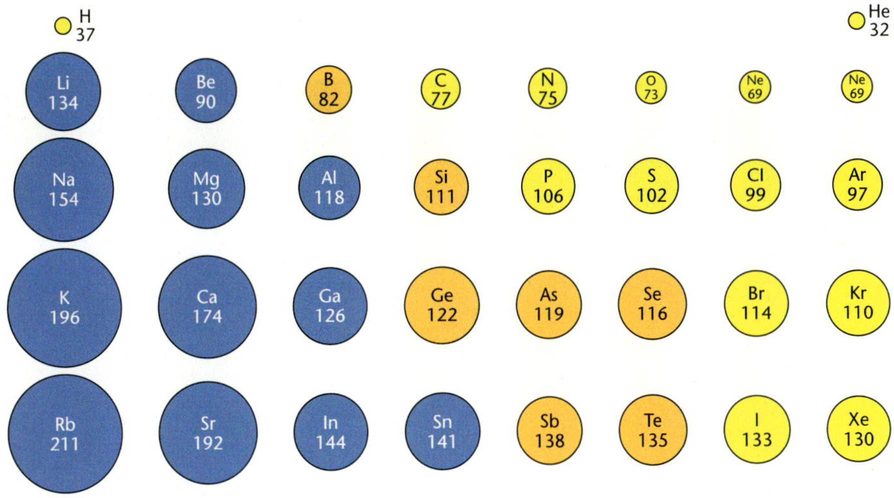

M2 Trends im Periodensystem: Atomradien in pm

A1 Elemente und Elementarteilchen

Gib in Form einer Tabelle die Namen, Atommassen sowie die Anzahl der p^+, n und e^- folgender Elemente an: Silicium, Mangan, Titan, Selen, Tellur, Argon, Xenon, Kupfer, Silber, Cadmium

A2 Voll besetzt

Berechne, wie viel Elektronen maximal in die Schalen K bis O passen.

A3 Atomradien

Formuliere und erkläre die M2 zu entnehmenden Trends.

A4 Gesucht: Ein Forscher

Gesucht wird ein Forscher. Das Rätsel in M3 hilft dir dabei: Kopiere M3, finde mithilfe des PSE die gesuchten Elemente und trage den jeweils ersten Buchstaben des Elementsymbols in die letzte Reihe ein. Hintereinander gelesen, ergeben sie den Namen des gesuchten Forschers.

Natrium	K2, L8, M1
Calcium	K2, L8, M8, N2
Cobalt	K2, L8, M15, N2
Silber	K2, L8, M18, N17, O2

M5 Elektronenkonfigurationen (Kurzschreibweise)

A5 Elektronenkonfigurationen

M5 zeigt eine Kurzschreibweise für die Elektronenkonfiguration einiger Elemente. Gib analog dazu die Elektronenkonfigurationen folgender Elemente an: Schwefel, Sauerstoff, Calcium, Chlor, Arsen, Titan, Kupfer, Zinn.

A6 Reichweite von Teilchen

α-Teilchen (doppelt positiv geladene Heliumatomkerne) besitzen eine etwa doppelt so hohe Bewegungsenergie wie β-Teilchen (negativ geladene Elektronen). Die Reichweite dieser α-Teilchen beträgt in Luft 2,5 cm und die der β-Teilchen 71,0 cm. Erkläre diese Tatsache.

Massenzahl	162													167	51
Ordnungszahl		25	53					63	102	66					
Neutronenzahl				26			12								
Elektronenzahl					45						68				
Protonenzahl						53						71	99		
Lösungsbuchstabe															

M3 Rätsel

5.7 Überzeugte Singles – Edelgase

Atommasse	Ordnungszahl	Symbol	Name
4,00	2	He	Helium
20,18	10	Ne	Neon
39,95	18	Ar	Argon
83,80	36	Kr	Krypton
131,29	54	Xe	Xenon
(222)	86	Rn	Radon

M1 Farbige Beleuchtung

Die Elemente der achten Hauptgruppe sind chemisch sehr reaktionsträge und reagieren ähnlich wie die Edelmetalle mit fast keinem anderen Element und werden deshalb als **Edelgase** bezeichnet. Die Edelgase sind Bestandteil der Luft, ihr Anteil beträgt knapp 1 %. Alle Edelgase bestehen aus Atomen mit voll besetzter äußerer Schale. Alle Edelgase werden in Leuchtstoffröhren eingesetzt (M1).

Helium ist nach Wasserstoff das häufigste Element im Universum. Es entsteht bei Kernfusionen in Sonnen. Aufgrund seiner geringen Dichte dient es als Ballongas, bei Tiefseetauchern wird es der Atemluft zugesetzt. Durch die geringe Dichte leitet Helium den Schall mit einer höheren Geschwindigkeit als Luft, so dass Heliumzusätze in der Atemluft zu einer Verzerrung der Stimme führen (Mickey-Mouse-Stimme).

Neon wird als Füllgas farbigen Leuchtstoffröhren zugesetzt und leuchtet rot (M1). Die umgangssprachliche Bezeichnung "Neonröhre" für weiße Leuchtstofflampen ist jedoch unzutreffend. Diese Lampen enthalten Quecksilberdampf und einen Leuchtstoff auf der Glasinnenseite sowie oft das Edelgas Argon.

Argon ist das häufigste der Edelgase. Argon hat eine etwas größere Dichte als Luft. Es findet deshalb Verwendung als Schutzgas in der Stahlverarbeitung: Soll Edelstahl geschweißt werden, verhindert eine schützende Atmosphäre aus Argon, dass der Stahl dabei durch den Sauerstoff der Luft oxidiert wird.

Krypton und **Xenon** sind beliebte Gase für Gasentladungslampen und Autoscheinwerfer, da sie eine sehr gute Lichtausbeute haben. Xenon ist zudem ein sehr gut verträgliches und schmerzlinderndes Narkosegas. **Radon** ist das einzige radioaktive Edelgas. Es entsteht durch den radioaktiven Zerfall aus Uran. Da die Halbwertzeit von Radon (^{222}Rn) nur wenige Tage beträgt, sind nur Spuren von Radon in der Atmosphäre nachweisbar.

Die Verwendung der Edelgase als Leuchtmittel beruht darauf, dass Elektronen in den Edelgasatomen beim Anlegen einer elektrischen Spannung Energie aufnehmen und auf weiter außen gelegene Elektronenschalen mit höherer Energie gelangen. Beim Herabfallen auf das ursprüngliche Niveau geben die Elektronen die aufgenommene Energie in Form von Licht wieder ab.

M2 Spektralfarben und Linienspektren von Helium (Mitte) und Neon (unten)

A1 Edelgase im Klassenzimmer
Berechne, welches Volumen die Edelgase in deinem Klassenzimmer einnehmen.

Natürliche Radioaktivität

Der Mensch ist ständig einer geringen Belastung durch Strahlung radioaktiver Substanzen aus natürlichen Quellen ausgesetzt. Etwa die Hälfte dieser Belastung ist auf Inhalation zurückzuführen. Radon ist das einzige radioaktive Edelgas. Es entsteht durch radioaktiven Zerfall von Uran und Thorium im Gestein. Aus dem Gesteinsuntergrund diffundiert Radon in die Atmosphäre, aber auch in die Keller von Häusern. Besonders in der Heizperiode gelangt das Radon auch in die höheren Stockwerke. Radon selbst wird nicht im Körper aufgenommen, sondern wieder ausgeatmet. Die Strahlenbelastung kommt daher von den Zerfallsprodukten des Radons. Diese Produkte sind nicht gasförmig. Sie lagern sich in der Luft an feinste Schwebeteilchen an und können mit diesen eingeatmet und im Körper absorbiert werden. Die Strahlung aus den radioaktiven Radon-Zerfallsprodukten führt dann zu einer Strahlenbelastung des Körpers, hauptsächlich der Lunge. Diese Strahlenbelastung verursacht zunächst keine unmittelbare Schädigung. Sie kann jedoch zu verzögerten Schädigungen, vor allem zu Lungenkrebs, führen. Die einfachste Maßnahme zur Verringerung der Strahlenbelastung ist regelmäßiges Lüften aller Räume. In Gegenden mit erhöhter Bodenradioaktivität können Schutzmaßnahmen wie eine gasdichte Abdichtung der Bodenplatten oder die Absaugung des Radongases aus dem Keller notwendig werden.

M3 Das Radonproblem

A2 Destillation von flüssiger Luft
Technisch gewinnt man Edelgase durch Destillation von flüssiger Luft. Flüssige Luft hat eine Temperatur von etwa −195 °C.
a) Erkläre, in welcher Reihenfolge man die Edelgase auffangen kann.
b) Nenne die Edelgase, die man mit diesem Verfahren nicht erhalten kann.

A3 Schutzgasschweißen
Begründe die Eignung von Argon für das Schutzgasschweißen.

A4 Der Wolf und die sieben Geißlein
An der Stelle mit dem Wolf und der Kreide sagte Ina: "Ich hätte etwas anderes genommen." Stelle eine Vermutung an, woran sie wohl gedacht hat.

A5 Radon in Innenräumen
Gestalte mithilfe der Informationen aus M3 und eigenen Recherchen einen Flyer, der zur Information deiner Nachbarschaft über das Radonproblem dient.

A6 Linienspektren
Betrachtet man weißes Licht durch ein Prisma, so wird das Licht wie bei einem Regenbogen in die Spektralfarben aufgespalten (M2). Betrachtet man das Licht einer Helium- beziehungsweise Neonlampe durch ein Prisma, erhält man die in M2 dargestellten Ergebnisse. Die Linien in diesen Spektren entsprechen Licht einer ganz bestimmten Energie und damit auch Farbe.
Vergleiche die Spektren von Helium und Neon und stelle Hypothesen zu den Unterschieden der Spektren auf.

Kompetent?

1 Gib an, welche der folgenden Aussagen aus chemischer Sicht richtig oder falsch sind:
a) Alle Stoffe bestehen aus den Elementen Wasser, Luft, Erde und Feuer.
b) Elemente sind Reinstoffe.
c) Elemente kann man chemisch nicht weiter zerlegen.
d) Alle Reinstoffe sind Elemente.
e) Elemente bestehen aus Atomen.
d) Jede Atomsorte stellt ein Element dar.
e) Die Eigenschaften von Elementen spiegeln sich in ihren Verbindungen wieder.

2 Überprüfe folgende Aussage: Je größer die Masse eines Atoms ist, um so geringer ist die Ionisierungsenergie für das erste Elektron.

3 Das Kohlenstoffisotop ^{14}C dient zur Altersbestimmung. Erläutere das Verfahren.

4 Ein Element hat die Ordnungszahl 88 und die Massenzahl 226, ein weiteres die Ordnungszahl 78 und die Massenzahl 195. Nenne die Anzahl der Elementarteilchen für die Elemente.

5 Erläutere den Begriff *Halbwertzeit.*

6 Vom Element Kohlenstoff gibt es mehrere Isotope. Am bekanntesten sind die Isotope ^{12}C und ^{14}C. Erläutere den Aufbau dieser Isotope.

Zum Vergessen zu wichtig ...

Wissen aus früheren Kapiteln

- Erläutere die Begriffe *Sublimieren, Verdunsten, Schmelzen, Sieden, Kondensieren.*
- Ordne die Begriffe *homogene Stoffe, Elemente, Reinstoffe, Gemische, Verbindungen* in einem Schema an.
- Erläutere das Gesetz der konstanten Massenverhältnisse.
- Nenne die Zusammensetzung der Luft.
- Erläutere die Funktion eines Katalysators.

7 Erläutere die Begriffe *Ordnungszahl, Periode, Gruppe* und *Kernladungszahl.*

8 Argon steht in der VIII. Hauptgruppe und der 3. Periode. Beschreibe die Elektronenkonfiguration.

9 Nenne das Element mit der folgenden Elektronenkonfiguration:
K2, L8, M18, N7.

10 Übertrage die Tabelle in dein Heft und ordne darin die folgenden Begriffe den Forschern BOHR, DALTON und RUTHERFORD zu. Erläutere dazu jeweils den Zusammenhang (Mehrfachnennungen sind möglich.): *Elektron, Energiestufe, Hülle, Kern, Kugel, massiv, Elementarteilchen, Atom, Atomarten, unveränderlich, Masse, Größe, Ionisierungsenergie, Proton, Schale*

Name 1	Name 2	Name 3

Basiskonzepte

Ordne den Aufgaben auf dieser Seite die entsprechenden Basiskonzepte zu. Fertige dazu eine Tabelle nach untenstehendem Muster an. Gib in der dritten Spalte die Unterkapitel an, in denen Informationen zur Aufgabe stehen.

Aufgabe	Basiskonzept(e)	Unterkapitel
1	Stoff-Teilchen-Konzept	1.1
2	...	...

Chemie kommunikativ: Terra siggilata

M1 Terra siggilata-Schale

Im Kunsthandel wird eine Terra siggilata-Schale angeboten (M1), die aus der Zeit um 400 nach Christus aus Rheinzabern stammen soll. Anhaftende Kohlereste werden mit der Radiocarbonmethode untersucht. Demnach sind noch 90 % der ursprünglichen ^{14}C-Atome vorhanden (M3). Vom Ton wird der Gehalt verschiedener Verbindungen und Elemente bestimmt (M2).

	La Peniche	Rheinzabern	Arrezzo	Schale
SiO_2	52,98	53,14	53,86	53,21
Al_2O_3	18,75	18,30	18,04	18,42
CaO	12,45	13,03	13,10	12,98
K_2O	3,41	2,86	2,40	2,67
Ba	0,509	0,620	0,321	0,588
Cr	0,149	0,129	0,166	0,137
Sr	0,319	0,352	0,341	0,348

***M2** Analyse von Terra siggilata verschiedener Standorte. Alle Angaben in Prozent, Ba-, Cr- und Sr-Werte in Promille.*

M3 Radiocarbonmethode

Trifft in den oberen Schichten der Erdatmosphäre ein Neutron auf ein Stickstoffisotop ^{14}N, so entsteht unter Abgabe eines Protons das radioaktive Kohlenstoffisotop ^{14}C, auch Radiocarbon genannt. Das Isotop unterscheidet sich chemisch nicht von dem am häufigsten in der Atmosphäre vorkommenden Kohlenstoffisotop ^{12}C. Deshalb werden beide Isotope in Form von $^{14}CO_2$ und $^{12}CO_2$ während der Fotosynthese in Pflanzen aufgenommen. Die Kohlenstoffisotope werden in Pflanzenmaterial eingebaut. Sie gelangen über die Nahrungskette auch in tierische Organismen. Da Lebewesen bei ihrem Stoffwechsel ständig Kohlenstoff mit der Atmosphäre austauschen, stellt sich in lebenden Organismen dasselbe Verteilungsverhältnis der Kohlenstoffisotope ein, wie es in der Atmosphäre vorliegt. Es beträgt 1 Billion ^{12}C-Atome zu einem ^{14}C-Atom.

Stirbt ein Organismus, so werden keine radioaktiven ^{14}C-Atome mehr aufgenommen. Die im Organismus befindlichen ^{14}C-Atome zerfallen, ihre Anzahl nimmt stetig ab. Dadurch ändert sich das Verhältnis zwischen ^{12}C- und ^{14}C-Atomen.

Mithilfe verschiedener Verfahren lässt sich das Verhältnis bestimmen und daraus die noch vorhandene Masse an ^{14}C-Atomen. Da man aufgrund der Halbwertzeit von ^{14}C seine Zerfallsgeschwindigkeit kennt, lässt sich daraus die Zeit bestimmen, ab der keine ^{14}C-Isotope mehr aufgenommen wurden.

Die Nachweisgrenze von ^{14}C liegt etwa bei einem Tausendstel der Menge an ^{14}C in einer frischen Probe. Nach 10 Halbwertzeiten, das sind etwa 57 300 Jahre, liegt der Anteil unterhalb der Nachweisgrenze. Die Radiocarbonmethode ist daher nur für jüngere Proben anwendbar.

A Arbeitsaufträge

a) Bildet Expertengruppen

Gruppe 1: Recherchiert die Herstellung und Bedeutung von Terra siggilata.

Gruppe 2: Datiert das Alter der Asche mithilfe der Radiocarbonmethode (M3).

Gruppe 3: Überprüft, ob der Ton aus Rheinzabern stammt (M2).

b) Bildet anschließend neue Arbeitsgruppen. Dabei wird aus jeder Ursprungsgruppe ein Experte in die neue Gruppe entsandt. Diese neue Gruppe verfasst für einen potentiellen Käufer ein Gutachten über die Echtheit der angebotenen Schale. Das Gutachten kann auch Bildmaterial enthalten.

6 Salze

6.1 Schwimmen mit dem Strom – Elektrolyse

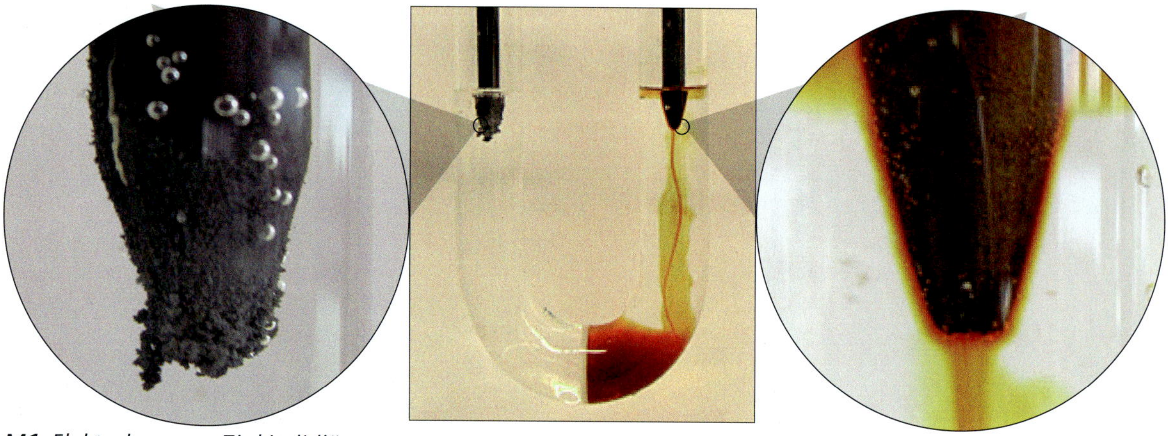

M1 *Elektrolyse von Zinkiodidlösung*

In ein dreischenkliges U-Rohr wird Rotkohlsaft in Speiseessig gefüllt. Die beiden äußeren Schenkel werden mit Speiseessig gefüllt. In beide äußeren Schenkel werden Kohleelektroden eingehängt. Wird an diese eine Gleichspannung angelegt, wandert eine rote Farbzone in Richtung Minuspol (M2). Die Teilchen, die für die rote Färbung verantwortlich sind, sind elektrisch positiv geladen. Sie werden deshalb vom Minuspol angezogen und wandern dorthin. Derartige geladene Teilchen bezeichnet man als **Ionen** (altgr. *ión:* gehend).

Ionen spielen auch bei folgendem Versuch eine Rolle: Eine farblose Lösung von Zinkiodid (ZnI_2) wird in ein U-Rohr gefüllt. In beide Schenkel des U-Rohres tauchen Kohleelektroden. Dann wird eine Gleichspannung angelegt (M1). An der Elektrode, die mit dem Pluspol der Spannungsquelle verbunden ist, bilden sich gelbe Schlieren. Diese bestehen aus Iod. Iodteilchen der Zinkiodidlösung müssen zur positiv geladenen Elektrode gewandert sein. Es sind Iodidionen (I^-). Iodidionen sind negativ geladen. Es handelt sich um Iodatome mit einem zusätzlichen Elektron. An der positiv geladenen Elektrode geben Iodidionen dieses Elektron ab und werden dadurch zu Iodatomen. Iod entsteht und bildet die Schlieren. An der Elektrode, die mit dem Minuspol der Spannungsquelle verbunden ist, bildet sich ein grauer Belag. Dieser besteht aus Zink. Zinkteilchen der Lösung müssen zur negativ geladenen Elektrode gewandert sein. Es handelt sich um positiv geladene Zinkionen (Zn^{2+}). Zinkionen sind Zinkatome, denen zwei Elektronen fehlen. An der negativ geladenen Elektrode nehmen sie je zwei Elektronen auf und werden zu Zinkatomen. Zink entsteht. Negativ geladene Ionen nennt man **Anionen,** positiv geladene **Kationen.** Den Vorgang, bei dem Zinkiodid mithilfe von elektrischem Strom in Zink und Iod zerlegt wird, nennt man **Elektrolyse** ("Zerlegen mit Strom").

Pluspol: $2\ I^- \rightarrow 2\ I + 2\ e^-$

Minuspol: $Zn^{2+} + 2\ e^- \rightarrow Zn$

Reagiert Zink mit Iod, findet der umgekehrte Vorgang statt: Iodatome nehmen Zinkatomen Elektronen ab. Dabei entstehen Zinkionen und Iodidionen, die gemeinsam die Verbindung Zinkiodid bilden.

M2 *Rotkohlfarbstoffe im elektrischen Feld*

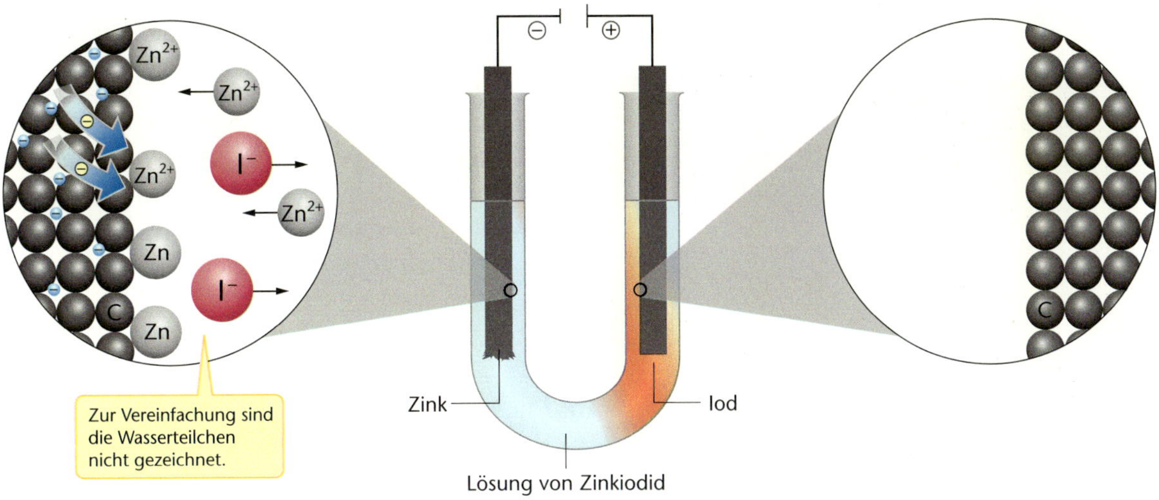

M3 Elektrolyse von Zinkiodidlösung im Modell (unvollständig)

A1 Modellbetrachtung

a) Beschreibe die in der linken Vergrößerung in M3 dargestellten Vorgänge.

b) Übertrage M3 in dein Heft und ergänze die Vorgänge für die rechte Vergrößerung.

V1 Tropfenelektrolyse

Materialien:
Objektträger, Pipette, Bleistiftminen, Krokodilklemmen, Kabel, Klebestreifen, Flachbatterie 4,5 V, Kupferchloridlösung (5 %; $CuCl_2$; **7, 9**), Zinkbromidlösung (5 %; $Znbr_2$; **7, 9**), Zinkiodidlösung (5 %; ZnI_2; **7, 9**)

Durchführung:
Befestige zwei Bleistiftminen mit Klebestreifen so auf einem Objektträger, dass ihre Spitzen nur etwa drei Millimeter voneinander entfernt sind. Verbinde die Bleistiftminen dann über Krokodilklemmen mit den Elektroden der Flachbatterie (M4). Gib einen Tropfen Kupferchloridlösung so auf den Objektträger, dass die beiden Spitzen der Bleistiftminen bedeckt sind. Elektrolysiere für einige Minuten. Wiederhole den Versuch mit den Zinksalzlösungen.

Auswertung:
Protokolliere und deute die Beobachtungen.

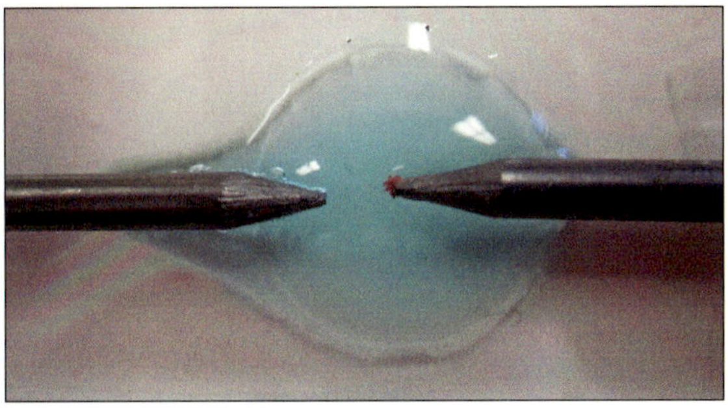

M4 Tropfenelektrolyse

A2 Galvanisieren

Für die Herstellung der in M5 abgebildeten "Goldschuhe" wurden die Schuhe zuerst mit einer leitfähigen Paste eingestrichen. Dann wurden sie mit einer Elektrode einer Spannungsquelle verbunden und in eine Lösung von Goldchlorid ($AuCl_3$) getaucht. Erläutere die Vorgänge, die bei der Produktion der Schuhe abgelaufen sind.

M5 "Metallschuhe"

6.2 Außen gefüllt – Ionenbildung

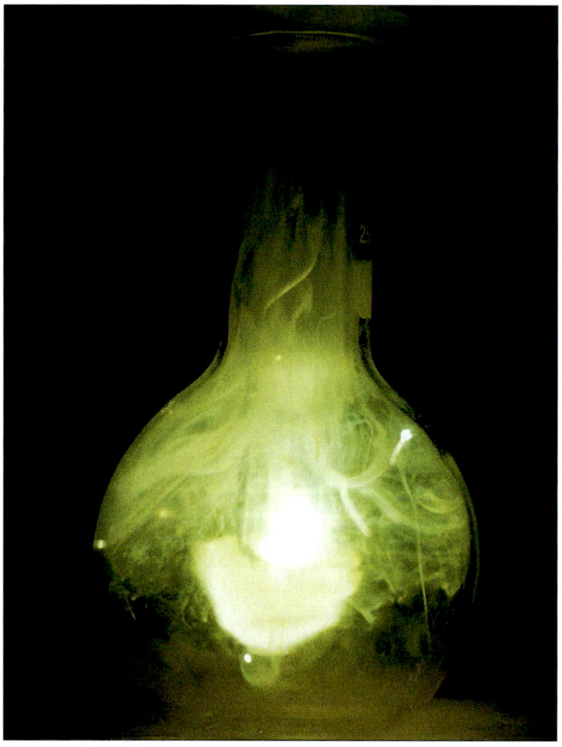

M1 Reaktion von Natrium mit Chlor

Gibt man ein heißes Stückchen Natrium in einen mit Chlorgas gefüllten Kolben, so reagieren die beiden Elemente in einer stark exothermen Reaktion miteinander. Dabei entsteht Natriumchlorid als weißer kristalliner Feststoff (M1). Aus zwei sehr gefährlichen Stoffen entsteht ein vergleichsweise harmloser Stoff, den man täglich mit der Nahrung zu sich nimmt.

Ursache für diese Änderung der Eigenschaften ist die Aufnahme und Abgabe von Elektronen der an der Reaktion beteiligten Atome. Ein Natriumatom erreicht durch die Abgabe seines Außenelektrons Edelgaskonfiguration. Es entsteht ein einfach positiv geladenes Natriumion. Die positive Ladung kommt durch den Überschuss eines Protons im Kern zustande. Elf Protonen stehen zehn Elektronen gegenüber.

$$Na \rightarrow Na^{+} + e^{-}$$

Ein Chloratom füllt durch die Aufnahme eines Elektrons seine Außenschale auf acht Elektronen auf und erreicht so die Edelgaskonfiguration. Es wird zu einem negativ geladenen Chloridion, da es nun ein zusätzliches Elektron und somit eine negative Ladung mehr enthält.

$$Cl + e^{-} \rightarrow Cl^{-}$$

Beide Atome erreichen die Edelgaskonfiguration durch den Austausch dieses Elektrons (M2). Das Natriumatom gibt sein Außenelektron in einer Elektronenübertragungsreaktion an das Chloratom ab.

Metallatome geben bei Reaktionen alle ihre Außenelektronen ab. Sie erreichen dadurch Edelgaskonfiguration. Es entstehen positiv geladene Metallkationen. Im Gegenzug nehmen Nichtmetallatome die abgegebenen Elektronen auf und erreichen so ebenfalls die Edelgaskonfiguration. Es bilden sich negativ geladene Nichtmetallanionen. Verbindungen, die aus Kationen und Anionen aufgebaut sind, nennt man Ionenverbindungen. **Ionenverbindungen** bezeichnet man auch als **Salze.**

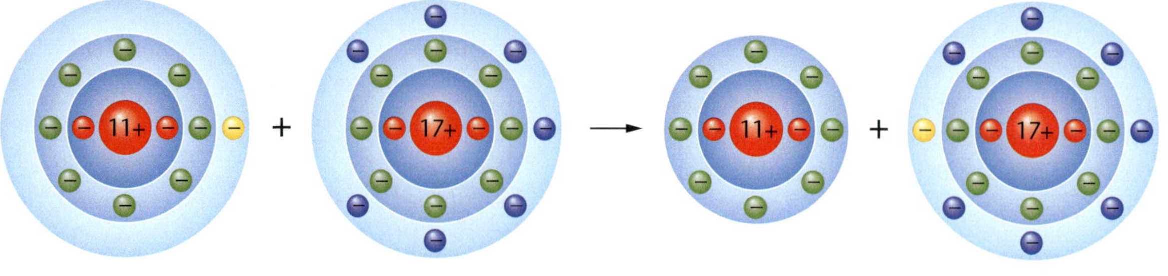

M2 Die Reaktion von Natriumatomen und Chloratomen im zweidimensionalen Schalenmodell

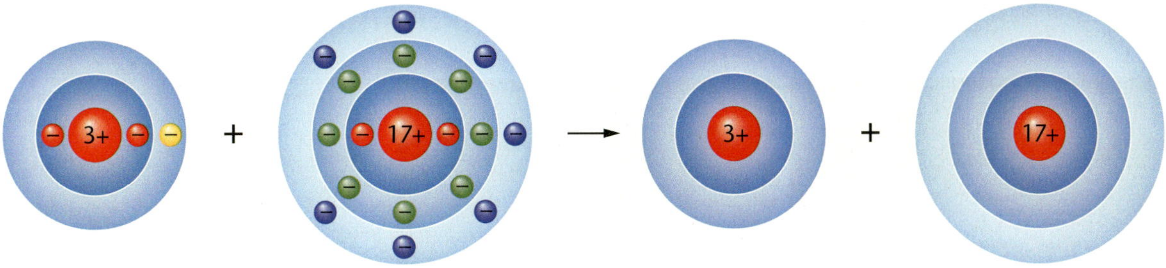

M3 Die Reaktion zwischen einem Metall- und einem Nichtmetallatom im Schalenmodell (unvollständig)

A1 Reaktion im Schalenmodell
M3 zeigt die Reaktion eines Metallatoms mit einem Nichtmetallatom im Schalenmodell.
a) Übertrage und vervollständige die Zeichnung, indem du die Elektronen nach dem Muster von M2 in die leeren Schalenmodelle einzeichnest und den Elektronenübergang mit einem Pfeil verdeutlichst.
b) Bestimme mithilfe des Periodensystems, welche Elemente hier miteinander reagiert haben.

A2 Ionenladungen
Gib die Ladungen der Ionen an, die aus folgenden Atomen entstehen: Kaliumatom, Stickstoffatom, Sauerstoffatom, Calciumatom, Bromatom

Im Natriumchloridkristall sind gleich viele Natriumionen (Na^+) wie Chloridionen (Cl^-)-Ionen vorhanden, da beide Ionensorten einfach elektrisch geladen sind. Das Zahlenverhältnis der Ionen in einem Salzkristall drückt man durch eine Verhältnisformel aus. Diese Verhältnisformel nutzt man gleichzeitig als Stoffsymbol:
Na_1Cl_1 oder einfach NaCl

In einem Magnesiumfluoridkristall sind zweifach positiv geladene Magnesiumionen (Mg^{2+}) und einfach negativ geladene Fluoridionen (F^-) vorhanden. Da Salzkristalle elektrisch neutral sind, müssen in diesem Fall doppelt so viele Fluoridionen wie Magnesiumionen vorliegen. Das Zahlenverhältnis zwischen Magnesiumionen und Fluoridionen beträgt 1 : 2. Dies wird in der Verhältnisformel durch die Indices deutlich gemacht: Mg_1F_2 oder vereinfacht MgF_2

M4 Erstellen von Verhältnisformeln

A3 Bildung von Verhältnisformeln
Lies den Infotext in M4 und erstelle für die Verbindungen Natriumsulfid, Aluminiumoxid und Lithiumbromid eine Tabelle nach folgendem Muster:

Verbindung	Kation	Anion	Verhältnisformel
Magnesiumfluorid	Mg^{2+}	F^-	MgF_2

A4 Chemisches Losen
Schneidet ein gelbes und ein blaues A4-Blatt so, dass jeweils acht gleich große Kärtchen entstehen. Einer schreibt nun je eines der folgenden Elementsymbole auf die acht blauen Kärtchen: Li, K, Na, Mg, Ca, Sr, Al, Ga. Die acht gelben Kärtchen werden mit den Elementensymbolen N, P, O, S, F, Cl, Br, I beschriftet. Nun faltet ihr jedes Kärtchen. Jetzt kann das Losen beginnen. Einer zieht ein Los von jeder Farbe, öffnet beide und gibt die Verhältnisformel des Salzes an, das aus den Elementen entsteht. Für jede richtige Antwort gibt es einen Punkt. Nun ist der andere dran. Wer die meisten Punkte gesammelt hat, gewinnt.

A5 Die Nebengruppenmetalle
Da alle Nebengruppenelemente Metalle sind, sind deren Ionen immer positiv geladen. Doch die Ladungen der Metallkationen können unterschiedlich sein.
Ermittle aus den folgenden Verhältnisformeln die Ionenladungen der Metallkationen:
a) Fe_2O_3 **b)** ZnS
c) Cu_2S **d)** $FeCl_2$
e) AgBr **f)** CuO

6.3 In Gittern – Ionenbindung und Ionengitter

M1 Natriumchlorid – vom Bild zum Modell

In M1 ist Natriumchlorid bei verschiedenen Vergrößerungen dargestellt. Mit dem bloßen Auge kann man erkennen, dass es sich um einen weißen, körnigen Feststoff handelt. Die Lupe zeigt Kristalle mit einer regelmäßigen Struktur. Dass auch kleinste Salzkristalle ebenso regelmäßig geformt sind, bringt erst das Mikroskop zum Vorschein. Diese äußere Ordnung ist auf eine regelmäßige Ordnung auf Teilchenebene zurückzuführen. Das wird in der Modelldarstellung deutlich (M1).

Bei der Reaktion von Natriumatomen mit Chloratomen bilden sich Natriumkationen und Chloridanionen. Zwischen den entgegengesetzt geladenen Ionen wirken starke elektrostatische Anziehungskräfte. Diese werden als **Ionenbindung** bezeichnet. Die Anziehungskräfte wirken in alle Richtungen. Ein Anion zieht in alle Raumrichtungen Kationen an und umgekehrt. Somit ordnen sich alle Ionen regelmäßig zueinander an und bilden ein **Ionengitter.** Ein Chloridanion ist von sechs Natriumkationen umgeben und umgekehrt (M2).

Natriumchlorid schmilzt erst bei 801 °C. Dazu müssen die starken Anziehungskräfte zwischen den Ionen überwunden werden, was sehr viel Energie benötigt. Diese Energie wird als **Gitterenergie** bezeichnet. Man muss also die Gitterenergie überwinden, um ein Ionengitter zu zerstören. Im Umkehrschluss wird diese Gitterenergie bei der Bildung eines Ionengitters frei. Aus diesem Grund verläuft die Bildung von Salzen exotherm.

Die Natriumchloridkristalle sind spröde. Versucht man sie zu verformen, brechen sie. In flüssigem und in Wasser gelöstem Zustand leitet Natriumchlorid den elektrischen Strom. Diese Eigenschaften des Kochsalzes gelten für alle Ionenverbindungen.

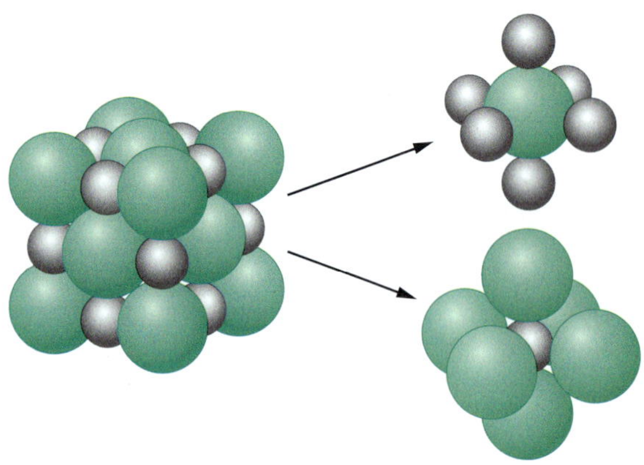

M2 Das Natriumchloridgitter im Kugelpackungsmodell

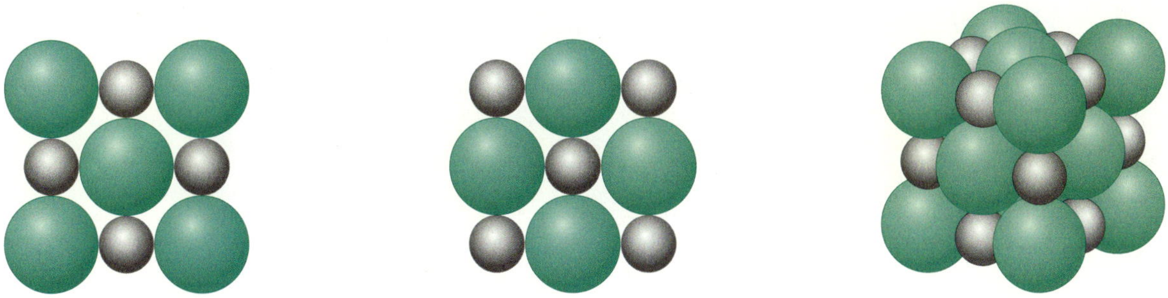

(1) (2) (3)

M3 Bauanleitung für ein Modell eines Natriumchloridkristalls

Um ein Modell eines Natriumchloridkristalls zu bauen, braucht man verschiedenfarbige Kugeln im Größenverhältnis 1 : 2 (M3). Diese Kugeln können aus Knete, Watte oder Papier hergestellt werden. Ihr benötigt Kugeln von jeder Farbe und Klebstoff. Klebt die farbigen Kugeln zu Kugelschichten wie in (1) und Kugelschichten wie in (2) zusammen. Fertigt nun aus den Kugelschichten einen Würfel aus zwei Schichten (1) und einer Schicht (2) an. Baut ebenfalls einen Würfel, der aus zwei Kugelschichten (2) und einer Kugelschicht (1) aufgebaut ist. Zum Schluss könnt ihr eure Schichten zu einem großen Modell eines Natriumchloridkristalls verbinden (3).

M4 Bauanleitung für ein Modell eines Natriumchloridkristalls

A1 Ein Natriumchloridkristall im Modell

a) Baue das Modell nach Anleitung in M4.

b) Ermittle, von wie vielen andersfarbigen Kugeln jede Kugel umgeben ist.

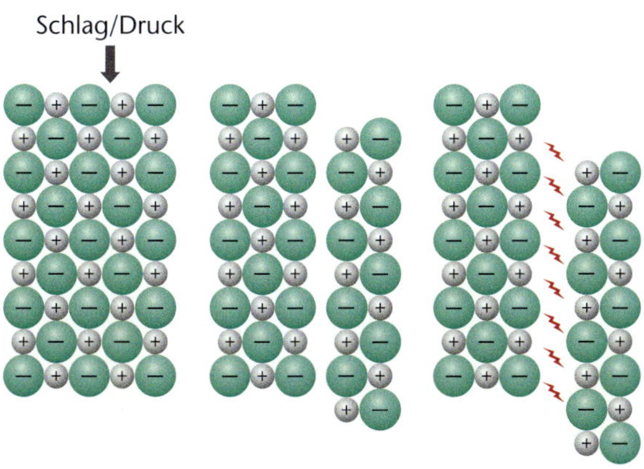

M5 Sprödigkeit von Salzkristallen

A2 Eigenschaften der Salze

a) Erläutere mithilfe der Skizze in M5, warum ein Salzkristall zerbricht, wenn man versucht, ihn zu verbiegen.

b) Festes Salz leitet den elektrischen Strom nicht, eine Salzschmelze dagegen schon. Erkläre diese Beobachtung.

c) Erläutere, warum alle Salze hohe Schmelztemperaturen haben.

A3 Gitterenergie und Schmelztemperatur

Salze besitzen hohe aber unterschiedliche Schmelztemperaturen. Stelle Hypothesen zu den Ursachen der unterschiedlichen Schmelztemperaturen der in M7 genannten Salze auf. Berücksichtige dabei auch M6.

Ionen	Ionenradius in pm	Ionen	Ionenradius in pm
Na^+	116	F^-	119
Mg^{2+}	86	Cl^-	167
Ca^{2+}	114	O^{2-}	126

M6 Radien und Ladungen verschiedener Ionen

Name	Verhältnisformel	Schmelztemperatur in °C
Natriumfluorid	NaF	992
Natriumchlorid	NaCl	801
Magnesiumoxid	MgO	2800
Calciumoxid	CaO	2570

M7 Schmelztemperaturen verschiedener Salze

6.4 Das weiße Gold – Salzlagerstätten

M1 *Salzbergwerk*

„Auf Gold kann man verzichten, nicht aber auf Salz.“ sagte schon im 6. Jahrhundert der römische Staatsmann CASSIODOR. Er beschrieb damit sehr passend die Bedeutung von Kochsalz, das bis ins 19. Jahrhundert ein knappes und deswegen sehr kostbares Gut war. Städte mit Salzvorkommen waren wohlhabend und mächtig. Heute steht Kochsalz in ausreichendem Maße zur Verfügung und ist nicht mehr teuer. Kochsalz ist einer der wichtigsten Rohstoffe der chemischen und der Lebensmittelindustrie. Im Handel werden drei verschiedene Salzarten angeboten: Meersalz, Steinsalz und Siedesalz.

Meersalz gewinnt man durch Verdunstung von Meerwasser. Der Anteil von Meersalz an der Weltproduktion von Salz beträgt 30 %.

Steinsalz entstand vor etwa 250 Millionen Jahren, als weite Teile der Kontinente von Meerwasser bedeckt waren. An den Küsten bildeten sich durch Hebung des Meeresbodens seichte Meeresbecken, die vom Ozean abgetrennt wurden. Durch Verdunstung des Wassers kristallisierten die im Meerwasser gelösten Salze aus und setzten sich am Boden ab. Da die Salze Calciumcarbonat (Kalk) und Calciumsulfat (Gips) schlechter löslich sind als Kochsalz, lagerten diese sich zuerst ab. War das Wasser vollständig verdunstet, wurden die Salzflächen von Sedimenten wie Sand oder Ton überlagert. Deshalb liegen die Salzvorkommen in einer Tiefe von 70 bis 1000 m. Steinsalz wird bergmännisch abgebaut. Dabei werden unter der Erde befindliche Salzlagerstätten gesprengt und das Salz wird über Stollenschächte mit Maschinen ans Tageslicht befördert (M1).

Siedesalz wird ebenfalls aus Steinsalzlagerstätten gewonnen, die zunächst angebohrt werden. Über ein Rohrleitungssystem wird Wasser mit hohem Druck in den Salzstock gepresst. Dabei entsteht eine konzentrierte Salzlösung, die Sole. Diese wird an die Oberfläche befördert und eingedampft.

Es gibt auch natürlich vorkommende Sole aus salzhaltigen Quellen. Um die Sole zu verdampfen, wurde in früheren Zeiten viel Brennholz benötigt. Dies führte dazu, dass die Waldfläche in Deutschland dramatisch zurückging.

Soll Salz als Speisesalz verwendet werden, muss es noch gereinigt und von Begleitsalzen befreit werden.

M2 Fleur de Sel

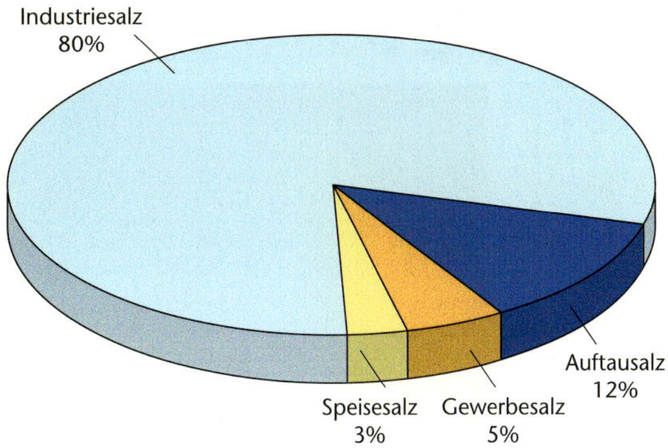

M4 Verwendung von Natriumchlorid

A1 Was der Name verrät

Viele Städte, die mit Salzhandel ihr Geld verdienten, sind heute noch an ihren Namen zu erkennen. Die Wortbestandteile „Salz" oder „Hall" (keltisch *hal:* Salz) verraten deren Ursprung. Nennne Städte, deren Namen auf Salzvorkommen oder Salzhandel hinweisen.

A2 Fleur de Sel

Das teuerste Salz der Welt ist das Fleur de Sel (frz. *fleur:* Blume; frz. *sel:* Salz, M2). Recherchiere den durchschnittlichen Preis für 100 g Fleur de Sel und erkläre, warum dieses Salz so teuer ist.

A3 Kochsalz – vielseitig verwendbar

In Deutschland werden jährlich etwa 440 000 t Speisesalz verbraucht. In M4 siehst du weitere Verwendungsarten von Natriumchlorid. Recherchiere, zu welchen Zwecken Salz in der Industrie und im Gewerbe genutzt wird.

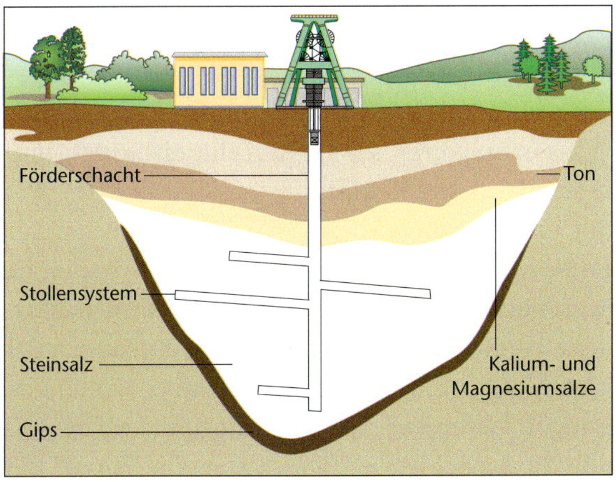

M3 Salzlagerstätte

A4 Entstehung von Salzlagerstätten

Erläutere das Zustandekommen der in M3 abgebildeten Schichten.

A5 Gradierwerke

Die Salzgewinnung aus Sole erforderte in früheren Zeiten große Mengen an Brennholz. Ein wirtschaftlicher Betrieb war daher nur möglich, wenn zum einen Brennmaterial in ausreichenden Mengen vorhanden war und zum anderen die Sole einen hohen Salzgehalt aufwies. Um auch salzärmere Lösungen nutzen zu können, baute man Gradierwerke. Diese bestehen aus einem meterhohen Holzgerüst, das mit Schwarzdornzweigen gefüllt ist. Über diese Zweige ließ man die Sole herunter rieseln (M5). Stelle Vermutungen darüber an, wozu dieses Verfahren angewandt wurde.

M5 Gradierwerk in Bad Rothenfelde

6.5 In Sicherheitsverwahrung – Alkalimetalle

$^{6,94}_{3}Li$	Lithium
$^{22,99}_{11}Na$	Natrium
$^{39,10}_{19}K$	Kalium
$^{85,47}_{37}Rb$	Rubidium
$^{132,91}_{55}Cs$	Caesium

M1 *Natrium reagiert mit Wasser.*

In vielen Geräten wie Computern, Smartphones, Uhren, Herzschrittmachern und Fotoapparaten werden heute Batterien und Akkus verwendet, die Lithiumverbindungen enthalten. **Lithium** ist ein sehr reaktives Metall und kommt deshalb in der Natur nur in Form von Verbindungen vor. Es wird durch Elektrolyse aus seinen Salzen gewonnen. Wegen der hohen Reaktivität, besonders mit Wasser und Sauerstoff, muss Lithium unter Luftabschluss gelagert werden. Deshalb bewahrt man es meist in Petroleum oder Paraffinöl auf. Mit der geringsten Dichte aller Feststoffe gehört Lithium zu den Leichtmetallen.

Es gibt weitere Elemente, die ähnliche Eigenschaften wie Lithium besitzen. Gemeinsam bilden sie mit Lithium die I. Hauptgruppe des Periodensystems, die **Alkalimetalle.** Die weiteren Elemente der Alkalimetalle sind **Natrium**, **Kalium**, **Rubidium** und **Caesium**.

Die Atome der Alkalimetalle besitzen nur ein Außenelektron. Sie reagieren, indem sie das Außenelektron an einen Reaktionspartner abgeben und selbst zum einfach positiv geladenen Metallkation werden. Die Anziehungskraft des positiv geladenen Atomkerns auf die Außenelektronen nimmt mit steigender Periodennummer und damit mit größerer Entfernung zum Kern ab. Deshalb nimmt die Reaktivität der Alkalimetalle mit steigender Periodennummer zu. Das reaktionsfreudigste Alkalimetall ist Caesium.

Alle Alkalimetalle kommen in der Natur nur in Verbindungen vor und werden daraus durch Elektrolyse gewonnen. Charakteristisch für jedes Alkalimetall und seine Verbindungen ist seine Flammenfarbe (M2). Alkalimetalle sind weiche Metalle, die man mit dem Messer schneiden kann. Sie haben im Vergleich zu anderen Metallen eine niedrige Schmelztemperatur. Wie Lithium müssen sie unter Sauerstoffabschluss aufbewahrt werden und dürfen bei der Lagerung nicht mit Wasser in Kontakt kommen. Mit Wasser reagieren sie zu Metallhydroxiden und Wasserstoff, die Reaktion ist exotherm (M1). Auf der Teilchenebene betrachtet entstehen bei der Reaktion mit Wasser einfach positiv geladene Metallkationen (Me^+) und einfach negativ geladene Hydroxidanionen (OH^-). Die Lösungen der Metallhydroxide sind alkalisch. Die entstehenden Laugen lassen sich mit Indikatoren wie Thymolphthalein nachweisen. Die allgemeine Formel der Alkalimetallhydroxide lautet MeOH.

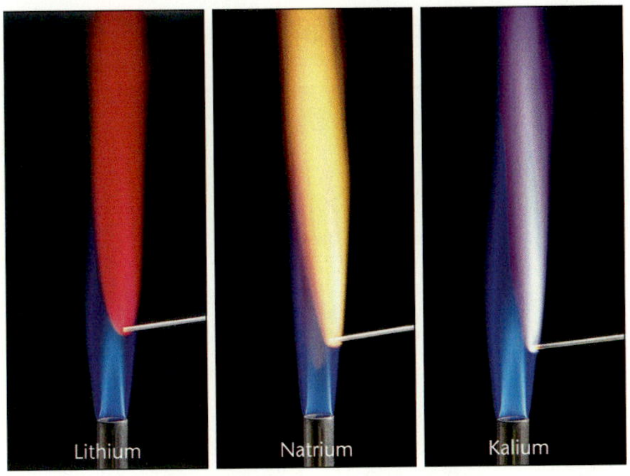

M2 Flammenfarben

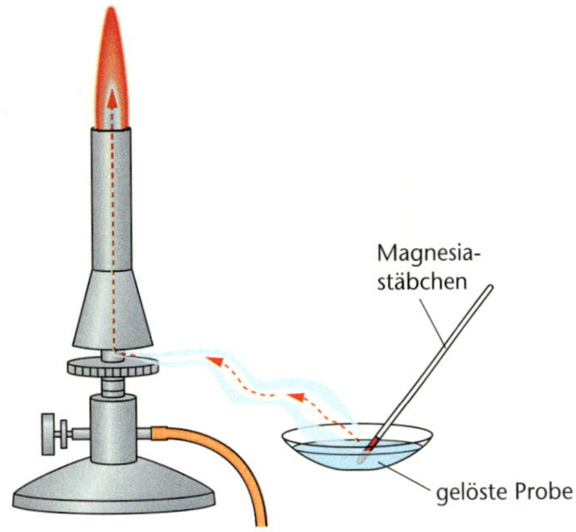

M3 Versuchsaufbau für die Flammenfärbung

V1 Reaktion von Lithium mit Wasser

Material:
Messer, Pinzette, Stativ mit Muffe und Klammer, Reagenzglas, Glaswanne, Gasbrenner, Lithium (**2**, **5**), Thymolphthaleinlösung (**2**), Spülmittel

Durchführung:
Fülle die Glaswanne zu ¾ mit Wasser. Gib ein paar Tropfen Spülmittel und etwas Thymolphthaleinlösung dazu. Fülle das Reagenzglas mit Wasser und befestige es luftblasenfrei mit der Öffnung nach unten, sodass die Öffnung vollständig in das Wasser eintaucht. Nimm ein erbsengroßes Lithiumstück mit der Pinzette und halte es unter die Reagenzglasöffnung. Entferne das mit Gas gefüllte Reagenzglas mit der Öffnung nach unten aus der Stativklammer. Führe die Öffnung des Reagenzglases an ein brennendes Streichholz. Ein Zischen oder Pfeifen ist ein Nachweis für Wasserstoff. Diesen Nachweis bezeichnet man als Knallgasprobe.

Auswertung:
a) Protokolliere und deute die Beobachtungen.
b) Formuliere die Reaktionsgleichung als Wortgleichung.
c) Begründe, warum dieser Versuch nicht mit Natrium oder Kalium gemacht werden sollte.

V2 Identifizierung verschiedener Alkalimetalle

Material:
Gasbrenner, Magnesiastäbchen, Becherglas, Salzsäure (3 %; **7**), Uhrgläser, Lithiumchloridlösung (**7**), Natriumchloridlösung, Kaliumchloridlösung, Backpulver (gelöst in Wasser)

Durchführung:
Tauche das Magnesiastäbchen kurz in etwas verdünnte Salzsäure und erhitze es dann in der nichtleuchtenden Brennerflamme. Halte das Uhrglas mit der Lithiumchloridlösung direkt neben die Luftzufuhr des Gasbrenners und tauche das glühende Magnesiastäbchen in die Lithiumchloridlösung (M3). Beobachte die Brennerflamme. Wiederhole den Versuch auch mit Natriumchloridlösung, Kaliumchloridlösung und Backpulverlösung.

Auswertung:
Protokolliere die Beobachtungen und vergleiche die Flammenfarben mit den in M2 gezeigten Farben. Identifiziere das Alkalimetall, das als Bestandteil in Backpulver enthalten ist, aufgrund der Flammenfarbe.

A1 Stoffeigenschaften

Recherchiere die Dichten für die Alkalimetalle. Entwickle eine Hypothese, die den zu beobachtenden Trend erklärt.

6.6 Der Club der bunten Lichter – Erdalkalimetalle

Atommasse	Ordnungszahl	Symbol	Name
9,01	4	Be	Beryllium
24,31	12	Mg	Magnesium
40,08	20	Ca	Calcium
87,62	38	Sr	Strontium
137,34	56	Ba	Barium

M1 *Olympische Fackel im Baikalsee, Fackellauf vor den Winterspielen 2014 in Sotschi*

Bei den olympischen Winterspielen 2014 im russischen Sotschi wurde das olympische Feuer von Tauchern durch den Baikalsee getragen. Dazu verwendete man spezielle Fackeln, die auch unter Wasser brennen (M1). Diese Fackeln enthalten das Metall Magnesium. Beim Verbrennen des Magnesiums werden Temperaturen von bis zu 2500 °C erreicht. Bei dieser Hitze zersetzt sich Wasser in Wasserstoff und Sauerstoff, mit dem das Magnesium dann weiter im Wasser brennen kann. Den Taucherfackeln sind zusätzlich noch Stoffe beigegeben, die Sauerstoff freisetzen. Damit ist auch bei starker Kühlung durch das umgebende Wasser noch genügend Sauerstoff zum Brennen vorhanden.

Magnesium ist ein silbrig glänzendes Leichtmetall, das sich an der Luft mit einer dünnen Schicht von Magnesiumoxid überzieht. Diese schützt das darunter liegende Metall vor weiterer Oxidation. Aufgrund seiner hohen Reaktivität liegt Magnesium in der Natur nur in seinen Verbindungen vor. Wegen seiner geringen Dichte wird Magnesium in vielen Legierungen verwendet. Die Elemente mit ähnlichen Eigenschaften wie Magnesium bilden die II. Hauptgruppe des Periodensystems, die **Erdalkalimetalle.**

Ein weiteres Element der Gruppe ist **Calcium.** Calciumverbindungen sind die Hauptbestandteile der großen Kalkgebirge, zum Beispiel an der Elbe, in der schwäbischen Alb und in den Alpen. Auch Marmor ist eine Calciumverbindung. Er besteht aus Calciumcarbonat ($CaCO_3$). Unsere Knochen und Zähne bestehen ebenfalls weitgehend aus Calciumverbindungen.

Beryllium, Strontium, Barium und **Radium** sind die weiteren Elemente der II. Hauptgruppe. Auch sie kommen in der Natur nur in Verbindungen vor. Die Erdalkalimetalle zeigen wie die Alkalimetalle spezifische Flammenfarben und werden in der Pyrotechnik verwendet (M2).

Die Atome der Erdalkalimetalle haben zwei Außenelektronen, die sie bei einer chemischen Reaktion abgeben. Dabei entstehen zweifach positiv geladene Metallkationen (Me^{2+}).

Mit Ausnahme von Beryllium reagieren alle Erdalkalimetalle schon bei Zimmertemperatur mit Wasser, wobei Metallhydroxide und Wasserstoff entstehen. Die Reaktionen sind exotherm, verlaufen aber nicht so heftig wie bei den Alkalimetallen.

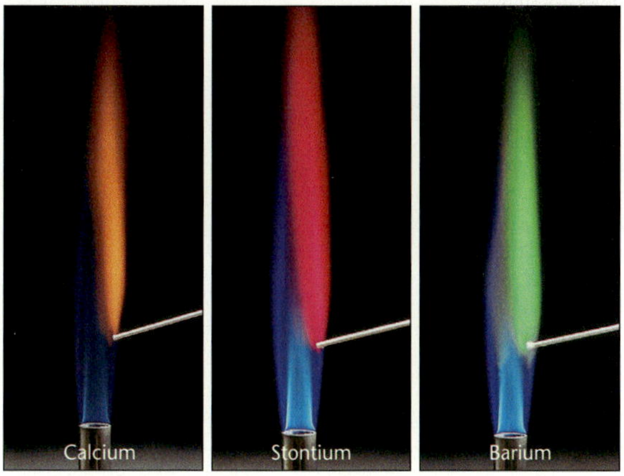

M2 Flammenfarben von Erdalkalimetallen

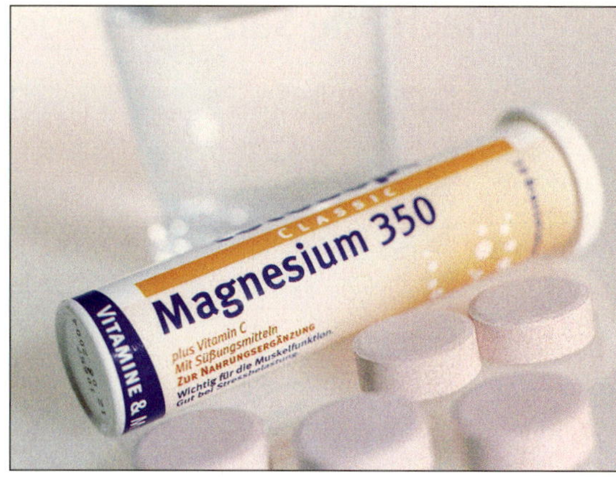

M3 Brausetabletten

V1 Flammenfarben

Führe den Versuch durch, wie er für die Alkalimetalle (Seite 131) beschrieben ist. Teste stark verdünnte Lösungen von Bariumnitrat (**7**), Strontiumchlorid (**7**) und Calciumchlorid (**7**). Protokolliere die Beobachtungen.

V2 Erdalkalimetalle in Wasser

Materialien:
2 Reagenzgläser, Gasbrenner, Reagenzglasklammer, Schmirgelpapier, Thymolphthaleinlösung (**2**), Wasser, Calcium (**2**), Magnesiumband (**2**)

Durchführung:
Fülle die Reagenzgläser mit 2 ml Wasser und einem Tropfen Thymolphthaleinlösung. Gib jeweils einige Stückchen geschmirgeltes Magnesiumband beziehungsweise Calcium in die Reagenzgläser. Solltest du nichts beobachten, kannst du die Reagenzgläser vorsichtig mit dem Gasbrenner erwärmen.

Auswertung:
Protokolliere und deute die Beobachtungen. Begründe, warum das Magnesiumband vor dem Experiment abgeschmirgelt wird.

A1 Magnesium verbrennt

Magnesium verbrennt. Formuliere die Wortgleichung.

A2 Metalltabletten?

In den Regalen von Drogerien findet man viele Nahrungsergänzungsmittel in Form von Brausetabletten (M3). Beurteile die Beschriftung aus fachlicher Sicht.

A3 Magnesium – Werkstoff der Zukunft

In den letzten Jahren konnten neue Werkstoffe auf der Grundlage von Magnesiumlegierungen entwickelt werden. M4 zeigt einige Trends der Entwicklung. Fachleute erwarten in vielen Bereichen eine deutliche Zunahme von Werkstoffen auf Magnesiumbasis. Dies gilt zum Beispiel in den Bereichen Containerbau und Verpackung, Medizintechnik (Rollstühle und Prothesen), Flugzeugbau, Bahntechnik und Raumfahrt, Geräte- und Maschinenbau sowie Geräte im Sportbereich. Begründe die Erwartungen der Forscher.

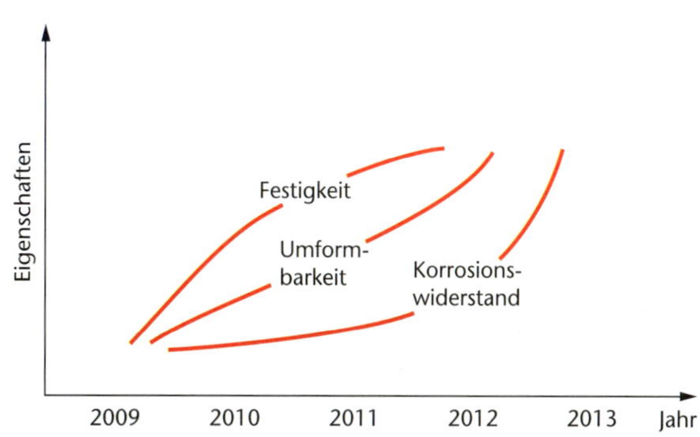

M4 Entwicklung von Magnesiumlegierungen

6.7 Mach mal Salz! – Halogene

18,99	9	F	Fluor
35,45	17	Cl	Chlor
79,90	35	Br	Brom
126,90	53	I	Iod
(210)	85	At	Astat

M1 *Chlor desinfiziert Schwimmbadwasser.*

Um das Wasser in Schwimmbädern frei von Krankheitserregern zu halten, wird es durch Zusätze desinfiziert (M1). Dies geschieht zum Beispiel durch Chemikalien, die Chlor freisetzen. **Chlor** ist ein gelbliches, giftiges Gas, das sich in Wasser löst. Auch Trinkwasser wird zum Teil durch Zusatz von geringen Mengen an Chlor desinfiziert. Chlorgas wirkt nicht nur desinfizierend, sondern auch bleichend. Beide Eigenschaften sind ausschlaggebend für die Anwendung von gebundenem Chlor in WC-Reinigern und Antischimmelmitteln. Diese Mittel dürfen nie zusammen mit Säurereinigern verwendet werden, da sonst giftiges Chlorgas freigesetzt wird. Atmet man zu viel Chlorgas ein, entstehen lebensgefährliche Verletzungen in der Lunge.

Fluor, Brom, Iod und **Astat** sind Stoffe mit ähnlichen Eigenschaften wie Chlor. Sie sind alle sehr giftig und kommen aufgrund ihrer hohen Reaktivität in der Natur nicht elementar vor, sondern nur in ihren Verbindungen, den Salzen. Man bezeichnet die Elemente der VII. Hauptgruppe als **Halogene** (gr. *halos:* Salz; lat. *genere:* hervorbringen). Die Salze der Halogene heißen Halogenide. Die Ionen nennt man Halogenidionen, zum Beispiel Chloridion oder Bromidion. Mit Silberionen bilden die Halogenidionen schwerlösliche Salze, die als Nachweise verwendet werden (M2). Fluoridionen sind wichtig zur Härtung des Zahnschmelzes, um Karies zu vermeiden. Sie sind in vielen Zahncremes enthalten. Chlorid- und Iodidionen sind für den Körper lebensnotwendig und müssen als Spurenelemente mit der Nahrung in geringen Mengen aufgenommen werden. Chloridionen sind zum Beispiel im Zusammenwirken mit Natriumionen nötig für die Weiterleitung von Informationen im Nervensystem. Iodlösungen wurden früher zur Desinfektion von Wunden verwendet. Heute nimmt man dazu Lösungen von iodhaltigen Verbindungen.

Halogenatome haben sieben Außenelektronen. Bei chemischen Reaktionen nehmen sie ein Elektron auf, werden zu einem einfach negativ geladenen Halogenidion und erreichen so Edelgaskonfiguration. Die Aufnahme eines Elektrons führt also zu einem energetisch günstigeren Zustand. Das Bestreben ein Elektron aufzunehmen, ist unterschiedlich stark ausgeprägt. Es ist beim Fluoratom am größten und nimmt zu Iodatomen hin ab. Deshalb nimmt auch die Reaktivität der Halogene in gleicher Richtung ab. Fluor ist das reaktivste Element unter den Nichtmetallen.

M2 Silbersalze verschiedener Halogene

V1 Nachweis der Halogenidionen

Materialien:
Reagenzgläser, Reagenzglasgestell, Tropfpipette, Silbernitratlösung (1 %; **7, 9**), Natriumchloridlösung, Natriumbromidlösung, Natriumiodidlösung, Kamera

Durchführung:
Fülle einige Zentimeter hoch Natriumchloridlösung in ein Reagenzglas. Gib dann tropfenweise mit einer Pipette langsam Silbernitratlösung dazu und beobachte die Eintropfstelle. Wiederhole das Experiment mit Natriumbromidlösung und mit Natriumiodidlösung.

Auswertung:
a) Protokolliere und deute die Beobachtungen. Vergleiche mit M2.
b) Begründe, warum bei allen Versuchen Natriumsalze verwendet wurden.
c) Versuche, von den Eintropfstellen aussagekräftige Fotos zu machen.

Halogen	Atomradius in pm	Ionenradius in pm
Fluor	70,9	133
Chlor	99,4	181
Brom	114,5	196
Iod	133,1	220

M3 Atom- und Ionenradien der Halogene

M4 Bromfeuer

A1 Bromfeuer
In einem Becherglas werden einige Milliliter flüssiges Brom gefüllt. Dazu gibt man eine kleine Kugel aus Aluminiumfolie. Nach der heftigen Reaktion befinden sich am Gefäßrand farblose Kristalle (M4). Deute die Versuchsbeobachtungen.

A2 Iod für die Gesundheit
Recherchiere Informationen zu den Möglichkeiten, Iodmangel durch Wahl von geeigneten Lebensmitteln zu vermeiden. Berücksichtige dabei auch M5.

A3 Atom- und Ionenradien
Erläutere die in M3 dargestellten Atom- und Ionenradien.

A4 Reaktionsfreudige Halogene
Die Reaktionsfreudigkeit der Halogene wird durch die Kernladungen und Atomradien der Halogenatome bedingt. Analysiere die Einflüsse beider Faktoren.

Schilddrüsenhormone regeln den Stoffwechsel in unserem Körper. Diese Hormone enthalten Iod. Deshalb muss der Körper über die Nahrungsaufnahme ausreichend mit Iod versorgt werden. Iodmangel kann zu einer Vergrößerung der Schilddrüse führen. Diese als Kropf bezeichnete Vergrößerung kann zum Beispiel zu Schluckbeschwerden und Atemnot führen. In früheren Zeiten kam es in iodarmen Regionen häufig zu Kropfbildungen.

M5 Iodmangel

Kompetent?

1 Erläutere den Begriff *Gitterenergie.*

2 Nenne begründet das Ion, das in der Abbildung schematisch dargestellt ist.

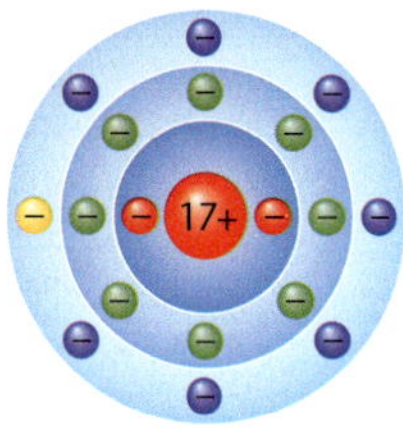

3 Beschreibe ein Experiment, mit dessen Hilfe man Ionen nachweisen kann.

4 In Magnesiumchlorid liegen Magnesiumionen und Chloridionen im Verhältnis 1 : 2 vor. Begründe dieses Zahlenverhältnis.

5 Ordne die Elemente nach ihrer Reaktivität und begründe deine Anordnung: Kalium, Lithium, Rubidium, Natrium, Caesium

6 Die Atomradien der Halogenatome sind kleiner als die ihrer Ionen. Bei den Alkalimetallen verhält es sich umgekehrt. Begründe.

7 Lege eine Klarsichtfolie auf die Buchseite und fülle mit einem wasserlöslichen Stift das Kreuzworträtsel aus.
Senkrecht: **1** ein Metall der I. Hauptgruppe; **2** Rohstoff für die Speisesalzgewinnung; **3** kleines Teilchen; **4** Element der I. Hauptgruppe; **5** Salzbildner; **8** sprödes Material; **12** dient zur Veranschaulichung; **13** leitet den Strom; **14** Element der VII. Hauptgruppe; **17** Element der VII. Hauptgruppe
Waagrecht: **6** Element der I. Hauptgruppe; **7** Element der VII. Hauptgruppe; **9** Kennzeichen von Ionen; **10** Anordnung von Ionen; **11** aus Ionen aufgebaute Stoffe; **15** geladene Teilchen; **16** Element der II. Hauptgruppe; **18** Element der VII. Hauptgruppe

Zum Vergessen zu wichtig ...

Wissen aus früheren Kapiteln

- Erläutere den Trend bei den Ionisierungsenergien innerhalb einer Elementgruppe.
- Nenne die Elementarteilchen des Elements Brom und ihre Anzahl.
- Nenne das Element mit der folgenden Elektronenkonfiguration: K2, L8, M18, N5
- Erläutere den Begriff *Halbwertzeit.*
- Beschreibe die Versuche von RUTHERFORD und die daraus gewonnenen Erkenntnisse.

Basiskonzepte

Ordne den Aufgaben auf dieser Seite die entsprechenden Basiskonzepte zu. Fertige dazu eine Tabelle nach untenstehendem Muster an. Gib in der dritten Spalte die Unterkapitel an, in denen Informationen zur Aufgabe stehen.

Aufgabe	Basiskonzept(e)	Unterkapitel
1	Struktur-Eigenschaft-Konzept	2.3

Chemie kommunikativ: Die Sache mit dem Iod

M1 Reaktorruine in Tschernobyl

Das Element Iod liegt fast ausschließlich als nicht-radioaktives Isotop ^{127}I vor. Bei der Kernspaltung von Uran oder Plutonium entstehen radioaktive Iodisotope, vor allem das Isotop ^{131}I, das eine Halbwertzeit von etwa acht Tagen hat.

M2 Die Schilddrüse

Die Schilddrüse ist eine Hormondrüse. Sie bildet unter anderem die Hormone Triiodthyronin und Thyroxin, die maßgeblich den Energiehaushalt im Körper steuern. Die Teilchen beider Hormone enthalten Iodatome. Bei Iodmangel tritt eine Unterversorgung mit diesen Hormonen auf, die beispielweise zu verlangsamtem Herzschlag, Übergewicht und häufig zu Depressionen führt. Eine Überfunktion der Schilddrüse produziert zu viele dieser Hormone und hat erhöhten Herzschlag, Gewichtsverlust und Nervosität zur Folge.

M3 Folgen einer Reaktorkatastrophe

1986 explodierte in Tschernobyl in der heutigen Ukraine ein Atomreaktor. Die dabei frei gesetzten radioaktiven Stoffe verstrahlten weite Teile Europas. Einige Gebiete in der Umgebung des Reaktors sind bis heute unbewohnbar. Viele der Helfer, die die Katastrophe vor Ort bekämpften, starben durch die Strahlenkrankheit oder durch Krebs, der durch die Radioaktivität hervorgerufen wurde. Die UNSCEAR, eine wissenschaftliche Abteilung der UN, schätzt die Zahl der Schilddrüsenkrebsfälle infolge des Unfalls auf über 6000.

M4 Schilddrüsenkrebs

Häufige Luftnot führte den Patienten B. in die Klinik. Dort wurde Schilddrüsenkrebs festgestellt. Die Schilddrüse wurde daraufhin operativ entfernt. Um festzustellen, ob noch Tochtergeschwulste (Metastasen) aus den entarteten Schilddrüsenzellen (Krebszellen) im Hals oder im Körper waren, wurde dem Patienten radioaktives ^{131}I verabreicht. Auch die entarteten Zellen produzieren noch die iodhaltigen Hormone. Nach zwei Tagen wurde der Körper des Patienten gescannt. Deutlich sind in der oberen Abbildung Metastasen im Bereich der Lunge und im Bereich der Luftröhre zu sehen (Radioaktivität wird schwarz dargestellt.). Die so festgestellten Metastasen wurden durch eine Radionuklidtherapie bekämpft. Dabei gab man dem Patienten wiederholt hohe Dosen von ^{131}I. Nach einem Jahr war Herr B. krebsfrei. Die entsprechende Scan-Aufnahme zeigt nur noch Radioaktivität im Bereich der Blase und des Magens, in denen sich das Iod während der Untersuchung bis zur völligen Ausscheidung anreichert. Diese Schwärzungen weisen also nicht auf Metastasen hin. Die Schilddrüsenhormone muss Herr B. aber in Form von Medikamenten dauerhaft zu sich nehmen.

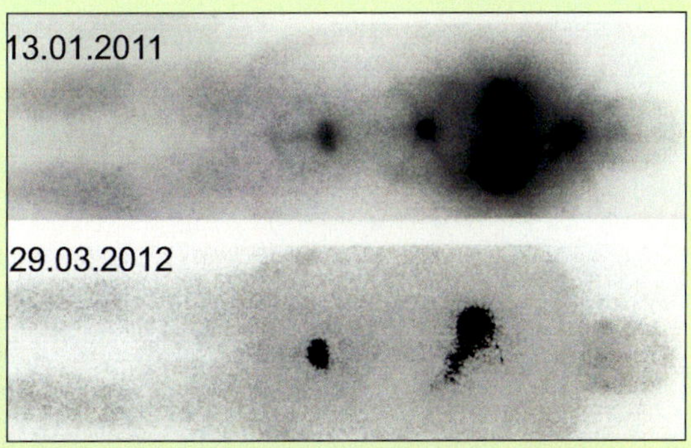

Scans des Patienten vor und nach der Radionuklidtherapie

A Arbeitsaufträge

Erläutert anhand der Materialien die Gefährdung und Chancen durch ^{131}I. Geht dabei arbeitsteilig vor. Stellt eure Ergebnisse anschließend in Kurzreferaten vor.

7 Moleküle

7.1 2 + 1 = 2 – Volumenverhältnisse bei Gasreaktionen

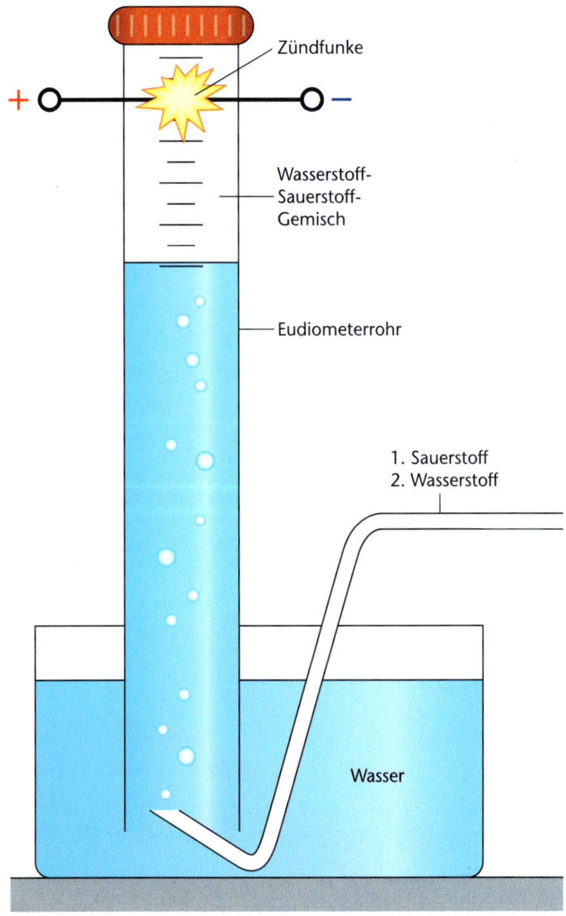

M1 Wassersynthese im Eudiometer

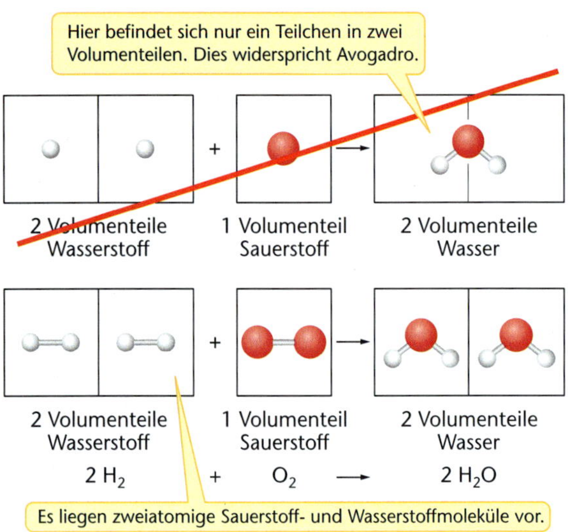

M2 Teilchenmodell zur Wassersynthese

Das Eudiometer ist ein Reaktionsgefäß, in dem man Gase miteinander reagieren lassen kann (M1). In das Eudiometer werden Wasserstoff und Sauerstoff gefüllt. Zündet man das Gemisch, findet eine Explosion statt. Wasserstoff und Sauerstoff reagieren miteinander. Es bildet sich Wasser.

Nur wenn das Volumen des eingesetzten Wasserstoffs genau doppelt so groß ist wie das des Sauerstoffs, bleibt kein Restvolumen eines Gases übrig. Wasserstoff und Sauerstoff reagieren immer im Volumenverhältnis 2 : 1 miteinander.

Führt man die Reaktion von Wasserstoff mit Sauerstoff bei hohen Temperaturen über 100 °C durch, ist auch das Reaktionsprodukt Wasser gasförmig. Zum Beispiel entstehen aus 100 ml Wasserstoff und 50 ml Sauerstoff 100 ml Wasserdampf. Man findet also das Volumenverhältnis Wasserstoff : Sauerstoff : Wasser = 2 : 1 : 2.

Ähnliche Ergebnisse erhält man bei allen Reaktionen zwischen Gasen: Gase reagieren immer in ganzzahligen Volumenverhältnissen miteinander. Der italienische Chemiker Amadeo AVOGADRO deutete 1811 diese Beobachtung. Er vermutete: In gleichen Gasvolumina verschiedener Gase befinden sich gleiche Anzahlen von Teilchen, wenn Druck und Temperatur gleich sind. Diese Annahme hat sich als richtig erwiesen. Man nennt sie den **Satz von Avogadro.** Die ganzzahligen Volumenverhältnisse ergeben sich daraus, dass die Teilchen in bestimmten Zahlenverhältnissen miteinander reagieren.

Die Volumenverhältnisse bei der Reaktion von Wasserstoff mit Sauerstoff kann man nur deuten, wenn man annimmt, dass keine einzelnen Wasserstoffatome und Sauerstoffatome vorliegen (M2). Wasserstoff und Sauerstoff liegen in Form zweiatomiger Moleküle vor. **Moleküle** (lat. *molecula:* kleine Masse) sind Teilchen, die aus zwei oder mehr Atomen zusammengesetzt sind. Molekülformeln, kurz Formeln, wie O_2, H_2 und H_2O nutzt man gleichzeitig als Stoffsymbole.

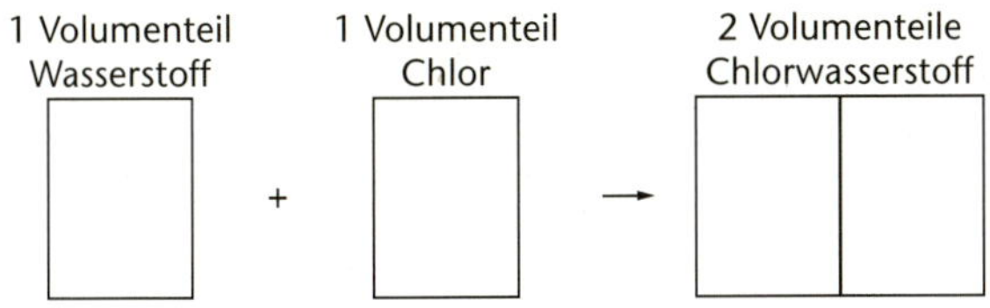

M3 Volumenverhältnisse bei der Bildung von Chlorwasserstoff

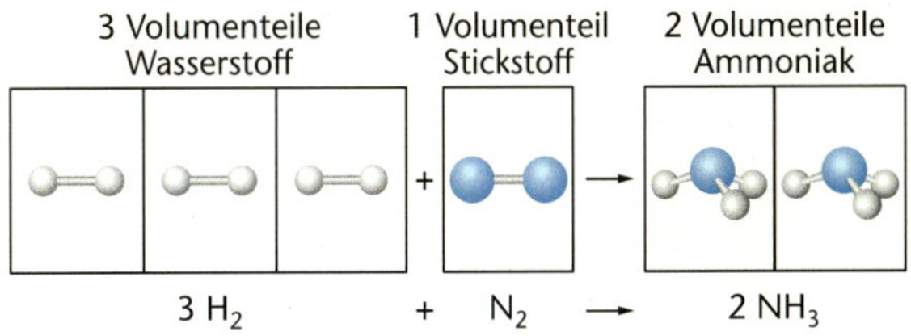

M5 Volumenverhältnisse bei der Bildung von Ammoniak

A1 Volumenverhältnisse bei verschiedenen Gasreaktionen

a) 10 ml Wasserstoff reagieren mit 10 ml Chlor zu 20 ml Chlorwasserstoff. Deute dieses Volumenverhältnis, indem du M3 in dein Heft überträgst und die Teilchen nach dem Muster von M2 (unten) einzeichnest.

b) 100 ml Kohlenstoffmonoxid reagieren mit 50 ml Sauerstoff zu 100 ml Kohlenstoffdioxid. Entwickle für die Reaktion eine Modellvorstellung nach dem Muster von M2 (unten).

A2 Eudiometerversuch

Für eine Versuchsreihe werden unterschiedliche Volumina von Wasserstoff und Sauerstoff in ein Eudiometer gefüllt und durch einen elektrischen Funken gezündet. Das Gasgemisch explodiert. Dabei wird das Gasvolumen im Eudiometer verändert. Übertrage die Tabelle M4 in dein Heft, ergänze die fehlenden Daten und erkläre die Ergebnisse.

Versuch	A	B	C	D	E	F
Volumen Sauerstoff in ml	2	2	2	4		6
Volumen Wasserstoff in ml	2	4		2	4	2
Volumen Restgas in ml			2		2	
Art des Restgases	O_2		H_2		H_2	

M4 Reaktion von Wasserstoff mit Sauerstoff im Eudiometer bei Raumtemperatur

A3 Volumenverhältnisse bei der Bildung von Ammoniak

a) Erläutere M5.

b) 200 ml Stickstoff sollen mit Wasserstoff zu Ammoniak umgesetzt werden. Analysiere, welches Volumen an Wasserstoffgas du für eine vollständige Reaktion benötigst und welches Volumen an Ammoniakgas entstehen kann.

c) In einer Apparatur werden 30 ml Stickstoff und 30 ml Wasserstoff zur Reaktion gebracht. Beschreibe die Situation nach Beendigung der Reaktion.

A4 Reaktionen bei hohen Temperaturen

Führt man das in A2 beschriebene Experiment bei 120 °C durch (natürlich dann auch mit einem etwas anderen Versuchsaufbau), sind alle Edukte und Produkte gasförmig. Man erhält andere Ergebnisse, wobei das Restgas dann häufig ein Gemisch aus zwei Stoffen ist. Übertrage die Tabelle M6 in dein Heft, ergänze die fehlenden Daten und erkläre die Ergebnisse.

Versuch	A	B	C	D	E	F
Volumen Sauerstoff in ml	2	2	2	4	4	6
Volumen Wasserstoff in ml	2	4	6	2	4	2
Volumen Restgas in ml	3	4				7
Art des Restgases						

M6 Reaktion von Wasserstoff mit Sauerstoff im Eudiometer bei 120 °C

7.2 Einsam und auf Partnersuche – Elektronenpaarbindung

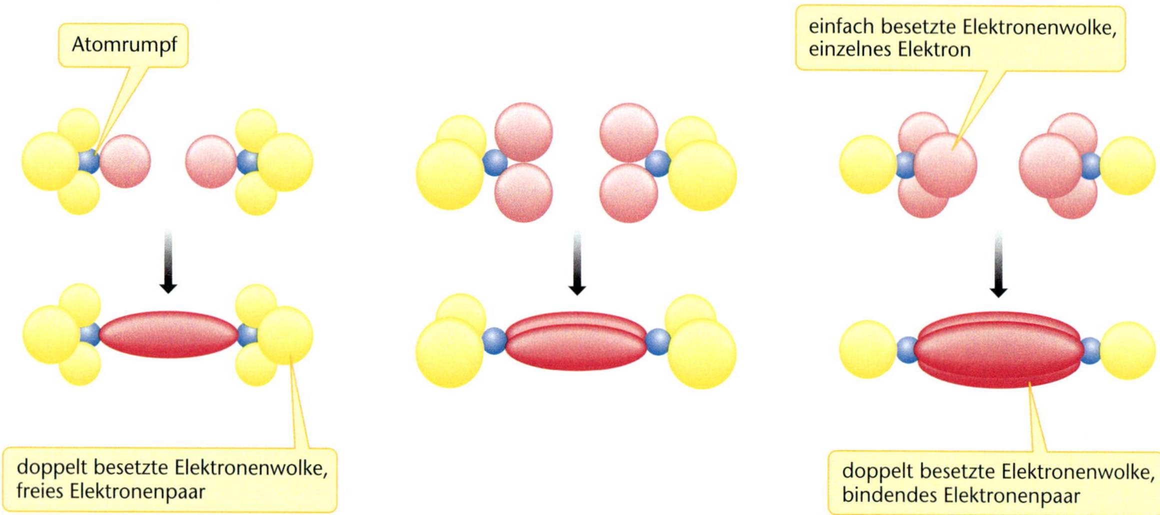

M1 Modellvorstellung zur Bildung von Molekülen aus Fluor-, Sauerstoff- und Stickstoffatomen

Wenn Nichtmetalle miteinander reagieren, bilden sich Moleküle. In diesen werden die Atome durch gemeinsam genutzte Elektronenpaare zusammengehalten. Für das Verständnis dieses Zusammenhalts hilft folgende Modellvorstellung: Die Außenelektronen eines Atoms befinden sich in vier Aufenthaltsräumen, den **Elektronenwolken,** um den **Atomrumpf.** Als Atomrumpf bezeichnet man die übrigen Elektronen und den Atomkern. Jede Elektronenwolke kann einfach oder doppelt mit Elektronen besetzt sein, so dass insgesamt Platz für acht Elektronen ist. Die Edelgasatome besitzen acht Außenelektronen. Diese Anordnung wird als **Edelgaskonfiguration** bezeichnet. Sie zeichnet sich durch besondere Stabilität aus. Eine Ausnahme stellen Wasserstoff- und Heliumatome dar, die über lediglich eine Elektronenwolke und damit nur Platz für maximal zwei Außenelektronen verfügen.

Wenn sich einfach besetzte Elektronenwolken von zwei Atomen überlappen, entsteht eine gemeinsam genutzte Elektronenwolke mit zwei Elektronen. Dieses Elektronenpaar befindet sich zwischen den beiden positiv geladenen Atomkernen und zieht diese elektrostatisch an. Die so hervorgerufene Bindung zwischen den Atomen heißt **Elektronenpaarbindung** oder **kovalente Bindung.** Die übrigen, nicht an Bindungen beteiligten Außenelektronen sind die nichtbindenden oder freien Elektronenpaare (M1).

Beim Fluormolekül stellt jedes Fluoratom ein Außenelektron für ein bindendes Elektronenpaar zur Verfügung. Dadurch verfügt jedes der beiden Fluoratome über acht Elektronen, sechs freie und zwei bindende. Jedes Fluoratom besitzt damit Edelgaskonfiguration. Bei Atomen mit sechs und weniger Außenelektronen wird erst durch weitere Elektronenpaarbindungen die Edelgaskonfiguration erreicht. Dabei können auch Doppel- und Dreifachbindungen entstehen. Die Atome gehen so viele Bindungen ein, dass jedem Atom acht Außenelektronen zugeordnet werden können (Oktettregel: gr. *octa:* acht), bei Wasserstoff nur zwei (M3). Mithilfe der **Lewis-Schreibweise** lässt sich das vereinfacht darstellen. Dabei wird ein Elektron durch einen Punkt und ein Elektronenpaar durch einen Strich symbolisiert (M2).

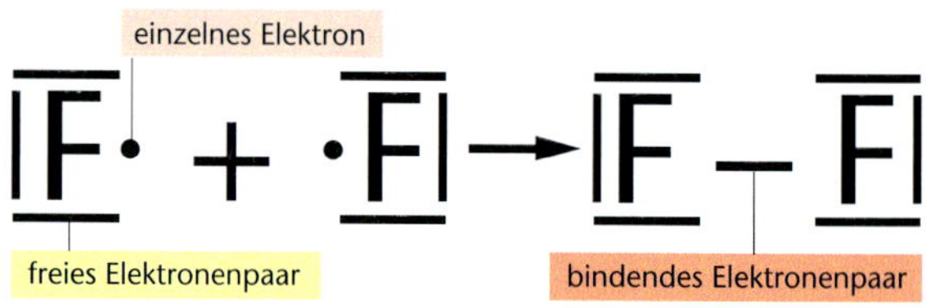

M2 Lewis-Schreibweise

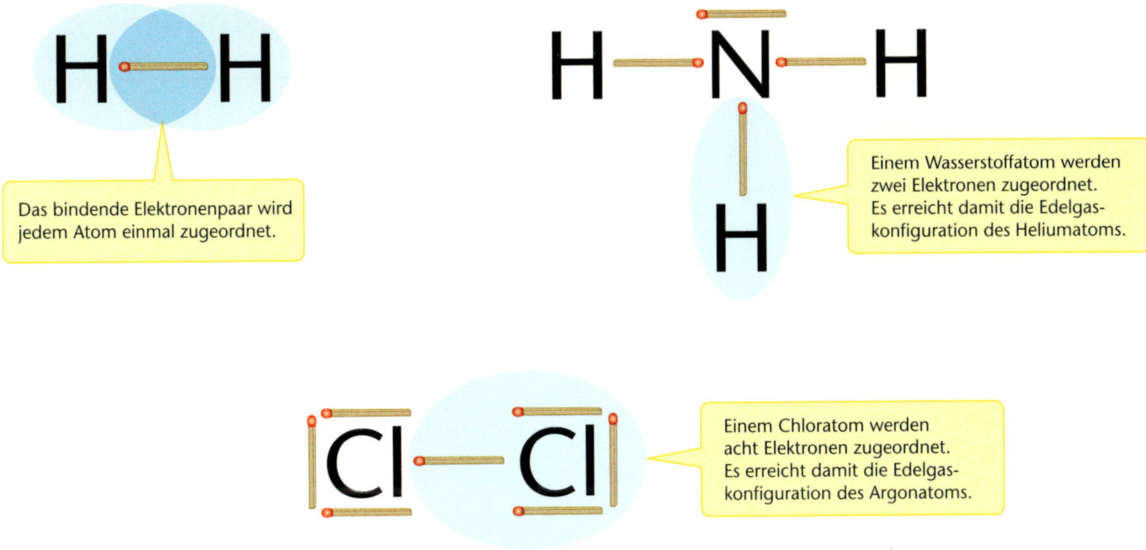

M3 Lewis-Schreibweise im Streichholzmodell

A1 Elektronenpaarbindung

a) Erkläre das Zustandekommen der Elektronenpaarbindungen bei den in M3 modellhaft dargestellten Molekülen.

b) Übertrage die in M1 dargestellten Vorgänge in die Lewis-Schreibweise.

c) Überprüfe jeweils, ob die Oktettregel erfüllt ist.

A2 Bindungen und Lewis-Schreibweise

Stelle die folgenden Moleküle in der Lewis-Schreibweise dar. Verwende dabei verschiedene Farben für die bindenden und die freien Elektronenpaare und überprüfe für alle Atome, ob die Oktettregel erfüllt ist.

a) Cl_2, Br_2 und I_2

b) HF, H_2O, PH_3 und CS_2

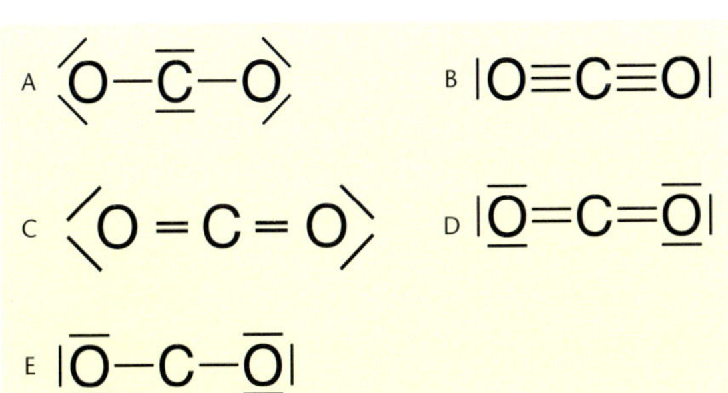

M4 Lewis-Schreibweise für CO_2

A3 In aller Munde: CO_2

Überprüfe, welche der Lewis-Formeln in M4 für das Kohlenstoffdioxidmolekül zutrifft. Schließe die übrigen begründet aus.

A4 Atome auf Abstand

Die Bindungslänge einer Elektronenpaarbindung entspricht dem Abstand der Atomkerne der beiden Bindungspartner (M5). Die Angabe erfolgt meist in Pikometer (1 pm = ein Billionstel Meter). Erkläre, wie die unterschiedlichen Bindungslängen zwischen zwei Stickstoffatomen zustande kommen:

N–N-Einfachbindung: 146 pm
N=N-Doppelbindung: 125 pm
N≡N-Dreifachbindung: 116 pm

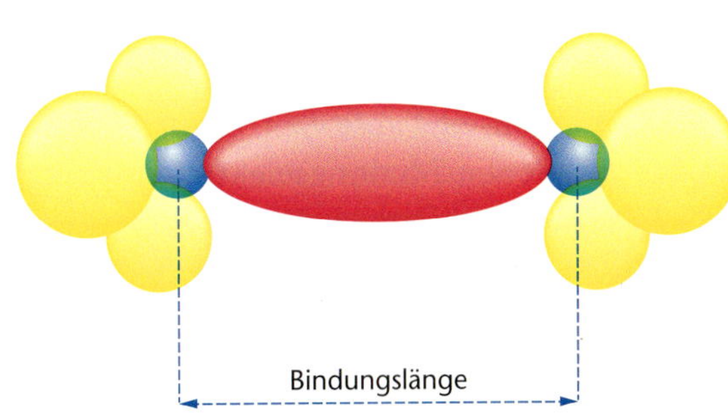

M5 Bindungslänge in einem Halogenmolekül

7.3 Abstand halten – Elektronenpaarabstoßungsmodell

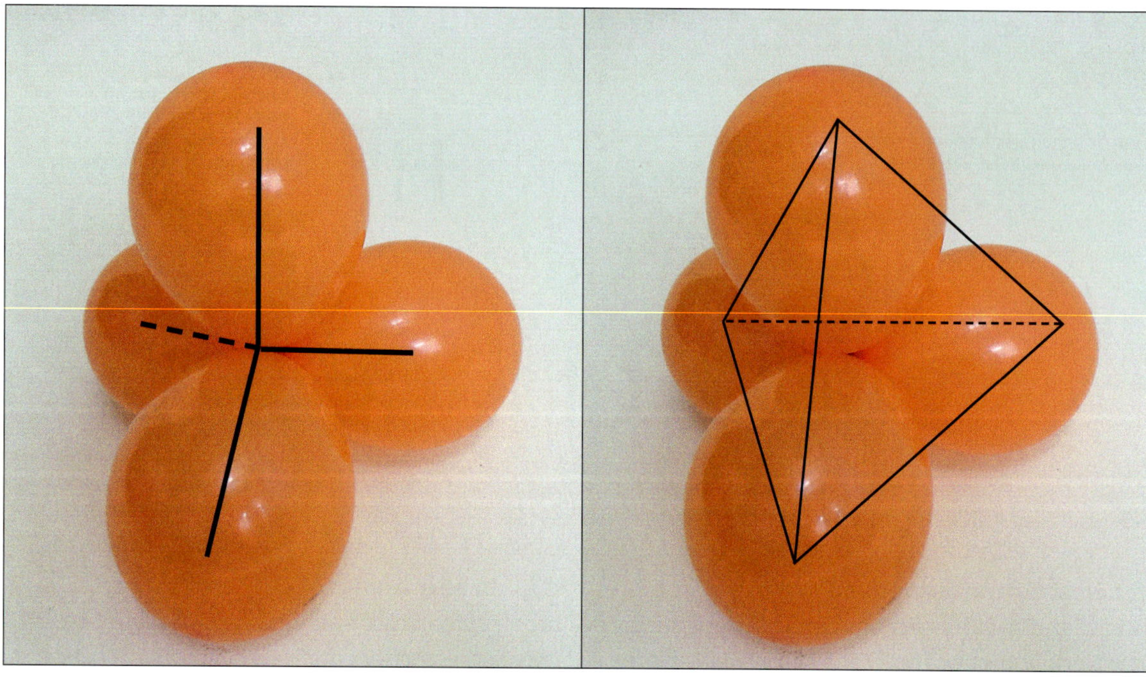

M1 Ein Molekülmodell aus Luftballons

Untersuchungen zeigen, dass das Methanmolekül tetraedrisch aufgebaut ist. Das Kohlenstoffatom ist dabei von vier Wasserstoffatomen umgeben. Ein Modell verdeutlicht die Anordnung: Vier zusammengebundene Luftballons richten sich automatisch in einer ganz typischen Art und Weise aus (M1). Verbindet man die vier Enden der Ballons gedanklich miteinander, erhält man als charakteristische geometrische Struktur das Tetraeder. Das Kohlenstoffatom im Zentrum des Moleküls besitzt vier einfach besetzte Elektronenwolken und ist im Methanmolekül mit den vier Wasserstoffatomen über Elektronenpaarbindungen verbunden. Da sich gleichnamig geladene Ladungen gegenseitig abstoßen, ordnen sich die negativ geladenen Bindungselektronenwolken zwangsläufig im größtmöglichen Abstand zueinander an. Die dadurch entstehenden Strukturen werden mit dem **Elektronenpaarabstoßungsmodell**, kurz **EPA-Modell**, beschrieben. Man kann vereinfacht die Anordnung der vier Bindungselektronenpaare mit dem der Ballons in M1 vergleichen. Das zentrale Kohlenstoffatom ist dabei tetraedrisch von den vier Wasserstoffatomen umgeben. Die H–C–H-Bindungswinkel betragen dann jeweils 109,5° (M1). Dieser Winkel wird als Tetraederwinkel bezeichnet. Je nach Anzahl und Anordnung der Elektronenpaare ergeben sich nach dem EPA-Modell bei unterschiedlichen Verbindungen verschiedene charakteristische Molekülgeometrien (M2).

Zur Bestimmung der Molekülgeometrie einer Verbindung verfährt man folgendermaßen:
- Man zeichnet um das Zentralatom alle bindenden und nichtbindenden Elektronenwolken.
- Doppel- und Dreifachbindungen werden dabei wie Einfachbindungen behandelt (H_2CO in M2).
- Man bestimmt die Molekülgeometrie, indem nur die bindenden Elektronenwolken berücksichtigt werden (M2).

Voraussetzung für eine korrekte Ermittlung der Molekülstruktur ist, dass für jedes Atom die Oktettregel erfüllt ist und jedes Atom nur über vier Elektronenwolken für die Außenelektronen verfügt.

Stoff	Methan	Ammoniak	Schwefelwasserstoff	Methanal
Formel	CH_4	NH_3	H_2S	H_2CO
Ausrichtung aller Elektronenpaare am zentralen Atom	tetraedrisch	tetraedrisch	tetraedrisch	trigonal planar
3D-Modell (Die bindenden Elektronenpaare sind rot, freie sind gelb dargestellt.)	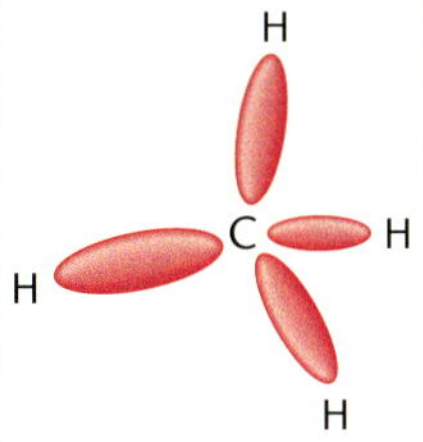	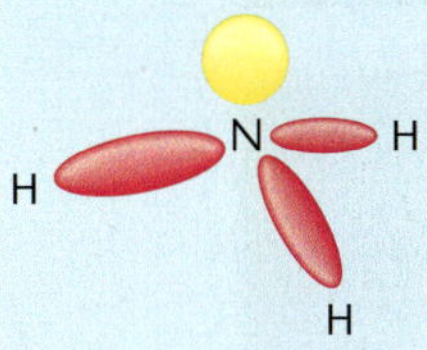	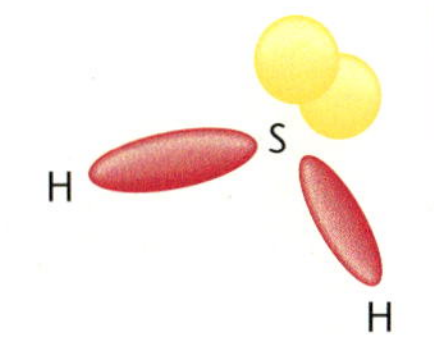	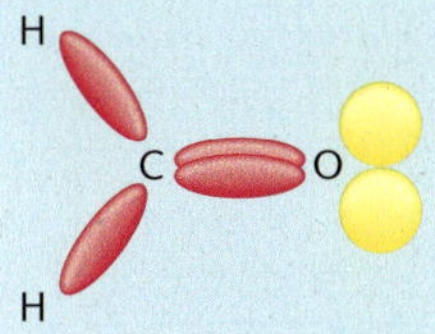
Molekülgeometrie (ohne nichtbindende Elektronenpaare)	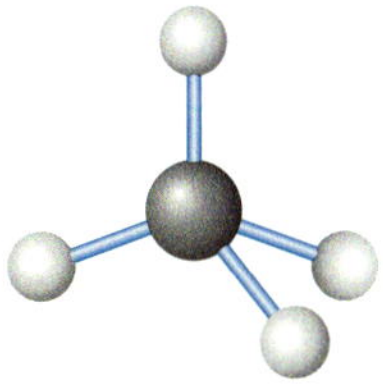 tetraedrisch	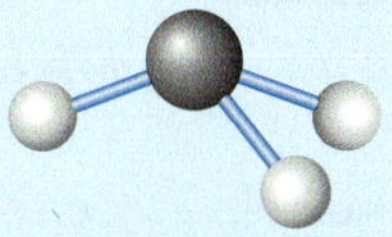 trigonal pyramidal	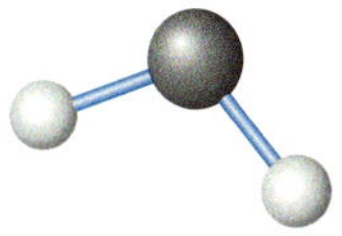 gewinkelt	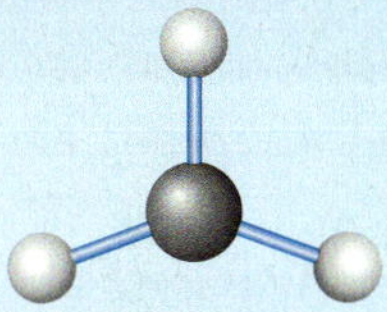 trigonal planar
Lewis-Schreibweise	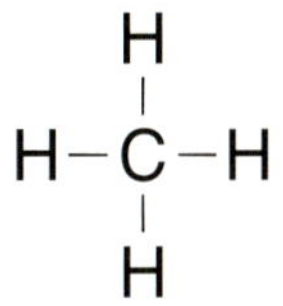	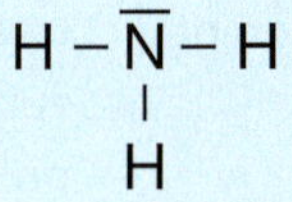	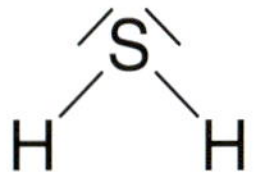	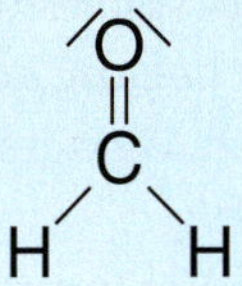

M2 EPA-Modell und Molekülgeometrie

A1 Molekülgeometrie
Phosphan hat das Stoffsymbol PH_3, Silan das Stoffsymbol SiH_4. Nenne die Art und Anzahl der Elektronenpaare am Zentralatom und beschreibe die Molekülgeometrie.

A2 Molekülmodelle bauen
a) Beschreibe mithilfe des EPA-Modells die Geometrie der folgenden Moleküle:
$SiCl_4$, H_2Se, NF_3, CO_2, SO_2, SO_3
b) Baue mechanische Molekülmodelle aus geeigneten Materialien.

A3 Ethanal
Analysiere die Molekülgeometrie des Ethanalmoleküls und entwickle ein geeignetes Modell zur Veranschaulichung der Struktur.

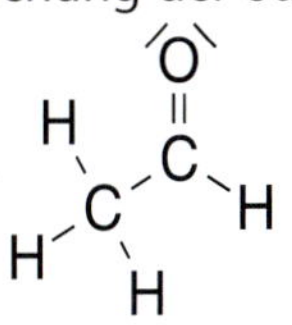

A4 Blausäure
Die Blausäure, ein berüchtigtes Gift, hat die Formel HCN. Stelle die Lewis-Formel auf und entwickle einen Vorschlag für die Geometrie des Moleküls.

A5 Bindungswinkel
Genauere Untersuchungen haben ergeben, dass die Bindungswinkel im Ammoniak- und im Wassermolekül vom Tetraederwinkel abweichen (M3). Erkläre diese Abweichungen.

Name	Ammoniak	Wasser
Formel	NH_3	H_2O
Geometrie	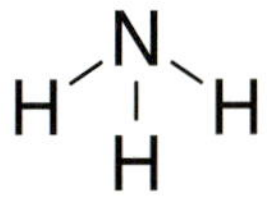	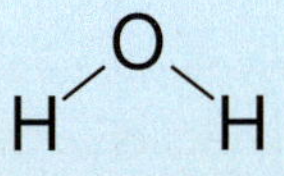
Bindungswinkel	∢H–N–H 107°	∢H–O–H 105°

M3 Abweichungen vom Tetraederwinkel

7.4 Stellenweise geladen – Dipole

M1 *Ablenkung eines Wasserstrahls*

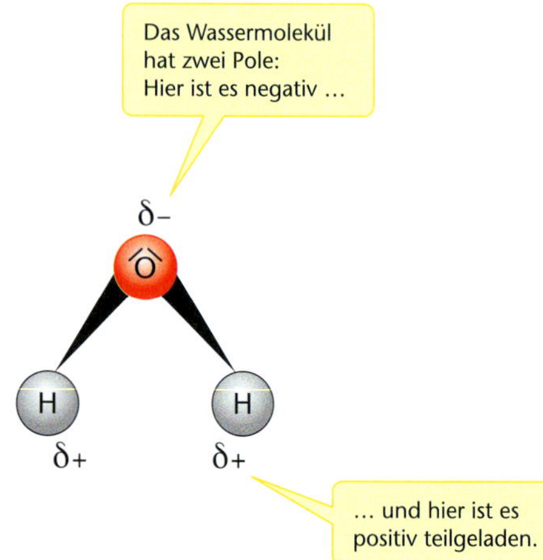

M2 *Das Wassermolekül – ein Dipol*

Ein Wasserstrahl wird durch einen elektrisch geladenen Stab angezogen und abgelenkt (M1). Dabei spielt es keine Rolle, ob der Stab positiv oder negativ geladen ist. In beiden Fällen zieht er den Wasserstrahl an.

Eine Erklärung liefert die Verteilung der Bindungselektronen im Wassermolekül: Messungen zeigen, dass das Sauerstoffatom im Wassermolekül jeweils die Bindungselektronen viel stärker anzieht als das Wasserstoffatom (M2). Beim Sauerstoffatom überwiegt dadurch negative und bei den Wasserstoffatomen positive Ladung. Die Elektronen der Wasserstoff-Sauerstoff-Bindung sind unsymmetrisch verteilt. Man bezeichnet eine derartige Bindung als **polare Elektronenpaarbindung** und stellt sie zur Verdeutlichung in der Lewis-Schreibweise durch einen Keil dar (M2). Da Elektronen nicht völlig von einem Bindungspartner auf den anderen übertragen werden, entstehen keine Ionen. Vielmehr liegen nur **Teilladungen** vor. Diese werden mit dem griechischen Symbol δ (delta) bezeichnet: δ^- oder δ^+ (M2).

Durch die gewinkelte Form des Wassermoleküls ergibt sich ein Pol mit einer negativen Teilladung am Sauerstoffatom und ein Pol mit einer positiver Teilladung an den Wasserstoffatomen (M2). Das Wassermolekül ist somit ein **permanenter Dipol.** Die unsymmetrische Ladungsverteilung der Moleküle bestimmt die Eigenschaften der entsprechenden Stoffe. Durch die **Dipol-Dipol-Wechselwirkung** ziehen sich Dipolmoleküle untereinander stärker an als unpolare Moleküle mit vergleichbarer Masse. Dadurch haben Stoffe mit polaren Molekülen höhere Siedetemperaturen als unpolare.

Einfach- und Doppelbindungen zwischen Sauerstoff- und Kohlenstoffatomen sind ebenfalls polar. Wiederum zieht das Sauerstoffatom die Bindungselektronen stärker an als der Bindungspartner. Das Sauerstoffatom ist negativ und das Kohlenstoffatom positiv teilgeladen. Bindungen zwischen Wasserstoff- und Kohlenstoffatomen sind dagegen unpolar.

Auch bei unpolaren Stoffen gibt es – allerdings vergleichsweise schwache – Anziehungskräfte zwischen den Molekülen. Da sich die Elektronen in der Hülle bewegen, kann es zufällig zu Ungleichverteilungen der Elektronen im Molekül kommen. Es entstehen kurzlebige Dipole, die in Nachbarmolekülen zu einer Ungleichverteilung der Elektronen führen. Zwischen den benachbarten Dipolen wirken schwache elektrische Anziehungskräfte, die **Van-der-Waals-Kräfte.** Mit zunehmender Molekülgröße und Berührungsfläche werden die Van-der-Waals-Kräfte stärker. Dadurch werden die Siedetemperaturen erhöht.

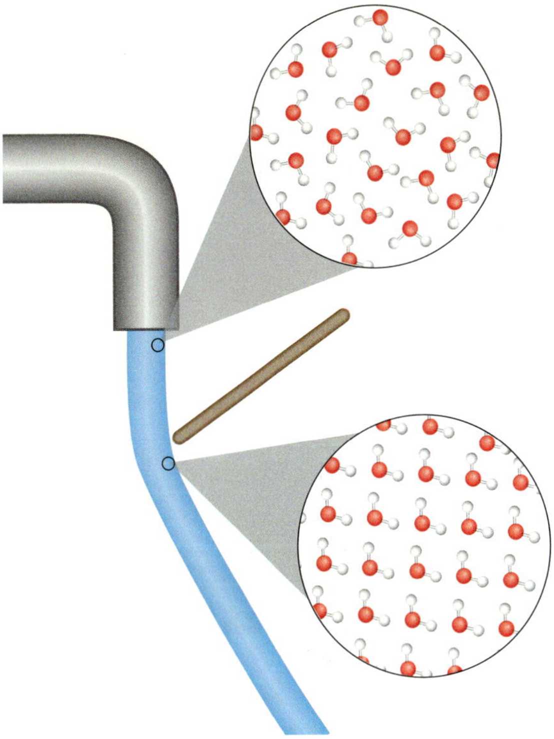

M3 Ablenkung eines Wasserstahls

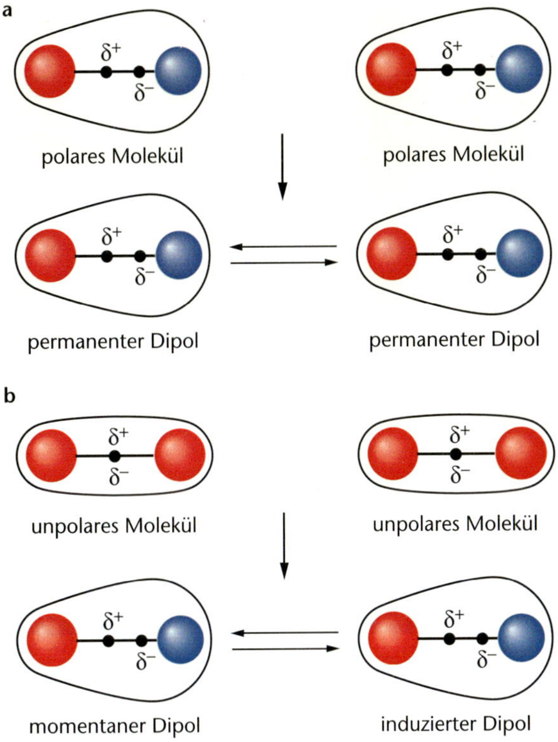

M5 Wechselwirkungen zwischen Molekülen

A1 Abgelenkter Wasserstrahl

a) Beschreibe und interpretiere M3.

b) Erläutere die Konsequenzen, wenn ein positiv geladener Stab an den Wasserstrahl angenähert wird.

A2 Dipolmoleküle?

a) Übertrage die Formeln in M4 in dein Heft. Ergänze an den betreffenden Atomsymbolen im Falle polarer Bindungen Angaben für die Teilladungen (δ⁺, δ⁻).

b) Ordne den Stoffen die Siedetemperaturen zu und begründe: −42 °C und 56 °C

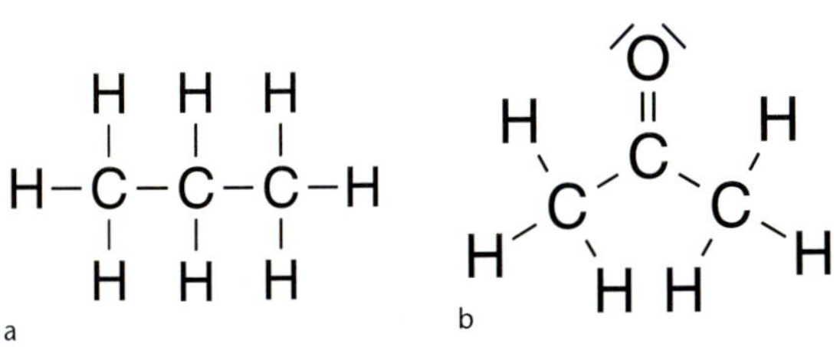

M4 Lewis-Schreibweise für Propan (a) und Propanon (b)

A3 Kohlenstoffdioxid – ein unpolarer Stoff

Obwohl die Elektronenpaarbindungen in den Molekülen polar sind, ist Kohlenstoffdioxid ein unpolarer Stoff. Erkläre den scheinbaren Widerspruch ausgehend vom EPA-Modell des Kohlenstoffdioxidmoleküls.

A4 Edelgase

M6 zeigt die Siedetemperaturen der Edelgase. Erkläre den erkennbaren Trend.

A5 Dipole

Erläutere die in M5 gezeigten Sachverhalte.

Edelgas	Siedetemperatur in °C
Helium	−268,9
Neon	−245,9
Argon	−185,8
Krypton	−152,9
Xenon	−107,1
Radon	−61,8

M6 Siedetemperaturen der Edelgase

7.5 Nicht normal – gewöhnliches Wasser

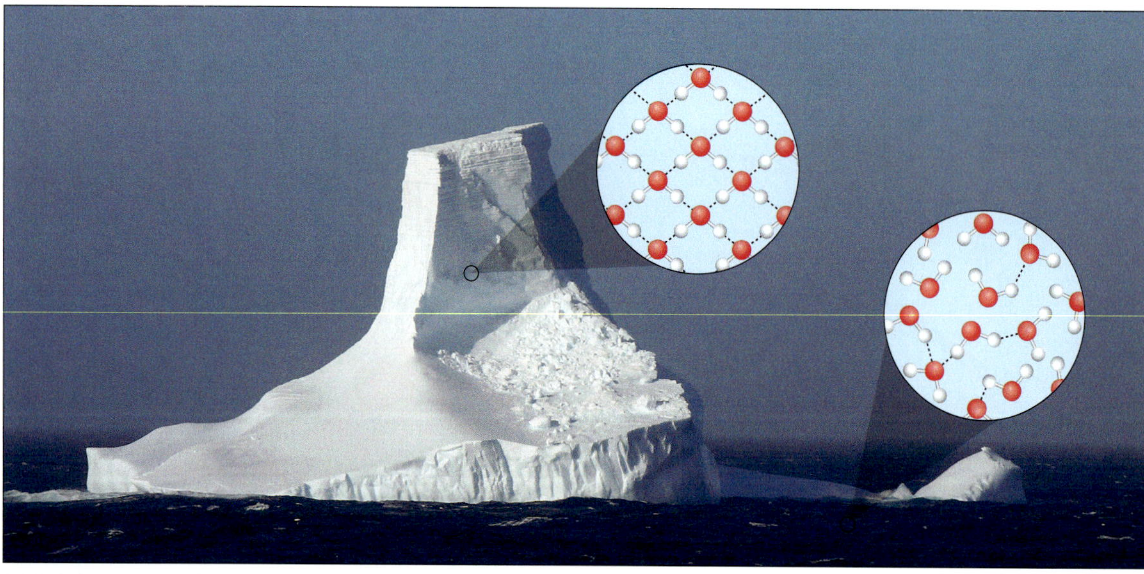

M1 Schwimmender Eisberg im Südpolarmeer

Entgegen unserer Alltagswahrnehmung sind die Eigenschaften von Wasser aus chemischer Sicht einzigartig. So dehnt sich Wasser im Gegensatz zu den meisten anderen Stoffen beim Gefrieren aus. Das Volumen vergrößert sich und Eis hat, da die Masse gleich bleibt, eine geringere Dichte als flüssiges Wasser. Das weniger dichte Eis schwimmt daher auf dem Wasser. Die Siedetemperatur von Wasser ist auffallend hoch, wie der Vergleich mit anderen Wasserstoffverbindungen zeigt (M3). Aufgrund dieser Besonderheiten spricht man auch von der Anomalie des Wassers.

Die Ursache hierfür liegt in der Struktur des Wassermoleküls. Es ist gewinkelt gebaut mit polaren Bindungen zwischen dem Sauerstoff und den beiden Wasserstoffatomen. Dadurch sind die Wasserstoffatome positiv und das Sauerstoffatom negativ teilgeladen. Außerdem verfügt das Sauerstoffatom über zwei freie Elektronenpaare. Die positivierten Wasserstoffatome des einen Moleküls werden von den freien Elektronenpaaren des Sauerstoffatoms eines anderen Moleküls angezogen. Dadurch werden die Wassermoleküle lose miteinander vernetzt. Man spricht von einer **Wasserstoffbrückenbindung** oder kurz von einer **Wasserstoffbrücke** (M2). Die Wasserstoffbrücke ist die stärkste zwischenmolekulare Kraft und stärker als Dipol-Dipol-Kräfte oder Van-der-Waals-Kräfte. Wasserstoffbrücken bilden sich nur aus, wenn Sauerstoff-, Stickstoff- oder Fluoratome beteiligt sind. Beim Gefrieren kristallisiert das Eis unter dem Einfluss der Wasserstoffbrücken in einer charakteristischen Struktur mit regelmäßig angeordneten Wassermolekülen. Sie ist weniger dicht als die eher "chaotische" Teilchenanordnung im flüssigen Wasser und führt zu der typischen Volumenzunahme bei der Bildung von Eis (M1).

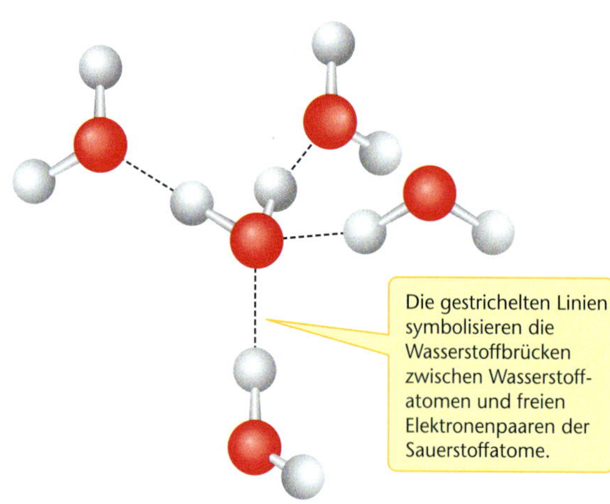

M2 Modellvorstellung der Wasserstoffbrücken zwischen Wassermolekülen

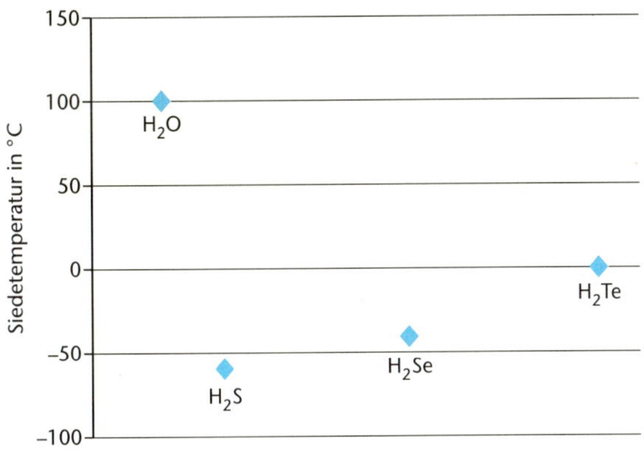

M3 Siedetemperaturen verschiedener Wasserstoffverbindungen im Vergleich

M5 Straßenschäden nach dem Winter

V1 Anomalie des Wassers

Materialien:
zwei durchsichtige Plastikbecher, Wachs, Wasser

Durchführung:
Fülle in einen Plastikbecher 50 ml Wasser, in den zweiten Becher 50 ml flüssiges Wachs. Markiere jeweils den Flüssigkeitsstand. Stelle beide Gefäße über Nacht in ein Gefrierfach.

Auswertung:
Protokolliere und deute die Beobachtungen.

A1 Siedetemperaturen

Beschreibe die im Diagramm M3 dargestellten Sachverhalte und begründe die unterschiedlichen Siedetemperaturen.

A2 Frostschäden

M5 zeigt eine Straße nach dem Winter. Besonders häufig treten derartige Straßenschäden bei älteren Straßen auf. Erläutere die Vorgänge, die zu den gezeigten Schäden führen.

A3 Dichteanomalien des Wassers

Überprüft, welches der abgebildeten Diagramme in M4 das Verhalten von Wasser zutreffend darstellt und ergänzt den Kurvenverlauf bis 110 °C.

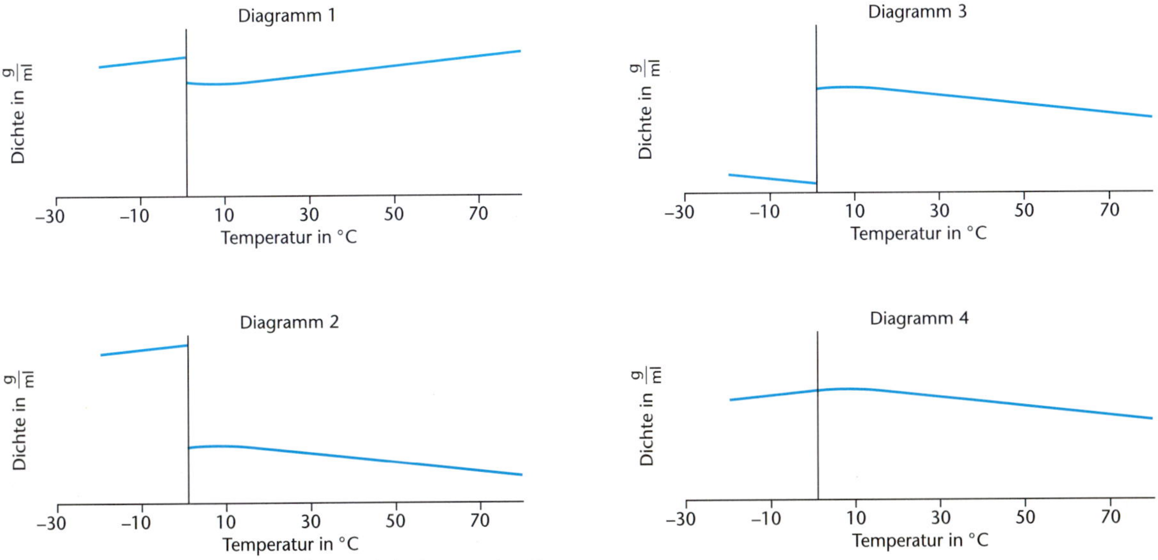

M4 Dichte von Wasser in Abhängigkeit von der Temperatur

7.6 Kräftemessen – Elektronegativität

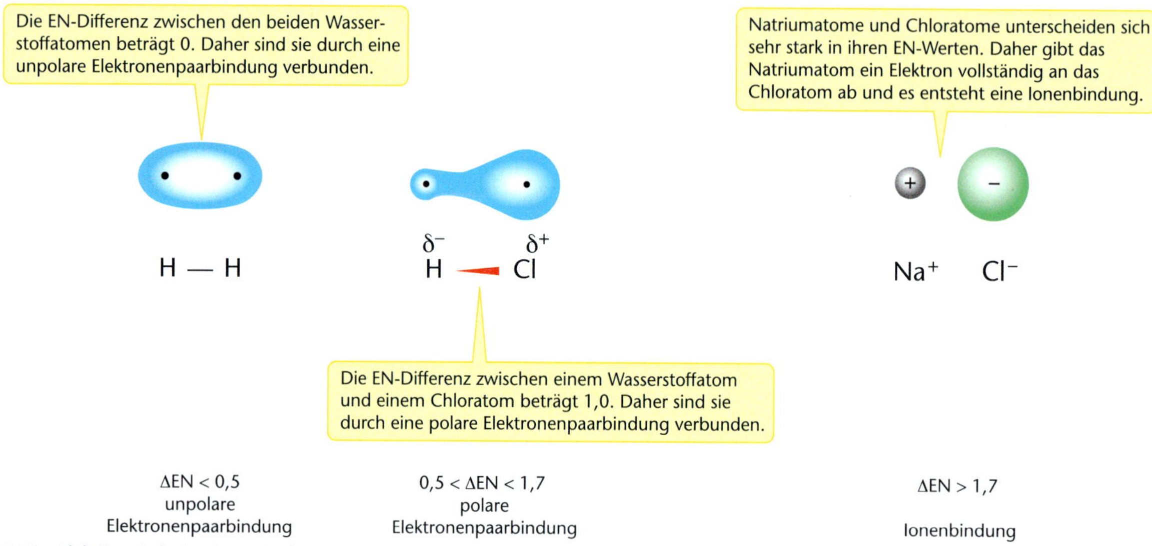

***M1** Abhängigkeit des Bindungstyps von der Elektronegativitätsdifferenz*

Je nach Verteilung der Bindungselektronen unterscheidet man unterschiedliche Bindungstypen (M1). Der Bindungstyp hängt davon ab, ob die Elektronen zwischen den Bindungspartnern symmetrisch verteilt sind, oder ob die Bindungselektronen zu einem Bindungspartner hin verschoben sind.

Zu einer unsymmetrischen Verteilung der Bindungselektronen kommt es dann, wenn ungleiche Atome die Elektronen unterschiedlich stark anziehen. Mit den Bindungselektronen wird negative Ladung verlagert. Der „stärkere" Bindungspartner erhält daher eine negative Teilladung, der „schwächere" eine positive. Die Ladungsverschiebung ist um so ausgeprägter, je stärker sich die Anziehungskräfte der Bindungspartner auf die Elektronen unterscheiden. Bei stark unterschiedlichen Anziehungskräften gehen die Bindungselektronen sogar vollständig zu einem der beiden Partner über. Dabei entstehen dann geladene Teilchen. Der „stärkere" Partner wird zum negativ geladenen Anion, der „schwächere" zum positiv geladenen Kation.

Für die Anziehungskräfte der Bindungspartner auf Bindungselektronen gibt es eine Maßzahl, die **Elektronegativität**, abgekürzt **EN**. Innerhalb einer Periode nehmen die EN-Werte von links nach rechts wegen der zunehmenden positiven Ladung des Kerns zu. Innerhalb einer Gruppe nehmen die EN-Werte in der Regel von oben nach unten ab, da durch die zusätzlichen Elektronenschalen die Ladung des Kerns immer stärker abgeschirmt wird. Fluor hat den höchsten EN-Wert aller Elemente. Er beträgt 4,0 (M2).

Der Bindungstyp wird durch die Elektronegativitätsdifferenz ΔEN der Bindungspartner bestimmt. Die Übergänge zwischen den Bindungstypen sind fließend. In M1 ist eine Faustregel zur Ermittlung des Bindungstyps angegeben.

I	II	III	IV	V	VI	VII
H 2,2						
Li 1,0	Be 1,5	B 2,0	C 2,5	N 3,0	O 3,4	F 4,0
Na 0,9	Mg 1,3	Al 1,6	Si 1,9	P 2,2	S 2,6	Cl 3,2
K 0,8	Ca 1,0	Ga 1,8	Ge 2,0	As 2,2	Se 2,6	Br 3,0
Rb 0,8	Sr 1,0	In 1,8	Sn 1,8	Sb 2,1	Te 2,1	I 2,7

***M2** Elektronegativitätswerte*

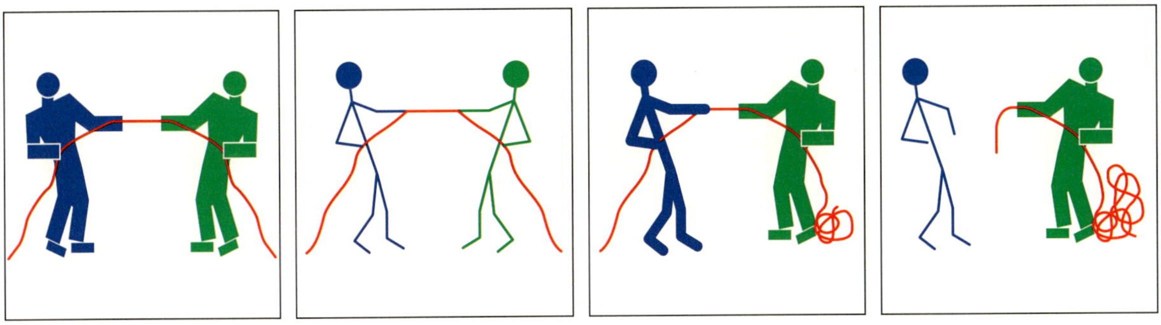

M3 Tauziehen

A1 EN-Wert von Arsen

a) Vergleiche den EN-Wert des Elements Magnesium mit dem seiner Nachbarn links und rechts sowie oben und unten (M2), erkläre die Unterschiede und formuliere Trends.

b) Überprüfe anhand weiterer Elementgruppen, ob derartige Trends auch für andere Elementgruppen gelten.

A2 Bindungstypen

a) Übertrage die Tabelle in M4 in dein Heft und ergänze weitere Tabellenzeilen für folgende Atomsorten:
Br- und H-Atome
C-und H-Atome
Mg- und O-Atome
H- und S-Atome

b) Erkläre mithilfe der EN-Werte (M2), warum das Wassermolekül ein Dipol ist.

A3 "Schlüsselexperiment"

Gegeben sind folgende Materialien: starke Gummibänder, schwache Gummibänder, Schlüssel und zwei Stative.
Erstelle mithilfe dieser Materialien ein Funktionsmodell, das als „Schlüsselexperiment" zur Veranschaulichung der Bindungstypen dient, und erläutere das Modell.

A4 Gleiche und ungleiche Partner

Wähle zu den in M3 dargestellten Situationen passende Bindungspartner aus der EN-Tabelle M2. Erläutere die jeweiligen Bindungsverhältnisse und beurteile, inwiefern die Modelldarstellungen geeignet sind.

A5 Bindungstyp und Stoffeigenschaften

Ordne die Stoffeigenschaften in M5 (Kennbuchstaben A bis D) begründet folgenden Stoffen zu: Calciumoxid (CaO), Chlorwasserstoff (HCl), Stickstoff (N_2), Tetrachlorkohlenstoff (CCl_4)

Stoff	Eigenschaften
A	farbloses Gas, Siedetemperatur: −196 °C, löst sich kaum in Wasser
B	farblose Flüssigkeit, Siedetemperatur: 77 °C, mischt sich nicht mit Wasser
C	farbloses Gas, Siedetemperatur: −85 °C, löst sich sehr gut in Wasser
D	weißer Feststoff, Schmelztemperatur: 2750 °C, löst sich kaum in Wasser

M5 Stoffeigenschaften

Atomsorten	Stoff-symbol	EN1	EN2	ΔEN	Bindungstyp	Lewisformel mit (Teil-)Ladungen
nur H-Atome	H_2	2,1	2,1	0	unpolare Elektronen-paarbindung	H–H
N- und H-Atome						

M4 Tabellenvorlage

7.7 Ausbruch aus dem Gitter – Lösen von Salzen

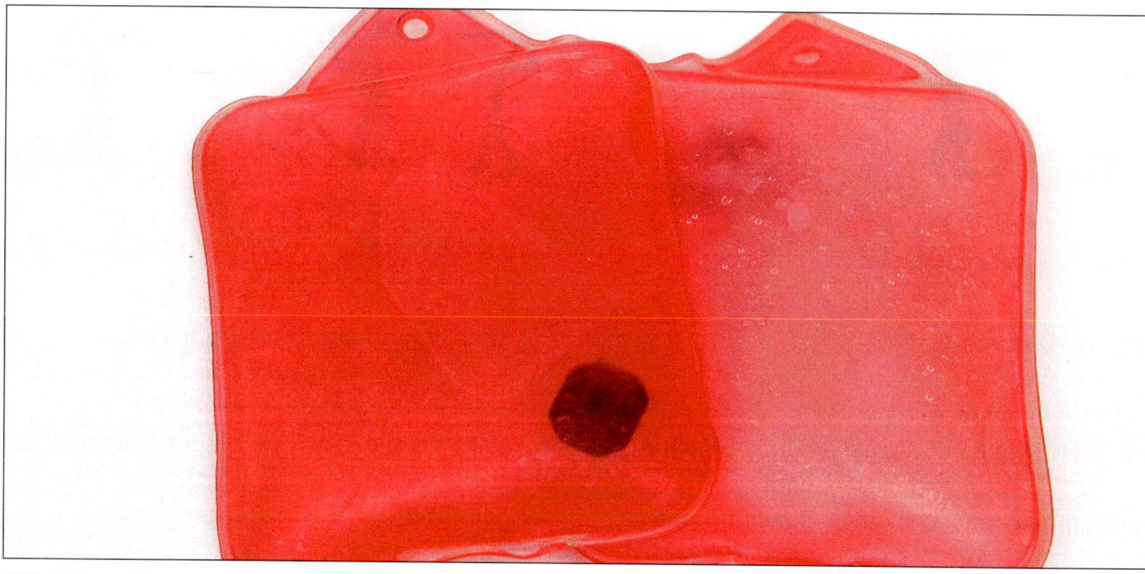

M1 Wärmekissen

An Wärmekissen (M1) kann man eine erstaunliche Beobachtung machen, wenn man das Metallplättchen umknickt: Innerhalb von wenigen Sekunden kristallisiert im Inneren des Kissens ein weißer Feststoff aus. Dabei steigt die Temperatur um mehr als 35 °C an. Legt man das Wärmekissen anschließend in 60 °C warmes Wasser, lösen die weißen Kristalle sich wieder. Das Wärmekissen ist erneut einsatzbereit.

Bei dem weißen Feststoff handelt es sich um ein Salz. Offensichtlich hängen die Wärmeaufnahme und -abgabe des Kissens unmittelbar mit dem Lösen und Auskristallisieren dieses Salzes zusammen. Die Betrachtung auf Teilchenebene macht den Lösungsvorgang verständlich: Der Salzkristall ist aus positiv und negativ geladenen Ionen aufgebaut, die sich gegenseitig elektrisch anziehen und so ein dreidimensionales Ionengitter ausbilden. Das Lösungsmittel Wasser hingegen besteht aus Molekülen. Jedes dieser Moleküle ist ein Dipol und enthält ein positiv und ein negativ teilgeladenes Molekülende. Deshalb wirken Anziehungskräfte zwischen den Ionen und den Wassermolekülen. So können sich die Wassermoleküle an die Ionen anlagern und sie so nach und nach aus dem Gitterverband entfernen (M2). In der Lösung ist jedes einzelne Ion von Wassermolekülen kugelförmig umhüllt. Diese Anordnung der Wassermoleküle um die Ionen nennt man Hydrathülle. Die **hydratisierten Ionen** bewegen sich frei umher. Je nach Umgebungsbedingungen kann der Lösungsvorgang umgekehrt werden. Beim Auskristallisieren trennen sich die Ionen von ihrer Hydrathülle und bilden wieder ein Ionengitter.

Für die Zerstörung des Ionengitters beim Lösen eines Salzes wird Energie benötigt. Diese Energie nennt man **Gitterenergie.** Die Ausbildung der Hydrathülle um die Ionen setzt hingegen Energie frei, die **Hydratisierungsenergie.** Hierbei sind drei Fälle zu unterscheiden. Wenn die Hydratisierungsenergie größer ist als die Gitterenergie, ist der Lösungsvorgang exotherm. Die Flüssigkeit erwärmt sich. Ist hingegen die Gitterenergie etwas größer als die Hydratisierungsenergie, so ist der Lösungsvorgang endotherm. Die Flüssigkeit kühlt sich ab. Falls die Gitterenergie viel größer ist als die Hydratisierungsenergie, löst sich das Salz kaum. Beim Auskristallisieren von Salzen laufen die Vorgänge umgekehrt ab. Die Gitterenergie wird freigesetzt und die Hydratisierungsenergie wird aufgewendet.

V1 Lösen von Salzen

Materialien:
Vier Reagenzgläser mit Stopfen, Reagenzglasständer, Spatel, Thermometer, Natriumchlorid, Kaliumchlorid, Calciumchlorid (wasserfrei; **7**), Magnesiumoxid

Durchführung:
Fülle vier Reagenzgläser jeweils etwa 3 cm hoch mit Wasser. Miss die Ausgangstemperatur des Wassers. Wiege von den vier Salzen jeweils eine Portion mit 0,5 g ab. Gib die Salze jeweils in eines der vorbereiteten Reagenzgläser, verschließe mit einem Stopfen und schüttle um, bis sich alles gelöst hat. Miss die Temperaturen nach dem Lösungsvorgang in allen Reagenzgläsern.

Auswertung:
Protokolliere und deute die Beobachtungen.

V2 Modellversuch zum Wärmekissen

Materialien:
Reagenzglas, Reagenzglasständer, Wasserbad (etwa 60 °C), Wasserbad (etwa 20 °C), Natriumacetat-Trihydrat, destilliertes Wasser

Durchführung:
Gib in das Reagenzglas 2 cm hoch Wasser und 20 g Natriumacetat-Trihydrat. Erwärme das Wasser-Salz-Gemisch im Wasserbad (60 °C), bis eine klare Lösung entsteht. Kühle das Reagenzglas anschließend im kalten Wasserbad (20 °C) mehrere Minuten. Du darfst das Glas nicht anstoßen!
Nimm das Reagenzglas aus dem Wasserbad. Gib nun einen Kristall Natriumacetat-Trihydrat hinzu. Beobachte und erfühle dabei die Temperatur.

Auswertung:
Protokolliere und deute die Beobachtungen.

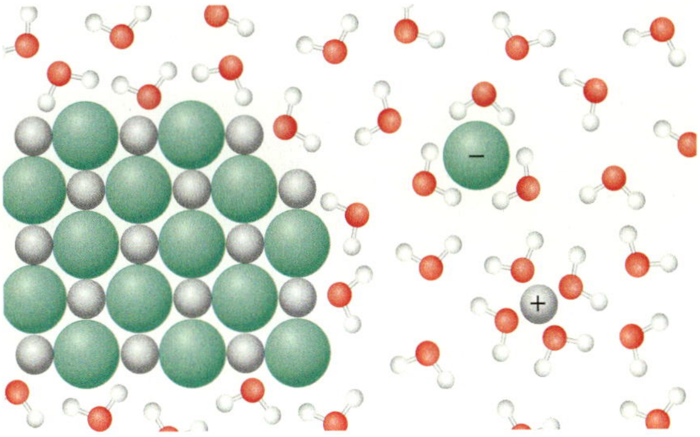

M2 *Lösungsvorgang auf Teilchenebene (zweidimensional)*

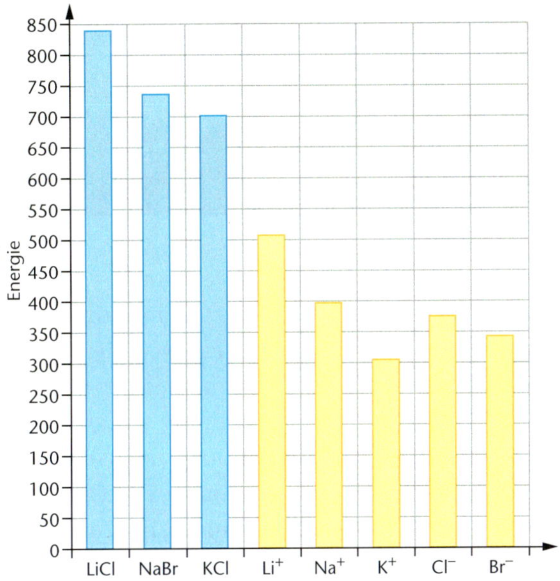

M3 *Gitterenergien von Salzen (blau) und Hydratisierungsenergien von Ionen (gelb) maßstabsgerecht für gleiche Teilchenanzahlen*

A1 Modellvorstellung zum Lösungsvorgang
Beschreibe die in M2 gezeigte Modellvorstellung zum Lösungsvorgang.

A2 Identifikation von Salzen
In drei Gefäßen A, B und C befinden sich Lithiumchlorid (LiCl), Natriumbromid (NaBr) und Kaliumchlorid (KCl). Es ist nicht bekannt, welches Salz sich in welchem Gefäß befindet.
Beim Lösen des Salzes aus Gefäß A sinkt die Temperatur, bei dem Salz aus Gefäß B bleibt sie gleich, und bei dem Salz aus Gefäß C steigt sie. Ordne die Salze mithilfe von M3 den Gefäßen begründet zu.

7.8 Komplexe Verhältnisse – zusammengesetzte Ionen

M1 Kalkalpen

Aus Kalkstein bestehen ganze Gebirgszüge (M1). Hauptbestandteil von Kalkstein ist Calciumcarbonat; das zugehörige Stoffsymbol lautet $CaCO_3$. Es steht für eine Ionenverbindung aus zweifach positiv geladenen Calciumionen und zweifach negativ geladenen Carbonationen. Die Calciumionen Ca^{2+} sind **einfache Ionen.** Die Carbonationen CO_3^{2-} sind hingegen **zusammengesetzte Ionen** oder **Molekülionen.** Sie bestehen aus einem Kohlenstoffatom und drei Sauerstoffatomen. Diese sind durch Elektronenpaarbindungen verbunden. Alle vier Atome zusammen haben zwei zusätzliche Elektronen, sodass das Ion insgesamt zweifach negativ geladen ist (M3).

Die Calciumionen und die Carbonationen bilden ein dreidimensionales Ionengitter aus, das, je nach Ausdehnung, mehr oder weniger große Kalksteine ergibt. Auch zusammengesetzte Ionen können hydratisiert und in Wasser gelöst werden. Beim Calciumcarbonat ist allerdings die Löslichkeit sehr gering.

Zusammengesetzte Ionen kommen in vielen Stoffen vor. Ein weiteres bekanntes Beispiel ist das unter dem Namen Gips bekannte Calciumsulfat. Den zweifach positiv geladenen Calciumionen stehen in diesem Fall zweifach negativ geladene Sulfationen (SO_4^{2-}) gegenüber.

Zur **Ermittlung der Ionenladung** wird jedem Atom eine Formalladung zugeordnet (M2). Das Schwefelatom im Sulfation hat vier Bindungen und somit formal vier Außenelektronen. Durch den Vergleich mit einem neutralen Schwefelatom (sechs Außenelektronen) ergibt sich die Formalladung +2. Die Sauerstoffatome im Ion haben eine Bindung und drei freie Elektronenpaare, also formal sieben Außenelektronen. Der Vergleich mit dem neutralen Sauerstoffatom (sechs Außenelektronen) ergibt die Formalladung –1. Die Summe aller Formalladungen ergibt die Ladung des zusammengesetzten Ions (M2).

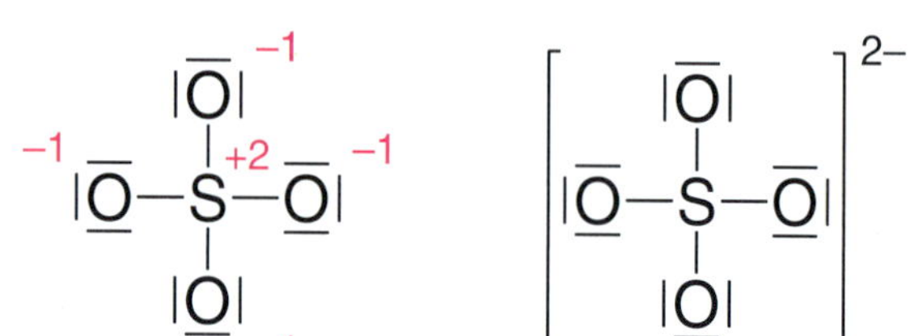

M2 Lewis-Schreibweise des Sulfations

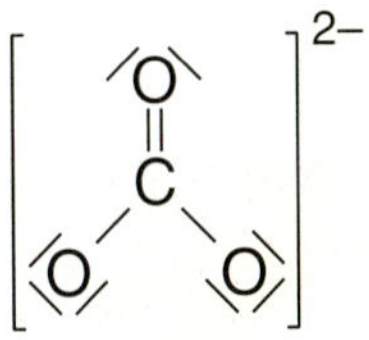

Carbonation

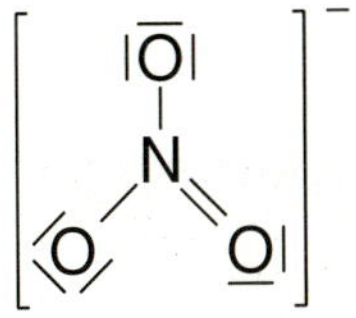

Nitration

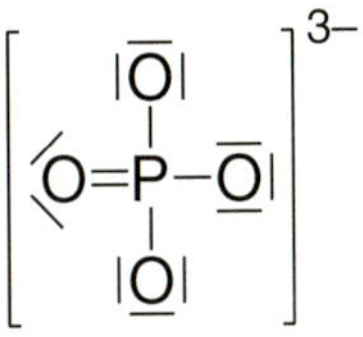

Phosphation

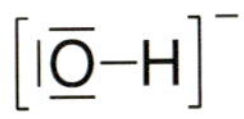

Hydroxidion

M3 Lewis-Schreibweise für zusammengesetzte Ionen

A1 Ionenladungen

Übertrage die in M3 gezeigten Formeln in dein Heft. Schreibe an jedes Atomsymbol die zugehörige Formalladung und erkläre die angegebenen Ionenladungen.

A2 Verhältnisformelfinder

Die Ermittlung der korrekten Verhältnisformeln von Salzen kann durch den Einsatz von Papiermodellen erleichtert werden. In der Mitte des Papiermodells wird die Zusammensetzung des Ions in Symbolschreibweise angegeben. Die Gesamtladung des Ions wird durch eckige Zähnchen (positive Ladungen) oder passende Einkerbungen (negative Ladungen) dargestellt (M4 oben).

Zur Ermittlung der Verhältnisformel werden die Papiermodelle im passenden Zahlenverhältnis kombiniert. Falls Indizes für zusammengesetzte Ionen erforderlich sind, werden die betreffenden Symbole in Klammern gesetzt (M4 unten).

a) Erstelle zusammen mit deiner Arbeitsgruppe gemäß M4 jeweils drei Papiermodelle für folgende Ionenarten: Natrium, Magnesium, Calcium, Aluminium, Hydroxid, Carbonat, Sulfat, Nitrat, Phosphat.

b) Kombiniere die Modelle aller Kationensorten mit denjenigen aller Anionensorten im richtigen Zahlenverhältnis und gib Namen und Verhältnisformeln der zugehörigen Salze an.

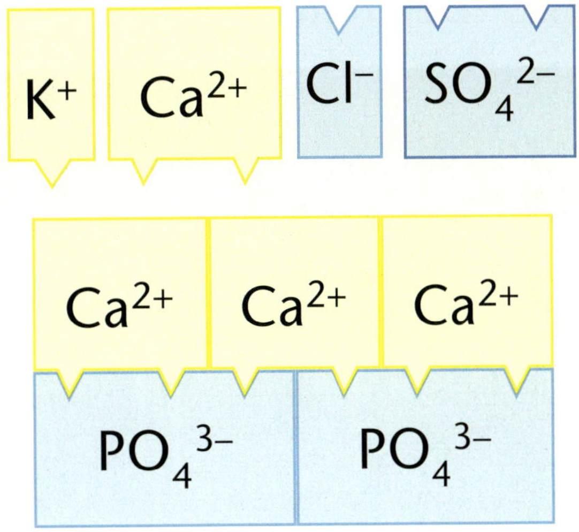

M4 Verhältnisformelfinder: Vorlagen (oben) und Beispiel für $Ca_3(PO_4)_2$ (unten)

A3 Gittermodell

Bei einem Kristallgittermodell ist das Etikett unleserlich (M5). Man kann aber noch erkennen, dass es sich um ein Sulfat handelt. Analysiere, ob es sich um Natriumsulfat, Magnesiumsulfat oder Aluminiumsulfat handeln könnte.

A4 Modellkritik

Lehrkraft A hält nichts von dem in A2 verwendeten Papiermodell. Nach ihrer Auffassung gibt es die Realität nicht korrekt wieder und führt zu falschen Vorstellungen vom Aufbau der Salze. Nimm begründet Stellung zu dieser Meinung.

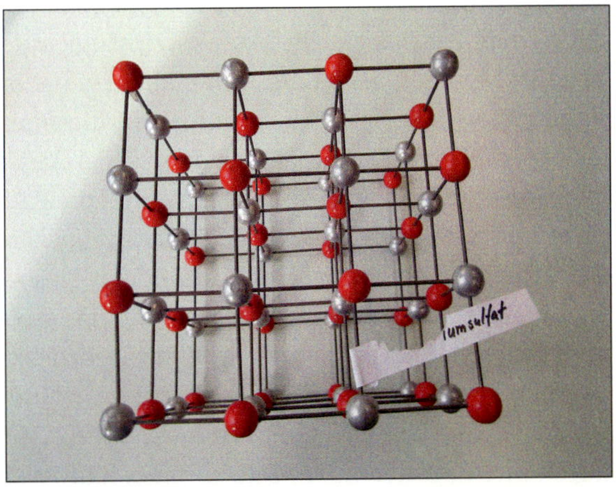

M5 Gittermodell

7.9 Elektronen für alle – die metallische Bindung

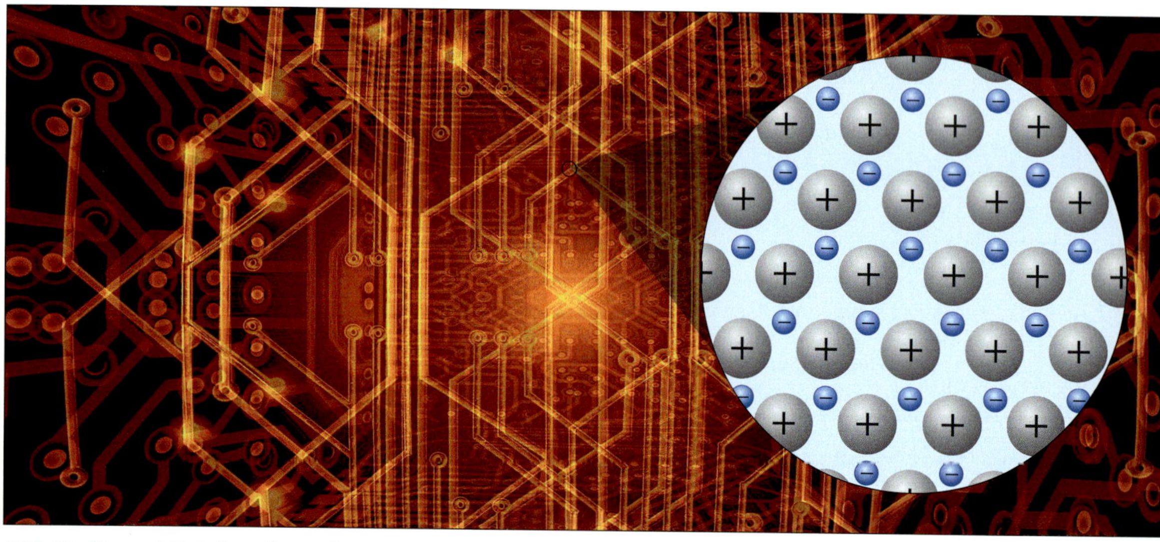

M1 Stoff- und Teilchenebene bei einem metallischen Leiter

Der weitaus größte Teil der chemischen Elemente gehört zur Gruppe der Metalle. Aufgrund ihrer typischen Eigenschaften sind Metalle leicht als solche zu erkennen und von anderen Stoffgruppen zu unterscheiden: Mit Ausnahme von Quecksilber sind alle Metalle bei Raumtemperatur fest, sie sind verformbar, ohne zu zerbrechen, sie besitzen einen "metallischen" Glanz und sind gute Leiter für elektrischen Strom und für Wärme.

Diese auffälligen Übereinstimmungen lassen sich darauf zurückführen, dass auf Teilchenebene bei allen Metallen das gleiche Bauprinzip zugrunde liegt: In Metallen liegen die Atome dicht gepackt in einer regelmäßigen Anordnung vor, die man als **Metallgitter** bezeichnet. Für diese regelmäßige Anordnung sind relativ starke elektrische Anziehungskräfte verantwortlich. Sie kommen dadurch zustande, dass die Atome ein oder mehrere Außenelektronen abgegeben haben und dadurch als **positiv geladene Atomrümpfe** vorliegen. Die abgegebenen Elektronen bilden eine gemeinsame Ladungswolke, die die Atomrümpfe umhüllt und durch ihre negative Ladung zusammen hält. Wegen der freien Beweglichkeit der Elektronen in der Ladungswolke wird diese als **Elektronengas** bezeichnet. Bei allen Metallen beruht der Zusammenhalt der Metallatome auf der gegenseitigen Anziehung von positiv geladenen Atomrümpfen und negativ geladenem Elektronengas. Diese Art der Bindung nennt man **metallische Bindung** (M1).

Die elektrische Leitfähigkeit der Metalle ist durch die freie Beweglichkeit des Elektronengases zu erklären. Ähnlich wie bei einem Wasserschlauch, bei dem das am hinteren Ende einströmende Wasser unmittelbar zum Wasserausstrom am Vorderende führt, werden beim elektrischen Gleichstrom am Minuspol Elektronen hineingepumpt und am Pluspol fließen andere Elektronen hinaus.

Die Atomrümpfe der Metallatome schwingen um ihre Gitterplätze. Wenn ein Metallstück an einem Ende erwärmt wird, führt dies dazu, dass diese schon bei Raumtemperatur vorhandenen Schwingungen heftiger werden. So breiten sich die stärkeren Schwingungen der Atomrümpfe und damit die Wärme schnell innerhalb des gesamten Metallstücks aus. Bei Überschreiten einer bestimmten Temperatur werden die Schwingungen so heftig, dass die Atomrümpfe ihre Gitterplätze verlassen können. Bei dieser Temperatur schmilzt das Metall.

M2 Legierungen: Messing (a), Weißgold (b), Bronze (c) und Konstantan (d)

A1 Verformbarkeit

Erkläre anhand des Vergleichs von Metall- und Ionengitter, weshalb Metalle im Unterschied zu den spröden Salzen verformbar sind.

A2 Elektrische Leitfähigkeit

Entwickle eine begründete Hypothese, weshalb die elektrische Leitfähigkeit von Metallen mit steigender Temperatur abnimmt.

A3 Legierungen

a) Recherchiere die Hauptbestandteile, besondere Eigenschaften und Verwendungen der in M2 gezeigten Legierungen. Stelle die Informationen tabellarisch zusammen.

b) Begründe, weshalb die metallische Bindung auch zwischen unterschiedlichen Arten von Metallatomen möglich ist.

c) Erkläre anhand von M3, weshalb Legierungen härter sind als die reinen Metalle.

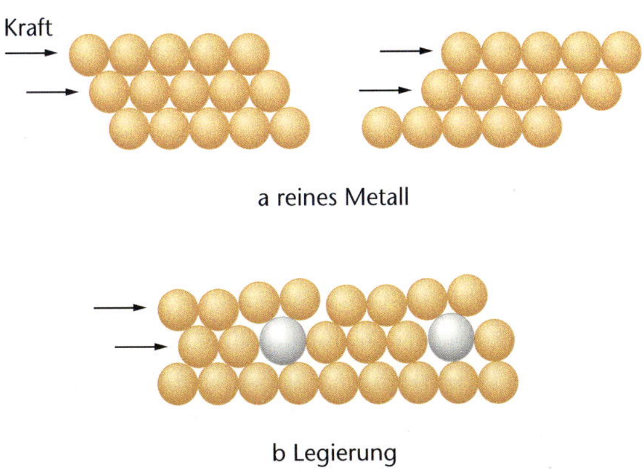

M3 Krafteinwirkungen auf Metallgitter

A4 Der Stein der Weisen?

Ein alter Traum der Alchimisten war es, Gold künstlich herstellen zu können. Deine Chemielehrkraft behauptet, den Stein der Weisen gefunden zu haben und führt dazu folgendes Experiment vor: Eine Kupfermünze wird gut gereinigt und in einer Mischung aus Zinkpulver und Kalilauge gekocht. Hierdurch wird sie silbrig. Nach erneuter Reinigung wird die Münze in der Brennerflamme erhitzt. Danach erscheint die Münze in goldfarbenem Glanz (M5).
Nimm Stellung zu der Aussage deiner Lehrkraft.

A5 Kupferlegierungen

In einer Fabrik wird eine Kupferlegierung folgender Zusammensetzung benötigt: 86 % Cu, 8 % Zn, 6 % Sn. Auf dem Lager sind aber nur die Legierungen A, B, C vorhanden (M4). Analysiere, ob daraus die gewünschte Legierung hergestellt werden kann.

Legierung	A	B	C
Cu-Anteil in %	80	95	80
Zn-Anteil in %	20	0	10
Sn-Anteil in %	0	5	10

M4 Kupferlegierungen

M5 künstliches Gold?

Kompetent?

1 Erläutere den Begriff *Elektronengas.*

2 Nenne die Bindungstypen in folgenden Verbindungen: H_2O, CO_2, Cl_2, $CaCl_2$, CH_4. Begründe.

3 Zeichne die Lewisformel für Schwefelwasserstoff (H_2S) und gib die Geometrie des Moleküls an.

4 Zeichne ein Diagramm (ohne genaue Zahlenwerte) zur Abhängigkeit der Dichte von der Temperatur bei Wasser von –10 °C bis 50 °C.

5 Wasserstoff und Chlor reagieren im Volumenverhältnis 1 : 1. Stelle die Reaktionsgleichung für die Reaktion auf und begründe sie.

6 Erläutere die Bindungsverhältnisse im Natriumcarbonat (Na_2CO_3).

7 Beschreibe die Vorgänge auf Teilchenebene beim Lösen von Kochsalz in Wasser.

8 Schwefelwasserstoff siedet bei –60 °C, Wasser bei 100 °C. Begründe die Unterschiede der Siedetemperaturen.

9 Erläutere, warum Salze im Gegensatz zu Metallen spröde sind.

10 Lege eine Klarsichtfolie auf die Buchseite und fülle das Schneckenrätsel aus. Jedes Wort beginnt mit einer Zahl und endet mit der nächsten Zahl. Das heißt, der letzte Buchstabe eines Wortes ist der Anfangsbuchstabe des nächsten Wortes.

1 Hält Atome zusammen; **2** macht die Teilchenanordnung in Salzen anschaulich; **3** beschreibt Moleküle; **4** Eigenschaft von Metallen; **5** Form vieler Moleküle; **6** "Vorgang" in der Chemie; **7** zusammengesetzte Ionen mit Stickstoff; **8** hält Atome zusammen; **9** wird beim Lösen von Salzen benötigt; **10** gibt es in Metallen; **11** zusammengesetzte Ionen mit Schwefel; **12** stabiler Zustand

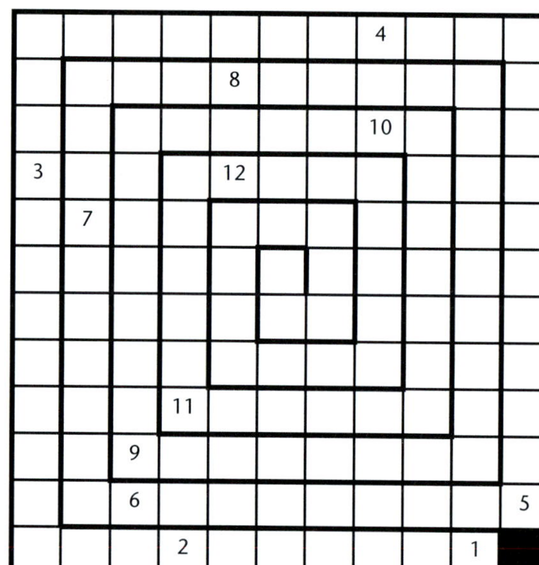

Zum Vergessen zu wichtig ...

Wissen aus früheren Kapiteln

- Erläutere den Trend bei den Ionisierungsenergien innerhalb einer Elementgruppe.
- Beschreibe die Streuversuche von Rutherford und erläutere die Erkenntnisse, die man daraus gewonnen hat.
- Erläutere die Bindungsverhältnisse im Magnesiumchlorid ($MgCl_2$).
- Erläutere, warum festes Salz den Strom nicht leitet, gelöstes Salz hingegen schon.

Basiskonzepte

Ordne den Aufgaben auf dieser Seite die entsprechenden Basiskonzepte zu. Fertige dazu eine Tabelle nach untenstehendem Muster an. Gib in der dritten Spalte die Unterkapitel an, in denen Informationen zur Aufgabe stehen.

Aufgabe	Basiskonzept(e)	Unterkapitel
1	Stoff-Teilchen-Konzept	3.9
2	...	...

Chemie kommunikativ: Selbstreinigende Oberflächen

M1 Springschwanz (Collembola) und elektronenmikroskopische Aufnahme der Kutikulastrukturen (lat. cuticula: Häutchen)

M2 Omniphobe Folien – die Natur stand Pate.

Materialforscher finden in der Natur häufig Anregungen für technische Lösungen. Bekannt ist seit vielen Jahren der Lotuseffekt, den manche Pflanzenblätter zeigen. Wasser perlt an diesen Blättern ab und reinigt sie dabei, indem das Wasser Schmutzteilchen mitreißt. An der Haut von Springschwänzen, einer im Humus lebenden Insektenart, perlen nicht nur Wasser, sondern auch andere Flüssigkeiten vollständig ab. Dieses Verhalten nennt man omniphob. Ursache dieser Eigenschaft ist eine sehr feine Noppenstruktur, die es den Flüssigkeitströpfchen unmöglich macht, die Oberfläche zu benetzen (M1). Man könnte die Situation mit der eines Fakirs auf einem Nagelbrett vergleichen. Forscher haben jetzt eine Folie entwickelt, die die Strukturen und die Eigenschaften der Springschwanzhaut nachbildet (M4).

M3 Oberflächenspannung

An der Grenzfläche zwischen Wasser und Luft herrscht eine Oberflächenspannung. Die Oberfläche des Wassers verhält sich wie eine dünne Haut. Deshalb können leichte Insekten auf dieser "Wasserhaut" laufen. Die Oberflächenspannung beruht darauf, dass sich Wassermoleküle gegenseitig anziehen. Das ist aber nach allen Seiten nur im Innern und nicht an der Grenzfläche Wasser-Luft möglich. Deshalb bildet Wasser bevorzugt Strukturen mit minimaler Oberfläche aus. Im Idealfall ist das ein kugelförmiger Tropfen.

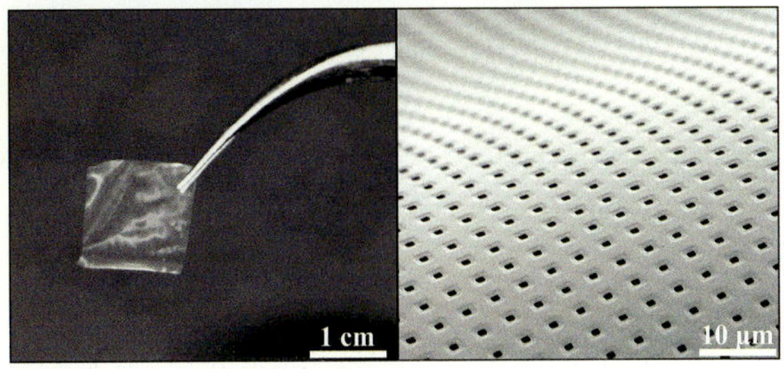

M4 Makroskopische und elektronenmikroskopische Aufnahme der omniphoben Kunststoffmembran nach dem Vorbild der Kutikula

M5 Kontaktwinkel

Wasserabweisende, hydrophobe Oberflächen sind in Natur und Technik von großem Interesse. Sie zeigen zum Beispiel einen Selbstreinigungseffekt. Wenn man kleine Wassertropfen auf eine Oberfläche tropft, bilden sich mehr oder weniger kugelförmige Tropfen aus. Je flacher der Tropfen ist, desto besser kann das Wasser die Oberfläche benetzen. Einen Selbstreinigungseffekt gibt es dann nicht. Die Hydrophobie des Materials lässt sich mithilfe des Kontaktwinkels des Wassertropfens beurteilen.

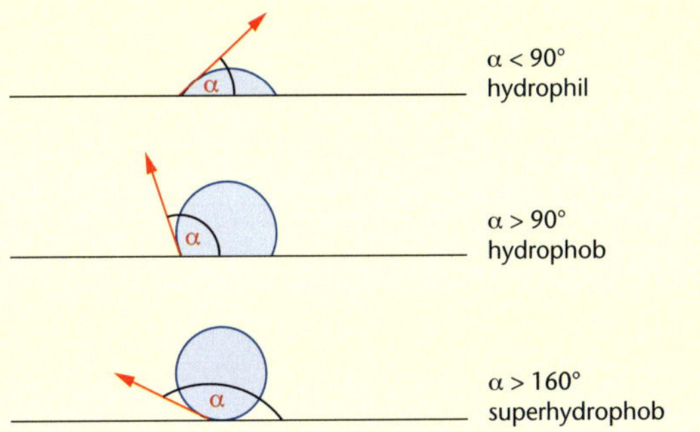

A Arbeitsaufträge

Untersucht verschiedene Oberflächen wie Kohlrabi- oder Kohlblätter, Kunststofffolien, Brillengläser. Legt dazu die Objekte flach auf den Tisch und gebt mit einer Pipette einen kleinen Wassertropfen darauf. Fotografiert anschließend die Tropfen von der Seite. Druckt Bilder der Tropfen aus und bestimmt die Kontaktwinkel. Erklärt eure Ergebnisse unter Berücksichtigung der Materialien auf dieser Seite.

8 Redoxreaktionen

8.1 Elektronenhandel – Redoxreaktionen

M1 Brennende Wunderkerze

Eine Wunderkerze enthält Aluminium-, Eisen- und etwas Magnesiumpulver sowie einen Stoff, der beim Erhitzen Sauerstoff freisetzt. Zündet man die Wunderkerze, so reagieren die Metalle mit dem freigesetzten Sauerstoff (M1).

Bei der Reaktion von Magnesium mit Sauerstoff entsteht Magnesiumoxid, eine Ionenverbindung. Dabei gibt das Magnesiumatom seine Außenelektronen ab und erreicht Edelgaskonfiguration. Ein Magnesiumatom ist ein **Elektronendonator** (lat. *donare:* geben):

Elektronenabgabe: $Mg \rightarrow Mg^{2+} + 2\ e^-$

Die von Magnesiumatomen abgegebenen Elektronen werden von Sauerstoffatomen aufgenommen. Diese erreichen so ebenfalls Edelgaskonfiguration und werden zu Sauerstoffionen. Ein Sauerstoffatom ist ein **Elektronenakzeptor** (lat. *accipere:* annehmen):

Elektronenaufnahme: $O_2 + 4\ e^- \rightarrow 2\ O^{2-}$

Bei der Reaktion von Magnesium mit Brom entsteht ebenfalls eine Ionenverbindung, Magnesiumbromid. Auch bei dieser Reaktion verlieren die Magnesiumatome ihre Außenelektronen. In diesem Fall werden sie auf Bromatome übertragen (M2).

Das Magnesiumatom gibt in beiden Reaktionen zwei Außenelektronen an den Reaktionspartner ab. Es reagiert also in beiden Fällen identisch. Eine Abgabe von Elektronen wird als **Oxidation** bezeichnet. Brom- und Sauerstoffatome nehmen jeweils Elektronen auf, reagieren also auch auf gleiche Weise. Eine Aufnahme von Elektronen wird als **Reduktion** bezeichnet. Eine Elektronenabgabe kann nur in Kombination mit einer Elektronenaufnahme stattfinden. Es findet also eine **Elektronenübertragungsreaktion** statt. Man bezeichnet sie als **Redoxreaktion.** An einer Redoxreaktion sind immer ein Elektronendonator und ein Elektronenakzeptor beteiligt.

M2 Redoxreaktion zwischen Magnesium und Sauerstoff sowie Magnesium und Brom

> Oxidation bedeutet Elektronenabgabe; Reduktion Elektronenaufnahme. Zuerst muss ich mir überlegen, welches Atom Elektronen aufnimmt und welches Elektronen abgibt.

1. Aufstellen der Teilgleichungen

Oxidation: $Al \longrightarrow Al^{3+} + 3\,e^-$

Reduktion: $S + 2\,e^- \longrightarrow S^{2-}$

> Es müssen immer gleich viele Elektronen aufgenommen und abgegeben werden. Deshalb muss ich mit geeigneten Faktoren multiplizieren, damit in beiden Gleichungen die gleiche Elektronenanzahl steht.

2. Elektronenbilanz

Oxidation: $Al \longrightarrow Al^{3+} + 3\,e^- \quad | \cdot 2$

Reduktion: $S + 2\,e^- \longrightarrow S^{2-} \quad | \cdot 3$

> Geschafft! Jetzt stehen in beiden Gleichungen 6 Elektronen.

Oxidation: $2\,Al \longrightarrow 2\,Al^{3+} + 6\,e^-$

Reduktion: $3\,S + 6\,e^- \longrightarrow 3\,S^{2-}$

> Nun erst mal addieren.

3. Addition der Teilgleichungen zur Gesamtgleichung

Redox: $2\,Al + 3\,S + 6\,e^- \longrightarrow 2\,Al^{3+} + 6\,e^- + 3\,S^{2-}$

> Dann subtrahiere ich auf beiden Seiten die 6 Elektronen.

4. Vereinfachung der Gesamtgleichung

Redox: $2\,Al + 3\,S + 6\,e^- \longrightarrow 2\,Al^{3+} + 6\,e^- + 3\,S^{2-} \quad | -6\,e^-$

> Perfekt!

Redox: $2\,Al + 3\,S \longrightarrow 2\,Al^{3+} + 3\,S^{2-}$

M3 Aufstellen von Redoxgleichungen am Beispiel der Reaktion von Aluminium mit Schwefel

A1 Aufstellen von Redoxgleichungen

Erstelle nach dem in M3 gezeigten Schema die Redoxgleichungen für folgende Redoxreaktionen.

Hinweis: Beachte, dass gasförmige Elemente mit Ausnahme der Edelgase aus zweiatomigen Molekülen bestehen.

a) Lithium reagiert mit Schwefel zu Lithiumsulfid.

b) Magnesium reagiert mit Fluor zu Magnesiumfluorid.

c) Natrium wird verbrannt.

d) Calcium reagiert mit Stickstoff zu Calciumnitrid (Ca_3N_2).

e) Gallium wird zu Galliumoxid oxidiert.

A2 Die Thermitreaktion

Zum Verschweißen von Eisenbahnschienen wird flüssiges Eisen benötigt. Dieses wird in der Thermitreaktion gewonnen. Das bei der Thermitreaktion eingesetzte Gemisch enthält Aluminiumpulver und Eisenoxid (Fe_2O_3). Wird das Gemisch gezündet, findet eine stark exotherme Redoxreaktion statt, bei der flüssiges Eisen entsteht. Betrachtet man die Reaktion auf Teilchenebene, bezeichnet man das Sauerstoffion auch als *spectator ion.*

Erstelle die Reaktionsgleichung zu dieser Redoxreaktion und begründe die Verwendung des Begriffs *spectator ion* für das Sauerstoffion.

8.2 Das Recht des Stärkeren – Redoxreihe der Metalle

M1 Ein Kupferdraht taucht in eine Silbernitratlösung.

Taucht man einen Kupferdraht in eine Silbernitratlösung, überzieht sich das Kupfer mit silbernen Kristallen. Im Laufe der Zeit färbt sich die Lösung blau (M1). Die blaue Farbe ist auf die Anwesenheit von gelösten Kupferionen zurückzuführen. Stellt man aber ein Silberblech in eine Kupfersulfatlösung, findet keine Reaktion statt.

Die Silberionen der Silbernitratlösung haben von den Kupferatomen Elektronen aufgenommen. Sie werden zu Silberatomen, die sich auf dem Kupferdraht absetzen. Die Kupferatome werden zu Kupferionen und gehen in Lösung. Silberionen können Kupferatomen Elektronen entziehen. Kupferionen können Silberatomen aber keine Elektronen entreißen. Daher werden Elektronen vom Kupferatom auf das Silberion übertragen.

Oxidation: $Cu \rightarrow Cu^{2+} + 2\,e^-$

Reduktion: $Ag^+ + e^- \rightarrow Ag \quad | \cdot 2$

Redoxreaktion: $Cu + 2\,Ag^+ \rightarrow Cu^{2+} + 2\,Ag$

Ein Metall wird dann als edel bezeichnet, wenn seine Atome die Elektronen gut "festhalten" können. Die zugehörigen Metallionen haben eine starke Tendenz, Elektronen von einem Partneratom aufzunehmen. Die Atome unedler Metalle lassen sich ihre Elektronen leicht entreißen. Silber ist edler als Kupfer. Somit werden Elektronen vom Kupferatom auf das Silberion übertragen. Kupferionen können dagegen Silberatomen keine Elektronen entreißen. Die Silberatome halten die Elektronen so stark fest, dass die Anziehungskraft der Kupferionen auf die Elektronen nicht ausreicht, um Elektronen aus dem Silberatom zu entfernen.

Ordnet man die Metallatome nach ihrer Fähigkeit Elektronen festzuhalten, so erhält man die **Redoxreihe der Metalle** (M2). Ein Goldatom hält seine Elektronen besonders stark fest. Hingegen hat das dreifach positiv geladene Goldion eine sehr hohe Tendenz Elektronen aufzunehmen, also zu einem Goldatom zu werden.

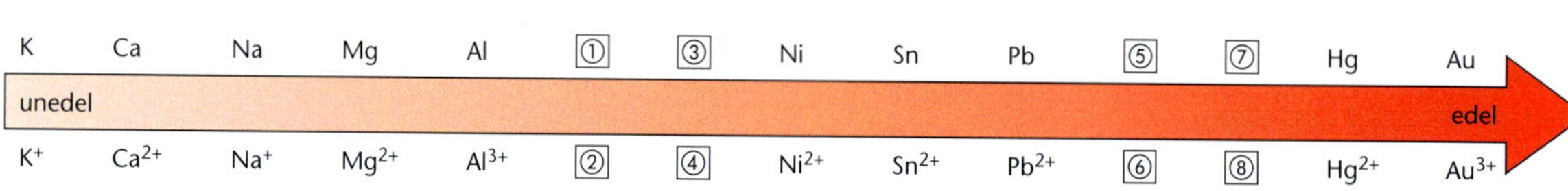

M2 Die Redoxreihe der Metalle

V1 Die Fällungsreihe der Metalle

Materialien:
vier Petrischalen, dünne Blechstreifen oder Drähte der Metalle Kupfer, Zink, Eisen und Silber, 1 %ige Lösungen der Salze Kupfersulfat, Zinksulfat (**7**), Eisensulfat (**7**) und Silbernitrat (**7**)

Durchführung:
Fülle eine Petrischale mit einer der Salzlösungen. Lege von jedem Metall eine Probe in die Lösung. Achte darauf, dass sich die Metalle nicht berühren. Beobachte die Veränderungen für mindestens zwei Minuten. Wiederhole die Experimente mit den anderen Salzlösungen.

Auswertung:
a) Übertrage die Tabelle in dein Heft und kreuze an, bei welchen Kombinationen von Metall und Salzlösung ein Metallüberzug auf dem entsprechenden Blech oder Draht entsteht.

Lösung / Metall	Silberionen Ag^+	Kupferionen Cu^{2+}	Eisenionen Fe^{2+}	Zinkionen Zn^{2+}
Silber				
Kupfer				
Eisen				
Zink				

b) Formuliere für die ablaufenden Reaktionen die Teilgleichungen für den Oxidations- und den Reduktionsvorgang. Formuliere die Gleichung der Redoxreaktion.
c) Die Redoxreihe der Metalle in M2 zeigt acht Lücken. Ordne diesen Lücken die vier untersuchten Metalle beziehungsweise Metallionen begründet zu.

A1 Entsorgen von Schwermetallabfällen
Lösungen von giftigen Schwermetallsalzen wie Kupfersulfat oder Cadmiumsulfat werden gesondert gesammelt. Dazu gibt man in der Regel Eisenspäne. Erläutere mögliche Gründe für dieses Vorgehen.

A2 Reinigen von angelaufenem Silberbesteck
Silberbesteck oder Silberschmuck läuft mit der Zeit an und verfärbt sich schwarz. Dieser dunkle Belag ist schwerlösliches Silbersulfid (Ag_2S). Das Silbersulfid bildet sich durch Reaktion des Silbers mit Schwefelverbindungen aus der Luft und aus Lebensmitteln wie Eiern. Man kann das Silber mithilfe einer chemischen Reaktion wieder zum Glänzen bringen:
In einer Schale wird kochendes Wasser mit etwas Natriumchlorid gemischt. Das Silberbesteck wird locker mit Alufolie umwickelt und in die Lösung gelegt. Nach 15 Minuten wird das Besteck herausgeholt und gründlich abgewaschen. Das Silberbesteck ist wieder silbern und glänzend (M3). Erläutere das Prinzip der Reinigungsmethode. Vergleiche mit dem Polieren von Silberbesteck.

***M3** Chemisches Reinigen von Silberbesteck*

8.3 Dem Strom sei Dank – Aluminiumherstellung

M1 Flüssiges Aluminium nach dem Ablassen (Abstich)

Aluminium ist nach Sauerstoff und Silicium das dritthäufigste Element der Erdkruste. Es wurde 1820 in Les Baux, einem kleinen Örtchen in Südfrankreich, in einem rötlichen Gestein entdeckt. Dieser Bauxit ist der Ausgangsstoff für die Aluminiumproduktion. Bauxit enthält neben Aluminiumoxid weitere Aluminiumverbindungen und Verunreinigungen. Für die Aluminiumherstellung wird Bauxit gereinigt und alle Aluminiumverbindungen werden in Aluminiumoxid überführt. So erhält man aus vier Tonnen Bauxit zwei Tonnen Aluminiumoxid.

Aluminium gewinnt man mittels Schmelzflusselektrolyse (M3). Dabei wird Aluminiumoxid in einer mit Kohle ausgekleideten Stahlwanne geschmolzen. Die Kohlewanne fungiert als Minuspol. Hier nehmen die positiv geladenen Aluminiumionen Elektronen auf und werden zu Aluminiumatomen reduziert. Die Elektrode, an der eine Reduktion stattfindet, heißt **Kathode.** Das flüssige Aluminium sammelt sich am Boden der Wanne und wird von Zeit zu Zeit abgelassen (M1). Graphitblöcke, die in die Schmelze tauchen, bilden den Pluspol. Hier werden Sauerstoffionen zu Sauerstoffatomen oxidiert. Die Elektrode, an der die Oxidation stattfindet, heißt **Anode.** Der gebildete Sauerstoff reagiert mit dem Kohlenstoff der Anode zu Kohlenstoffdioxid.

Anode:	$2\ O^{2-} \rightarrow O_2 + 4\ e^-$	$\vert \cdot 3$
Kathode:	$Al^{3+} + 3\ e^- \rightarrow Al$	$\vert \cdot 4$
Gesamt:	$2\ Al_2O_3 \rightarrow 4\ Al + 3\ O_2$	

Für die Herstellung von 1 t Aluminium werden 450 kg Elektrodenkohle verbraucht:

$$C + O_2 \rightarrow CO_2$$

Reines Aluminiumoxid hat eine Schmelztemperatur von 2045 °C. Durch fluoridhaltige Zusätze wird diese auf 950 °C gesenkt. Neben Kohlenstoffdioxid entstehen daher hochgiftige Fluorverbindungen, die durch Filteranlagen entfernt werden. Die Schmelzflusselektrolyse ist sehr energieaufwändig. Für 1 t Aluminium werden 15 000 kWh Strom benötigt. Das entspricht dem durchschnittlichen Strombedarf von vier Familien in einem Jahr.

Da die Herstellung von Aluminium aufgrund des hohen Energie- und Rohstoffverbrauches sehr teuer ist, ist das Recycling von Aluminium nicht nur aus ökologischen Gründen sinnvoll. Ein großer Teil des Aluminiums wird heute aus Aluminiumschrott gewonnen. Dabei werden im Vergleich zur Neuproduktion 95 % der Energiekosten eingespart.

Eloxiertes Aluminium

Aluminium ist ein Metall, das sehr witterungsbeständig ist und nicht rostet. Das liegt an einer Oxidschicht, die sich auf der Metalloberfläche bildet. Diese ist so fest mit dem darunterliegenden Metall verbunden, dass sie wie ein Lack fungiert und das Metall schützt. Diesen „Selbstschutz" eines Metalls nennt man Passivierung. Die Oxidschicht kann künstlich verstärkt werden. Dabei wird die Oxidation des Aluminiums mit Strom beschleunigt und so die Passivierung verstärkt. Das Verfahren nennt man Eloxal-Verfahren (*El*ektrisch *ox*idiertes *Al*uminium).

M2 *Aluminium – unedel aber gut geschützt*

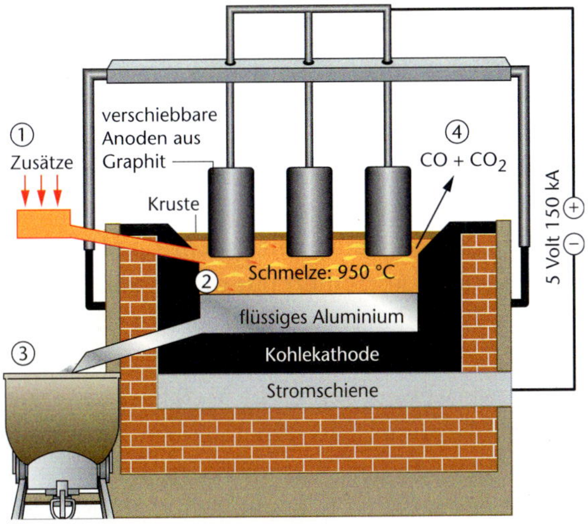

M3 *Schmelzflusselektrolyse*

A1 Schmelzflusselektrolyse
Beschreibe anhand von M3 die Vorgänge der Schmelzflusselektrolyse.

A2 Aluminiumherstellung im Schema
Erstelle anhand der Informationen im Grundwissentext ein Fließschema zur Gewinnung von Aluminium aus Bauxit.

A3 Verwendung von Aluminium
Aluminium ist nach Eisen das wichtigste Gebrauchsmetall.

a) Erstellt einen Steckbrief von Aluminium. Bezieht dabei auch M2 ein.

b) Recherchiert Verwendungsmöglichkeiten von Aluminium.

c) Stellt eure Ergebnisse in einem Poster dar. Bringt darin die Verwendungsbeispiele von Aluminium mit den Eigenschaften des Metalls in Verbindung.

V1 Das Teelicht

Materialien:
drei Petrischalen, drei Aluminiumbecher von Teelichtern, Pipette, Spatel, Natriumchlorid, Kupfersulfatlösung (10 %ig; **7, 9**)

Durchführung:
Gib in den ersten Aluminiumbecher Wasser und eine Spatelspitze Natriumchlorid, in den zweiten etwas Kupfersulfatlösung und in den dritten eine Spatelspitze Natriumchlorid und etwas Kupfersulfatlösung.

Auswertung:
Protokolliere die Beobachtungen und stelle begründete Hypothese zu den Vorgängen auf.

A4 Alufelgen
Eine Aluminiumhütte erhält den Auftrag, für eine Felgenfabrik 1000 t Aluminium zu produzieren. Ermittle die Masse des Bauxits, die für diesen Auftrag geordert werden muss.

8.4 Alte Liebe rostet doch – Korrosion und Korrosionsschutz

M1 Rostlaube

Viele Gegenstände des täglichen Lebens sind aus Eisen und Stahl, beispielsweise Brücken, Schiffe, Autos oder Fahrräder. Kommen diese mit Feuchtigkeit und Sauerstoff in Kontakt, beginnen sie zu rosten (M1). Dieser Prozess wird **Korrosion** genannt. Die weltweiten Kosten, die jedes Jahr durch Korrosionsschäden entstehen, belaufen sich auf etwa 2,5 Billionen Euro.

Metalle müssen vor Korrosion geschützt werden. Eine Möglichkeit ist, Luft und Feuchtigkeit von der Metalloberfläche fernzuhalten. Dies kann beispielsweise durch Einfetten oder Lackieren erreicht werden. Die Schutzschichten müssen von Zeit zu Zeit erneuert werden. Auch der Überzug mit einem edleren Metall dient als Schutz. Beispielsweise kann Eisen einen Kupferüberzug erhalten. Der Schutz ist jedoch nur so lange wirksam, wie die Schutzschicht unversehrt ist. Wird die Kupferschicht verletzt, kommt das Eisen mit Sauerstoff und Feuchtigkeit in Kontakt. Eisenatome reagieren zu Fe^{2+}-Ionen. Die bei der Oxidation abgegebenen Elektronen fließen von den Eisenatomen zur Oberfläche des Kupfers. Dort bilden sich aus Sauerstoff- und Wassermolekülen unter Aufnahme der Elektronen Hydroxidionen (M2). Dadurch löst sich das Eisen langsam ab, während der Kupferüberzug erhalten bleibt.

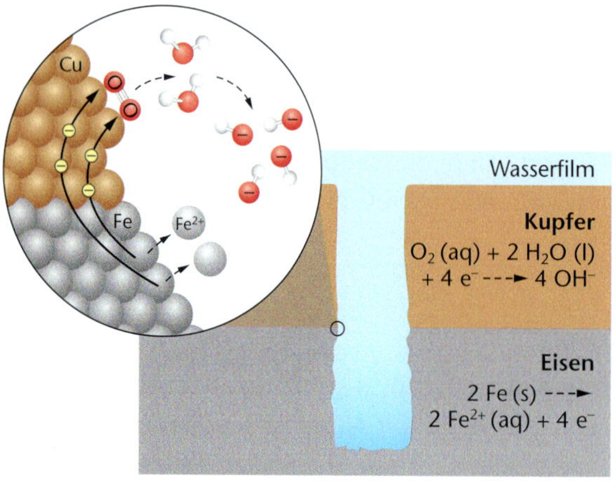

M2 Korrosion bei beschädigter Oberfläche

Im Gegensatz dazu ist das Eisen bei einem Überzug mit einem unedlen Metall wie beispielsweise Zink auch bei einer verletzen Zinkschicht geschützt. Statt des Eisens wird die Zinkschicht oxidiert. Das edlere Eisen bleibt so erhalten.

Ist ein edleres Metall mit einem unedlen fest verbunden, so korrodiert nur das unedle Metall. Das unedle Metall wird in diesem Fall als Opferelektrode bezeichnet. Solche Opferelektroden werden verwendet, um große Metallgegenstände wie Schiffsrümpfe oder Pipelines vor Korrosion zu schützen. In den Warmwasserspeichern von Heizungen werden Opferelektroden aus Magnesium verwendet.

V1 Spitzerversuch

Materialien:
Petrischale, Metallspitzer, Spatel, Pipette, Natriumchlorid, Wasser, Thymolphthaleinlösung (0,1 %; **2**)

Durchführung:
Fülle die Petrischale zur Hälfte mit Wasser. Löse eine Spatelspitze Natriumchlorid in dem Wasser und gib vier Tropfen Thymolphthaleinlösung hinzu. Der Metallspitzer wird so in die Petrischale gelegt, dass die Klinge und der Block das Wasser berühren.

Auswertung:
Protokolliere und deute die Beobachtungen.

A1 Korrosionsbilder

Fotografiert in eurem Umfeld rostige Stellen an beliebigen Gegenständen. Erstellt mit den Fotos eine digitale Präsentation und präsentiert diese in eurer Klasse. Analysiert die Bilder in Hinblick darauf, wo bevorzugt Korrosion stattfindet.

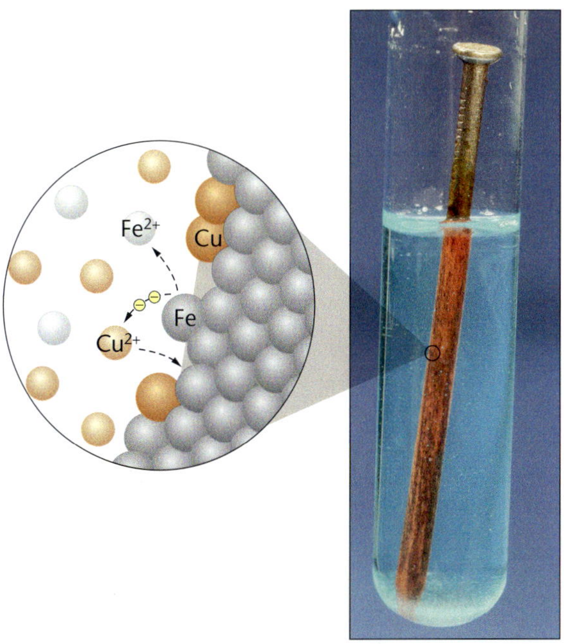

M3 Vorgänge beim Verkupfern eines Eisennagels

V2 Wasserleitungen aus Eisen und Kupfer

In vielen Häusern gibt es zwei getrennte Wasserleitungssysteme: Für Kaltwasserleitungen wurden früher oft Eisenrohre, für Warmwasserleitungen dagegen Kupferrohre verwendet. Die beiden Leitungssysteme dürfen nicht direkt miteinander verbunden werden.

Materialien:
vier Petrischalen, Schmirgelpapier, vier Eisenblechstreifen, zwei Kupferblechstreifen, Natriumchloridlösung (5 %)

Durchführung:
Reinige die Blechstreifen gründlich mit dem Schmirgelpapier. Falze nun je ein Kupferblech um ein Eisenblech, so dass die Oberflächen fest aneinander liegen. Lege nun ein Eisenblech in eine Petrischale mit destilliertem Wasser, ein zweites in eine Petrischale mit Natriumchloridlösung. In eine dritte Petrischale mit destilliertem Wasser kommt eines der zusammengefügten Metallpaare. In die vierte Petrischale wird verdünnte Natriumchloridlösung gefüllt und das verbliebene Metallpaar hineingelegt.

Auswertung:
a) Notiere deine Beobachtungen nach einer halben Stunde und nach einigen Tagen.
b) Begründe, warum am Ende des Winters eine intensive Autowäsche empfohlen wird.
c) Begründe, warum Wasserleitungsrohre aus Kupfer und Eisen nicht direkt miteinander verbunden werden dürfen.

A2 Verkupfern und Verzinken

Einen Eisennagel zu verkupfern geht ganz von selbst. Doch einen Eisennagel zu verzinken ist nicht so einfach möglich.
Erläutere mithilfe von M3 die Vorgänge beim Verkupfern eines Eisennagels mit Fachbegriffen und stelle Hypothesen auf, wie man einen Eisennagel verzinken kann.

8.5 Formalitäten – Oxidationszahlen

M1 Holzkohle verbrennt – eine Redoxreaktion

Magnesium verbrennt mit gleißender Flamme zu Magnesiumoxid. Hier läuft eine Redoxreaktion ab, bei der Ionen entstehen. Magnesiumatome geben je zwei Elektronen ab, werden also oxidiert. Die Sauerstoffatome nehmen je zwei Elektronen auf. Sie werden also reduziert.

Bei der Verbrennung von Kohle entsteht Kohlenstoffdioxid (M1). Derartige Verbrennungsreaktionen sind die ersten Reaktionen, die als Oxidationen aufgefasst wurden. Bei der Bildung von Kohlenstoffdioxid entstehen aber keine Ionen. Die Elektronen werden nicht übertragen, sondern es werden Elektronenpaarbindungen ausgebildet. Um auch diese Reaktionen als Redoxreaktionen erfassen zu können, wurde das Konzept der Oxidationszahlen entwickelt.

Wenn sich zwischen unterschiedlichen Atomen Elektronenpaarbindungen ausbilden, werden die Bindungselektronen von den Bindungspartnern unterschiedlich stark angezogen. Es kommt nicht zu einer vollständigen Übertragung, aber doch zu einer Verschiebung der Elektronen hin zum elektronegativeren Bindungspartner. Das Konzept der **Oxidationszahlen** (kurz: OZ) nutzt diese Elektronenverschiebung. Dabei werden die Bindungselektronen jeweils dem elektronegativeren Bindungspartner vollständig zugeordnet. Dadurch entstehen formale Ladungen. Um diese von echten Ladungen zu unterscheiden, werden Oxidationszahlen als römische Ziffern mit entsprechendem Vorzeichen angegeben (M2).

Elektronen müssen nach diesem Konzept also nicht vollständig übertragen werden. Es reicht ein Trend zur Elektronenabgabe oder -aufnahme. Wird die Oxidationszahl eines Elements bei einer Reaktion größer, so liegt eine Oxidation vor, wird sie kleiner, so liegt eine Reduktion vor. Bei der Verbrennung von Kohlenstoff wird dieser oxidiert, Sauerstoff wird reduziert (M2).

Häufig müssen zur Ermittlung von Oxidationszahlen keine aufwändigen Überlegungen angestellt werden. Es lassen sich einfache Regeln zur Ermittlung von Oxidationszahlen formulieren (M4). Diese Regeln berücksichtigen die unterschiedlichen Elektronegativitäten (M5).

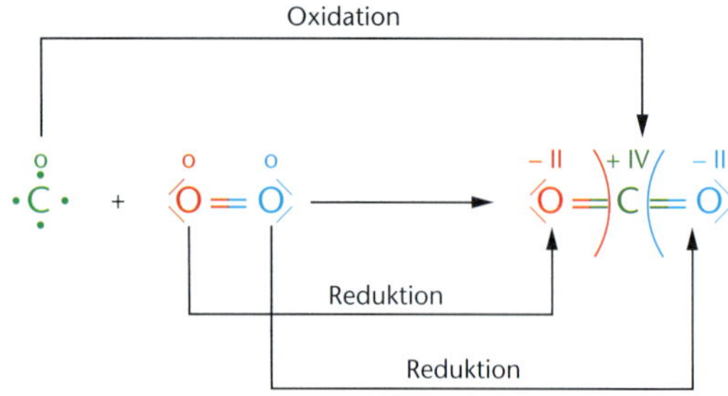

M2 Oxidationszahlen und Redoxreaktion

M3 Taucher mit Magnesiumfackel

A1 Bestimmung von Oxidationszahlen

Bestimme die Oxidationszahlen aller Atome in den folgenden Verbindungen oder Teilchen:
AlF_3, CO_2, CaH_2, CO_3^{2-}, HCO_3^-, KCl, CH_4, SO_4^{2-}, H_2O, N_2, MnO_4^-, Cu^{2+}, H_2SO_4, HNO_3, NaH, O_3

A2 Erkennen von Redoxreaktionen

Übertrage die folgenden Reaktionsgleichungen in dein Heft. Überprüfe, ob Redoxreaktionen vorliegen und kennzeichne gegebenenfalls Oxidation und Reduktion nach dem Muster von M2.

a) $Zn + 2\,HCl \rightarrow ZnCl_2 + H_2$
b) $2\,Al + 3\,Br_2 \rightarrow 2\,AlBr_3$
c) $2\,Mg + CO_2 \rightarrow 2\,MgO + C$
d) $3\,Mg + N_2 \rightarrow Mg_3N_2$
e) $HCl + NaOH \rightarrow NaCl + H_2O$

A3 Magnesiumtauchfackeln

Einmal entzündetes Magnesium brennt sogar unter Wasser weiter (M3). Das ist der Grund, warum man es in Tauchfackeln verwenden kann. Brennendes Magnesium erreicht Temperaturen von bis zu 2500 °C. Bei dieser Hitze wird Wasser teilweise in elementaren Wasserstoff und Sauerstoff gespalten. Das sich bei der Verbrennung bildende Magnesiumoxid löst sich teilweise in Wasser unter Bildung von Magnesiumhydroxid. Analysiere anhand von Reaktionsgleichungen, ob bei den beschriebenen Vorgängen Redoxreaktionen ablaufen.

Regeln zur Bestimmung von Oxidationszahlen

Die Regeln müssen der Reihe nach angewandt werden. Wenn sich Regeln widersprechen, gilt immer die zuerst angewandte Regel.

1. Atome haben als Bestandteile von Elementen die Oxidationszahl 0.
2. Metallatome haben in Verbindungen positive Oxidationszahlen.
3. Fluoratome haben in Verbindungen die Oxidationszahl –I.
4. Wasserstoffatome haben in Verbindungen die Oxidationszahl +I.
5. Sauerstoffatome haben in Verbindungen die Oxidationszahl –II.

Immer gilt: Die Summe der Oxidationszahlen entspricht der Ladung des Teilchens.

M4 Regeln zur Bestimmung von Oxidationszahlen

Teilchen	Erläuterung
$\overset{-III}{N}\overset{+I}{H}_3$	Wasserstoffatome erhalten die OZ +I. Das Stickstoffatom erhält die OZ –III, da drei Wasserstoffatome vorhanden sind und die Gesamtsumme der Oxidationszahlen bei ungeladenen Molekülen Null sein muss. $-III + 3 \cdot (+I) = 0$
$\overset{+VI}{S}\overset{-II}{O}_4^{2-}$	Das Sauerstoffatom erhält die OZ –II. Das Schwefelatom erhält die OZ +VI, da vier Sauerstoffatome vorhanden sind und die Summe der Oxidationszahlen der Ionenladung –2 entsprechen muss. $+VI + 4 \cdot (-II) = -II$
$\overset{+I}{H}_2\overset{-I}{O}_2$	Die Wasserstoffatome erhalten die OZ +I. Daher können die Sauerstoffatome nur die OZ –I erhalten, da die Summe der OZ Null sein muss. $2 \cdot (+I) + 2 \cdot (-I) = 0$
$\overset{+I}{H}_2\overset{+V}{P}\overset{-II}{O}_4^-$	Die Wasserstoffatome erhalten die OZ +I. Die Sauerstoffatome erhalten die OZ –II. Das Phosphoratom hat die OZ +V, da die Summe der OZ –I sein muss. $2 \cdot (+I) + V + 4 \cdot (-II) = -I$

M5 Beispiele für die Bestimmung von Oxidationszahlen

8.6 Energy to go – elektrochemische Spannungsquellen

M1 *Knopfzelle in einer Armbanduhr*

Zur Energieversorgung von Taschenrechnern, Hörgeräten und Armbanduhren nutzt man häufig Silberoxidknopfzellen (M1). Sie werden bei Geräten mit einem geringen Strombedarf eingesetzt.

Das Gehäuse einer solchen Knopfzelle besteht aus einem Becher und einem Deckel aus Edelstahl. Im Inneren befinden sich eine Schicht aus Zinkpulver und eine Schicht aus Silberoxid. Die beiden Schichten werden von einem Separator (lat. *separare:* trennen) getrennt (M2).

Die Funktionsweise der Batterie beruht darauf, dass Zink unedler als Silber ist. Dadurch geben Zinkatome Elektronen ab, die im Silberoxid vorhandenen Silberionen nehmen diese Elektronen auf. Stellt man eine leitende Verbindung zwischen den Polen her, so werden am negativen Pol Zinkatome zu Zinkionen oxidiert. Der Pol, an dem eine Oxidation stattfindet, heißt **Anode.**

$$Zn \rightarrow Zn^{2+} + 2\ e^-$$

Die freiwerdenden Elektronen fließen durch den Verbraucher zum positiven Pol. Die im Silberoxid enthaltenen Silberionen nehmen die Elektronen auf und werden zu Silberatomen reduziert. Die Elektrode, an der eine Reduktion stattfindet, heißt **Kathode.**

$$2\ Ag^+ + 2\ e^- \rightarrow 2\ Ag$$

Die Sauerstoffionen im Silberoxid reagieren mit Wassermolekülen zu Hydroxidionen:

$$O^{2-} + H_2O \rightarrow 2\ OH^-$$

Zinkpulver, Silberoxid und Quellblatt sind mit Kalilauge angefeuchtet. Dadurch werden Ionenwanderungen ermöglicht. Hydroxidionen bilden mit Zinkionen festes Zinkhydroxid.

Alle **Batterien** funktionieren nach dem gleichen Prinzip wie die Knopfzelle: Ein Stoff lässt sich leicht oxidieren, häufig wird dafür Zink verwendet. Dieser Stoff ist der Elektronendonator und bildet den Minuspol. Ein zweiter Stoff lässt sich leicht reduzieren. Er ist der Elektronenakzeptor und bildet den Pluspol der Batterie. Bei **Akkumulatoren** lassen sich diese Vorgänge durch Anlegen einer äußeren Spannung wieder umkehren. Der Akku wird so wieder aufgeladen.

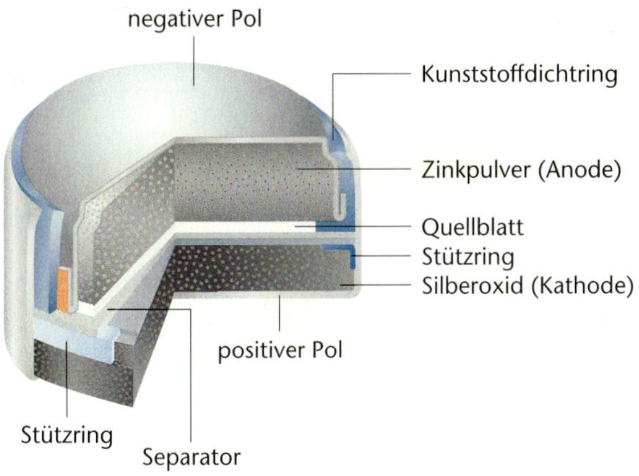

M2 Aufbau einer Silberoxidknopfzelle

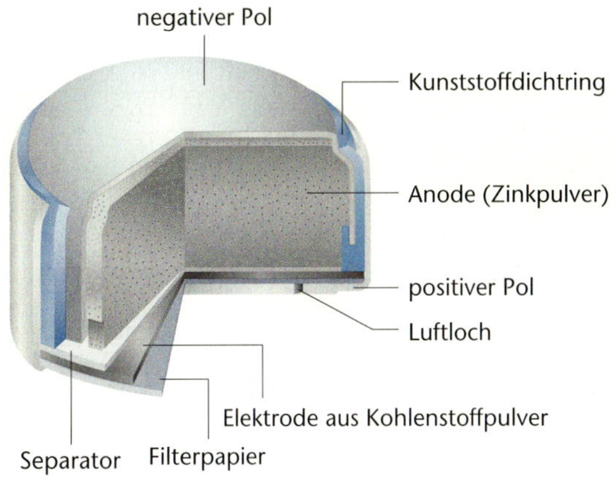

M3 Aufbau einer Zink-Luft-Batterie

A1 Silberoxidknopfzelle

Erstelle eine Grafik ähnlich M5, die zeigt, welche Vorgänge in einer Silberoxidknopfzelle beim Entladen ablaufen.

A2 Separatoren

Die Separatoren und Quellblätter sind in allen Batterien durchlässig für Ionen. Stelle Vermutungen darüber an, welche Konsequenzen es hätte, wenn diese Durchlässigkeit nicht mehr vorhanden wäre.

A3 Zink-Luft-Batterie

M3 zeigt den Aufbau einer Zink-Luft-Batterie, die in Hörgeräten eingesetzt wird. M5 zeigt die in der Batterie ablaufenden Vorgänge.

a) Beschreibe die in der Batterie auf Teilchenebene ablaufenden Vorgänge.

b) Vergleiche die Zink-Luft-Batterie mit der Silberoxidbatterie auf Vor- und Nachteile.

c) Das Luftloch der Batterie ist beim Kauf immer zugeklebt. Erkläre diese Tatsache.

V1 Salzwasserbatterie

Materialien:

Graphitelektrode (breit), Anspitzer aus Magnesium, zwei Experimentierkabel, zwei Krokodilklemmen, Schere, Filterpapier, Spannungsmessgerät, Pipette, Salzwasser (150 $\frac{g}{l}$)

Durchführung:

Auf die Graphitelektrode wird ein zurecht geschnittenes Filterpapier gelegt. Das Papier wird mithilfe der Pipette mit Salzwasser getränkt. Die Graphitelektrode wird mit einer Krokodilklemme und einem Kabel mit einem Pol des Messgeräts verbunden (M4). Mit der anderen Krokodilklemme greift man den Anspitzer und verbindet ihn über ein Kabel mit dem anderen Pol des Messgeräts. Man drückt den Anspitzer auf das Filterpapier.

Auswertung:

Protokolliere und deute die Beobachtungen.

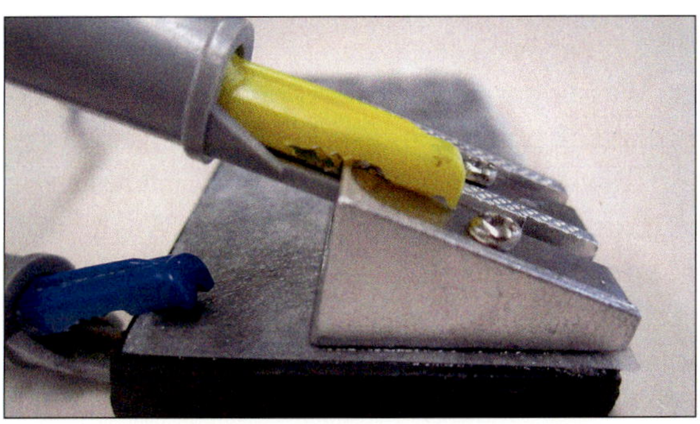

M4 Aufbau einer Salzwasserbatterie

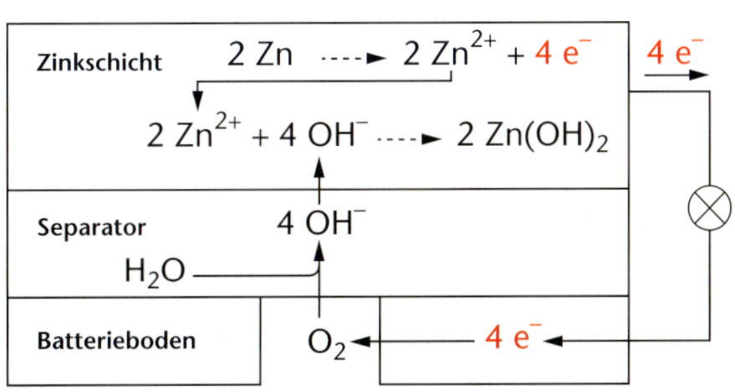

M5 Vorgänge in einer Zink-Luft-Batterie

8.7 Hier brennt doch gar nichts – Brennstoffzellen

M1 *"No emission"*

In manchen Städten kann man Bussen oder Autos mit der Aufschrift "no emission" begegnen (M1). Es handelt sich dabei um Fahrzeuge, die durch Brennstoffzellen angetrieben werden. Der "Treibstoff" ist dabei Wasserstoff. Ein Gemisch aus zwei Teilen Wasserstoff und einem Teil Sauerstoff würde bei der Zündung unter Freisetzung von Wärmeenergie explodieren. Die Reaktion wird Knallgasreaktion genannt. Diese exotherme Reaktion findet in der **Brennstoffzelle** in kontrollierter Form und ohne Explosion statt. Dabei wird chemische Energie in elektrische Energie gewandelt. Im Gegensatz zu Batterien müssen die Ausgangsstoffe für die Reaktion in der Brennstoffzelle kontinuierlich zugeführt werden. Wasserstoff wird in geeigneten Tanks mitgeführt, der Sauerstoff wird der Luft entnommen. Brennstoffzellen sind daher reine Energiewandler und nicht gleichzeitig auch Energiespeicher wie Batterien.

Brennstoffzellen enthalten zwei poröse Elektroden. Durch deren Öffnungen wird an der Anodenseite Wasserstoff zugeführt, an der Kathodenseite Luft. Die Elektroden sind zusätzlich mit einem Katalysator wie Platin (M2) beschichtet. Die an der Anode zugeführten Wasserstoffmoleküle werden mithilfe des Katalysators in Wasserstoffionen und Elektronen gespalten. Die Elektronen wandern von der Anode über den Verbraucher zur Kathode. Bei Fahrzeugen ist der Verbraucher ein Elektromotor. Der Elektronenstrom treibt den Elektromotor an. An der Kathode werden die Elektronen von den Sauerstoffmolekülen aufgenommen. Dabei bilden sich zweifach negativ geladene Sauerstoffionen. Diese reagieren mit den Wasserstoffionen zu Wasser. Die Funktion des Elektrolyten übernimmt eine Kunststofffolie, die die beiden Elektroden trennt. Sie bildet das Herzstück der Brennstoffzelle und ist nur für die Wasserstoffionen durchlässig.

Da Wasser das einzige Reaktionsprodukt ist, sind Brennstoffzellen ökologisch gesehen interessant. Für die Energie- und Ökobilanz ist aber die Herkunft des Wasserstoffs wichtig. Wasserstoff kommt in der Natur fast nur in Verbindungen vor. Der benötigte gasförmige, elementare Wasserstoff muss daher unter Energiezufuhr gewonnen werden. Dies geschieht unter anderem durch Elektrolyse von Wasser.

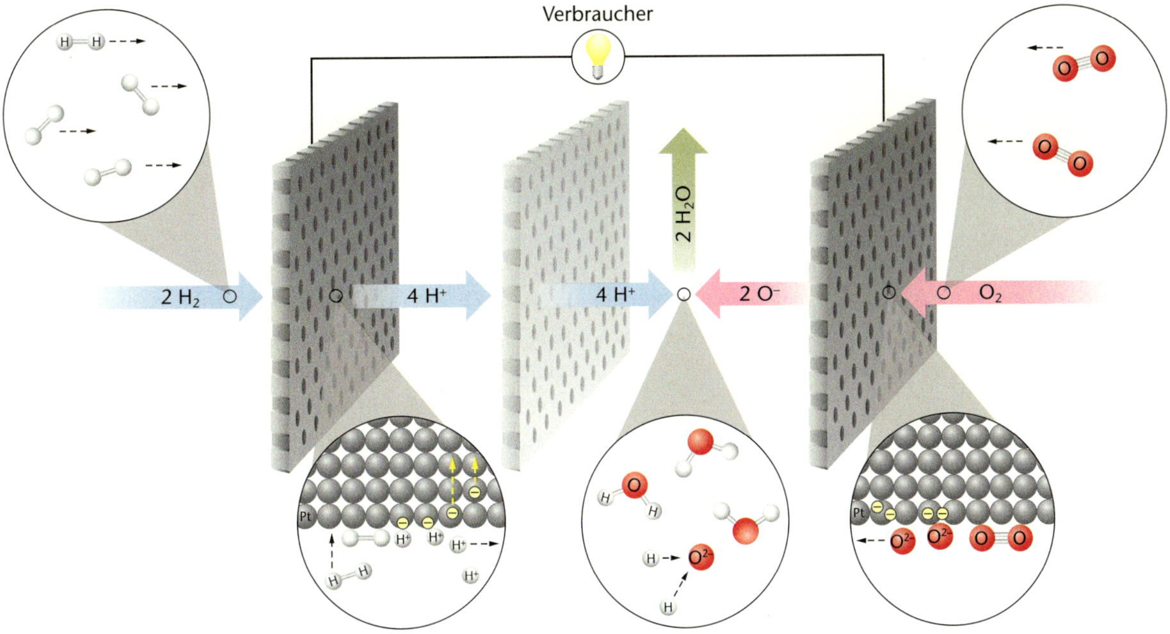

M2 Wirkungsweise einer Brennstoffzelle

A1 Funktion der Brennstoffzelle
Beschreibe anhand von M2 die Funktion einer Brennstoffzelle. Verwende dabei die entsprechenden chemischen Fachbegriffe.

A2 Fahrzeuge mit Brennstoffzellen in China
Obwohl China mehr als 85 % seines Stroms aus Steinkohlekraftwerken gewinnt, werden Fahrzeuge mit Elektromotor und Brennstoffzellen stark gefördert. Begründe das Vorgehen der chinesischen Regierung.

A3 "no emission"
Nimm mithilfe von M3, M4 und M5 zu der Werbeaufschrift "no emission" auf dem mit Brennstoffzellen betriebenen Bus begründet Stellung.

Ein Bus benötigt etwa 35 kg Wasserstoff, um 250 km zu bewältigen. Das sind unkomprimiert etwa 400 000 l. Zur Erzeugung von 1 m^3 Wasserstoff werden bei der Elektrolyse etwa 4,9 kWh benötigt. Der Transport von Wasserstoff ist in geeigneten Druckbehältern problemlos. Ein herkömmlicher, mit Dieselkraftstoff betriebener Bus setzt auf der gleichen Strecke 250 kg Kohlenstoffdioxid frei.

M3 Wasserstoffverbrauch und -erzeugung

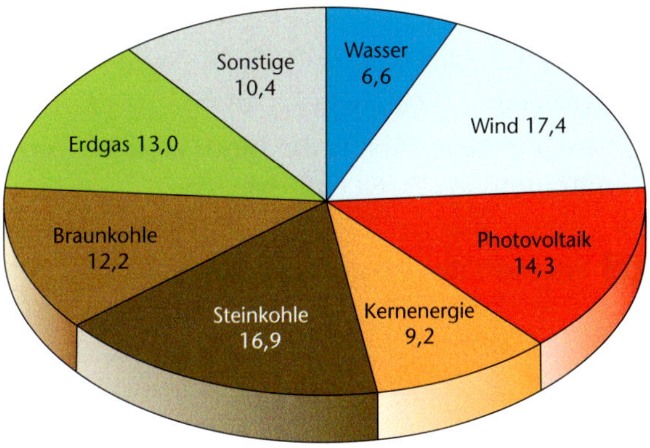

M4 Stromerzeugung in Deutschland in Gigawatt

Strom aus ...	Ausstoß an CO_2 in $\frac{g}{kWh}$
Photovoltaik	27
Windkraft	24
Atomkraft	32
Wasserkraft	40
Steinkohle	949
Braunkohle	1153
Erdgas	428

M5 CO_2-Emission pro Kilowattstunde

Kompetent?

1 Bestimme die Oxidationszahlen in folgenden Ionen und Molekülen: CaO, $NaBr$, $AlBr_3$, Fe^{3+}, H_2O_2, HSO_4^-, NO_3^-, Cl_2, LiH, CO_3^{2-}

2 Vervollständige die Reaktionsgleichung und bestimme die Oxidationszahlen. Ordne die Begriffe *Elektronendonator* und *Elektronenakzeptor* begründet zu: $N_2 + H_2 \rightarrow NH_3$

3 Gib die Teilgleichungen für Oxidation und Reduktion an: $Fe_2O_3 + 2\ Al \rightarrow 2\ Fe + Al_2O_3$

4 Erläutere den Begriff *spectator ion* an einem selbst gewählten Beispiel.

5 Begründe, ob eine Reaktion abläuft
a) Ein Bleistab wird in eine Lösung von Zinnnitrat ($Sn(NO_3)_2$) getaucht.
b) Geschmirgeltes Magnesiumband wird in eine Zinnnitratlösung getaucht.
c) Geschmirgeltes Aluminiumblech wird in eine Bleinitratlösung ($Pb(NO_3)_2$) getaucht.

6 Erläutere den Begriff *Opferelektrode.*

7 Erläutere die Funktionsweise einer Brennstoffzelle.

8 Beschreibe den grundsätzlichen Aufbau und die Funktionsweise einer Batterie.

9 Magnesium reagiert mit Stickstoff zu Magnesiumnitrid (Mg_3N_2). Stelle die Reaktionsgleichung für die Reaktion auf.

10 Im folgenden Worträtsel sind zwölf Begriffe versteckt, die mit Redoxreaktionen zu tun haben. Die Begriffe können waagrecht, senkrecht oder diagonal angeordnet sein. Sie können von rechts nach links, von oben nach unten oder jeweils umgekehrt zu lesen sein.

H	O	F	G	M	B	A	T	T	F	R	I	F
W	X	L	N	R	R	E	S	Y	K	E	V	K
C	H	A	U	U	E	J	N	Z	R	D	F	O
K	E	F	H	W	N	D	O	P	S	O	D	R
P	L	I	C	Q	N	Z	U	R	E	X	M	R
L	E	P	I	L	S	M	U	K	V	R	W	O
A	K	Z	E	P	T	O	R	N	T	E	X	S
E	T	Y	L	Z	O	T	T	O	L	I	L	I
I	R	U	G	F	F	E	A	I	Q	H	O	O
H	O	K	R	O	F	S	D	T	S	E	C	N
B	N	N	T	R	Z	G	J	A	U	N	I	G
C	L	L	A	T	E	M	K	D	E	R	T	E
H	A	C	B	P	L	P	N	I	H	F	S	T
R	P	H	I	W	L	T	I	X	U	A	B	X
W	R	A	L	Y	E	F	B	O	M	T	R	D

Zum Vergessen zu wichtig ...

Wissen aus früheren Kapiteln

- Erläutere die Prinzipien des EPA-Modells.
- Definiere die Begriffe *Gittereinergie* und *Hydratisierungsenergie.*
- Erläutere eine Wasserstoffbrücke an einem selbst gewählten Beispiel.
- Nenne die Elemente der Halogene und ordne sie nach ihrer Reaktivität.
- Erläutere, warum die Massen der meisten Elemente nicht ganzzahlig sind.

Basiskonzepte

Ordne den Aufgaben auf dieser Seite die entsprechenden Basiskonzepte zu. Fertige dazu eine Tabelle nach untenstehendem Muster an. Gib in der dritten Spalte die Unterkapitel an, in denen Informationen zur Aufgabe stehen.

Aufgabe	Basiskonzept(e)	Unterkapitel
1	Konzept der chemischen Reaktion	4.5

Chemie kommunikativ: Korrosion – nicht immer gefürchtet

M1 *Korrosion verursacht große Schäden.*

M2 Korrosion zerstört Werte

Nahezu alle Materialien verändern sich im Lauf der Zeit unter dem Einfluss ihrer Umgebung. Dadurch wird die Funktion der Werkstoffe aus diesen Materialien beeinträchtigt. Allgemein bezeichnet man derartige Veränderungen von Werkstoffen als Korrosion (lat. *corrodere:* zersetzen). In der Chemie versteht man unter dem Begriff Korrosion meistens die Oxidation von Metallen. Der bekannteste Korrosionsvorgang ist das Rosten von Eisen (M1). Korrosion verursacht enorme volkswirtschaftliche Schäden. Schätzungen gehen davon aus, dass in Deutschland mindestens 3 % des Bruttoinlandsprodukts durch Korrosion vernichtet werden.

Ort	Umgebungs-bedingungen	jährlicher Massen-verlust in $\frac{g}{m^2}$
Khartum (Sudan)	trockenes Wüstenklima	3
Singapur	tropisches Seeklima	90
Llanwyrd Wells (Wales)	feuchtes Klima ländlich	180
Woolwich (England)	feuchtes Klima wenig Industrie	365
Sheffield (England)	feuchtes Klima viel Industrie	840

M3 *Korrosion von Stahlplatten unter verschiedenen Bedingungen*

M4 *Die Fassade des Museums in Kalkriese*

M5 Korrosion und Klima

Unter verschiedenen Bedingungen können Materialien ganz unterschiedlich reagieren. M3 zeigt Ergebnisse von Korrosionsversuchen, die in unterschiedlichen Regionen der Erde erhalten wurden. Dabei wurden jeweils gleiche Stahlplatten den jeweiligen Bedingungen ausgesetzt. Der durch Korrosionsvorgänge eintretenden jährliche Massenverlust wurde bestimmt.

M6 Korrosion in der Architektur

Manche Künstler und Architekten nutzen ihr Wissen über Korrosionsvorgänge für ihrer Objekte. Während meistens die Verhinderung von Korrosionsvorgängen angestrebt wird, setzen sie alles daran, Fassaden oder Kunstwerke schnell rosten zu lassen, um bestimmte Effekte zu erzielen (M4). Das gelingt durch Auswahl geeigneter Materialien und deren gezielter Behandlung.

A Arbeitsaufträge

a) Recherchiert zu den angesprochenen Themen weitere Informationen. Erstellt mit diesen und weiteren Materialien Poster.

b) Stellt Hypothesen auf, welche Faktoren das Rosten beeinflussen können.

c) Entwickelt Vorschläge für Experimente, mit denen ihr eure Hypothesen überprüfen könnt. Besprecht die Vorschläge in eurer Klasse und führt geeignete Experimente nach Rücksprache mit eurer Lehrkraft durch.

9 Säuren und Laugen

9.1 Sauer macht lustig – Säuren und Laugen im Alltag

M1 *Süß oder sauer?*

Ein Apfel schmeckt nicht nur süß, sondern auch ein wenig sauer (M1). Viele Früchte enthalten Fruchtsäuren. Sie sind maßgeblich am Geschmack der Früchte beteiligt. Saure Gurken oder Mixed Pickels sind in Essig eingelegtes Gemüse. Essig beziehungsweise die Essigsäure dient der Konservierung von Lebensmitteln. Die meisten Bakterien und Pilze können in einem zu sauren Milieu nicht überleben. Sauerkraut ist mit Milchsäure haltbar gemachter Weißkohl. Milchsäurebakterien produzieren Milchsäure. Ist viel Milchsäure in ihrer Umgebung, sterben die Bakterien ab oder stellen ihr Wachstum ein.

Säure-Base-Definition nach Arrhenius

Säuren sind Verbindungen mit Wasserstoff, die in wässriger Lösung in Wasserstoffionen (H^+) und Säurerestionen zerfallen. Einen solchen Vorgang nennt man auch Dissoziation (lat. *dissociare:* trennen). **Basen** sind Verbindungen, die in wässriger Lösung in Hydroxidionen (OH^-) und Metallionen dissoziieren.

Saure und alkalische Lösungen

Saure Lösungen enthalten Wasserstoffionen. Man bezeichnet auch die sauren Lösungen als Säuren. **Alkalische Lösungen** enthalten Hydroxidionen. Man bezeichnet alkalische Lösungen auch als Laugen.

M2 *Begriffe*

Säuren findet man im Haushalt nicht nur in Lebensmitteln, sondern auch in Reinigungsmitteln. Säuren lösen Kalkablagerungen. Dabei entstehen Kohlenstoffdioxid, ein wasserlösliches Salz und Wasser. So werden häufig Essigreiniger oder Reiniger mit Zitronensäure für die Reinigung von Bädern verwendet.

Laugen werden ebenfalls zum Reinigen verwendet. Laugen zersetzen Fette und Nahrungmittelreste. Im Backofenreiniger werden auf diese Weise die eingebrannten Fette und Eiweiße zersetzt. In geringer Dosis eingesetzt, bewirken Laugen beim Backen von Laugengebäck einen charakteristischen Geschmack.

Schon seit tausenden Jahren bezeichnet man sauer schmeckende Stoffe als Säuren und seifig schmeckende Stoffe als Basen, später auch als Laugen. ARRHENIUS entwickelte 1887 eine wissenschaftliche Grundlage, indem er die Eigenschaften von Säuren und Basen durch chemische Vorgänge erklärte (M2).

V1 Saure oder alkalische Lösung?

Materialien:
Tüpfelplatte, Pipetten, Spatel, Rotkohlsaft, verschiedene Reinigungsmittel, Wasser

Durchführung:
Teste mit Rotkohlsaft Reinigungsmittel aus dem Haushalt. Fülle die entsprechenden Proben mit etwas Wasser in die Vertiefungen einer Tüpfelplatte und gib jeweils einen Tropfen Rotkohlsaft dazu. Beachte auch die Sicherheitshinweise der Hersteller.

Auswertung:
Lege eine Tabelle mit den Ergebnissen an.

A1 Säuren und Basen

Erläutere anhand vom M3 die Begriffe *Säure, Base* und *Lauge.*

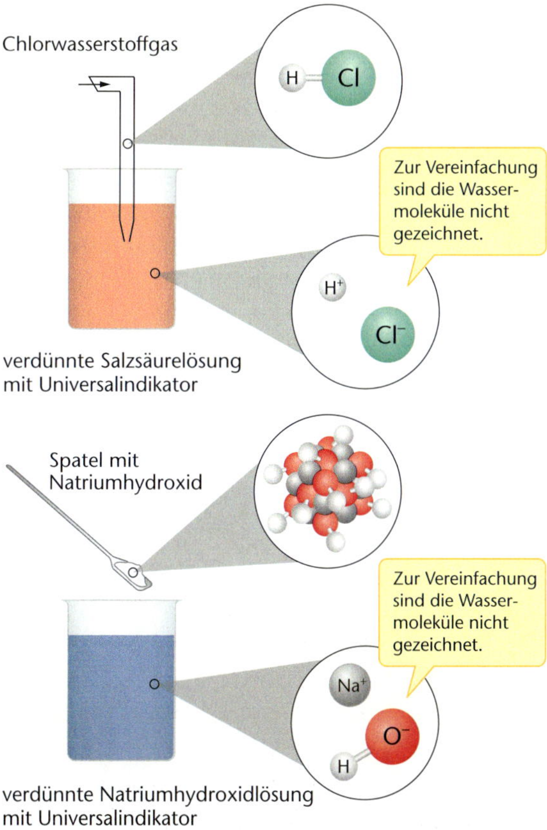

M3 *Modelldarstellung*

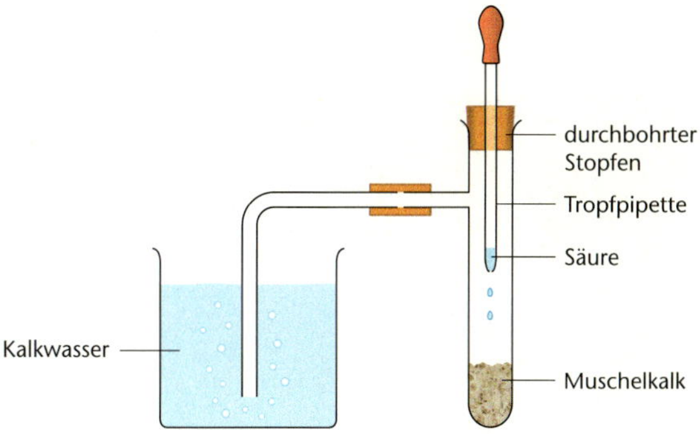

M4 *Versuchsaufbau zu V2*

V2 Säuren reagieren mit Kalk

Materialien:
Reagenzglas mit Gasableitungsrohr, durchbohrter Reagenzglasstopfen, Tropfpipette, Verbindungsschlauch, Glasrohr, Becherglas, Muschelkalk (kalkhaltiges Gestein), Salzsäure (3 %, **5**, **7**), Essigessenz (25 %; **5**), Kalkwasser, Entkalker für Kaffeemaschinen (Beachte hierbei die Sicherheitshinweise des Herstellers)

Durchführung:
Gib in ein Reagenzglas mit Gasableitungsrohr etwas Muschelkalk. Verschließe das Reagenzglas mit einem durchbohrten Stopfen, in dem eine Tropfpipette steckt (M4). Tropfe etwas der jeweiligen Säure auf das Gestein und leite das entstehende Gas in ein mit Kalkwasser gefülltes Becherglas ab.

Auswertung:
Protokolliere und deute die Beobachtungen. Recherchiere die Inhaltsstoffe von Schnellentkalkern, Bad- und WC-Reinigern und erkläre ihre Wirkung.

A2 Zitronensäure

Zitronensäure ist ein weißer kristalliner Feststoff. Mit einem Leitfähigkeitsprüfer wird die elektrische Leitfähigkeit untersucht. Dabei stellt man fest: Feste und geschmolzene Zitronensäure leiten den Strom nicht, eine wässrige Lösung ist aber elektrisch leitfähig. Erkläre diese Beobachtung.

9.2 Der Star unter den Säuren – die Salzsäure

M1 Vom Chlorwasserstoff zur Salzsäure

Ein Rundkolben wird mit Chlorwasserstoffgas gefüllt. Den Kolben verschließt man mit einem durchbohrten Stopfen, der eine Tropfpipette enthält. Dieser Rundkolben wird mit der Öffnung nach unten in eine pneumatische Wanne gehalten, die mit Wasser und Universalindikator gefüllt ist (M1). Nach wenigen Minuten sprudelt das Wasser aus der Pipettenspitze in den Rundkolben. Die Flüssigkeit im Rundkolben färbt sich rot, während sie in der pneumatischen Wanne weiterhin grün bleibt.

Chlorwasserstoffgas löst sich sehr gut in Wasser. Bei normalem Druck können sich bis zu 500 l Chlorwasserstoff in einem Liter Wasser lösen. An der Kontaktfläche von Chlorwasserstoff und Wasser (an der Pipettenspitze) löst sich daher das Gas. Durch den dadurch entstehenden Unterdruck im Rundkolben steigt das Wasser in der Pipette an. Sobald das Wasser in den Kolben gelangt, löst sich Chlorwasserstoff sehr schnell und das Wasser spritzt in Form eines Springbrunnens in den Kolben. Gleichzeitig verfärbt sich die Flüssigkeit durch den Indikator rot.

Beim Lösen dissoziieren die Chlorwasserstoffmoleküle in Wasserstoffionen und Chloridionen. Beide Ionensorten werden durch Wassermoleküle hydratisiert. Es entsteht eine saure Lösung. Man kennzeichnet dies durch ein (aq) hinter dem Ionensymbol (M2). Eine Lösung von Chlorwasserstoff in Wasser bezeichnet man als **Salzsäure.** Der Name geht darauf zurück, dass Chlorwasserstoff aus Kochsalz gewonnen werden kann.

$$HCl(g) \rightarrow H^+(aq) + Cl^-(aq); \text{ exotherm}$$

Chlorwasserstoff (unter HCl(g)); Salzsäure (unter $H^+(aq) + Cl^-(aq)$)

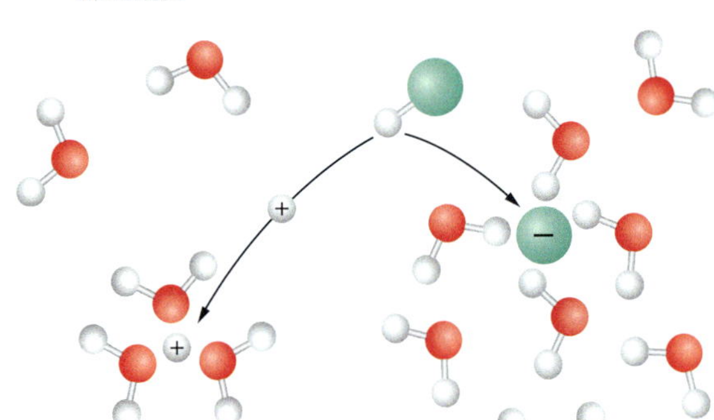

M2 Lösen von Chlorwasserstoffgas in Wasser auf Teilchenebene

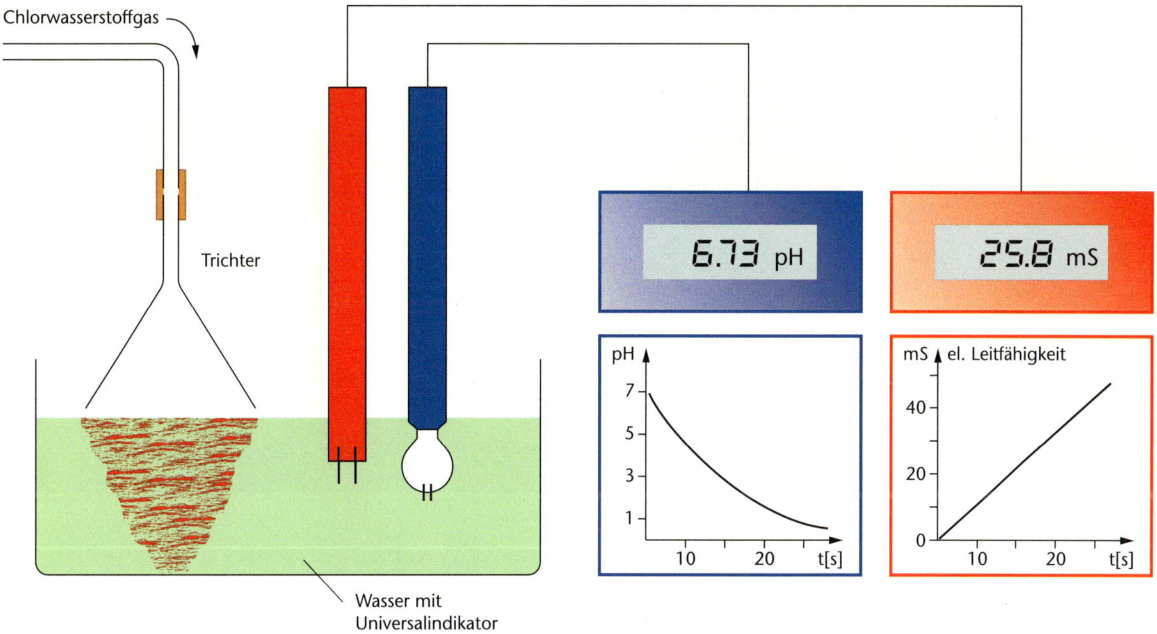

M3 Lösen von Chlorwasserstoffgas in Wasser

A1 Chlorwasserstoff in Wasser

Beschreibe das in M3 dargestellte Experiment und deute die Versuchsergebnisse.

A2 Elektrolyse von Salzsäure

In M4 ist die Elektrolyse von Salzsäure dargestellt. Erläutere die zu erwartenden Versuchsergebnisse und begründe den Versuchsaufbau.

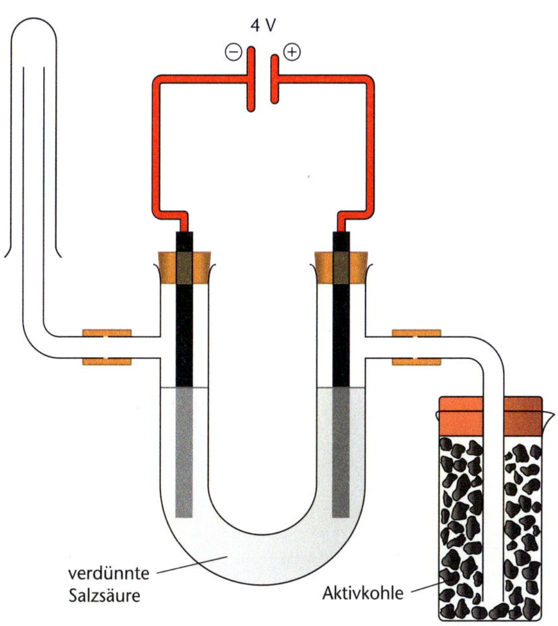

M4 Elektrolyse von Salzsäure

V1 Salzsäure reagiert mit Metallen

Materialien:
Reagenzglasgestell, sechs Reagenzgläser, drei durchbohrte Stopfen mit Pipette, verdünnte Salzsäure (3 %; **5**), Magnesiumband (**2**), Kupferblech, Zinkblech (**9**)

Durchführung:
Gib in drei Reagenzgläser etwas Salzsäure. Gib nun zu der Säure je ein Stück des Metalls. Verschließe die Reagenzgläser nach der Metallzugabe jeweils mit einem durchbohrten Stopfen und leite das entstehende Gas in ein weiteres Reagenzglas ab. Führe die Knallgasprobe durch.

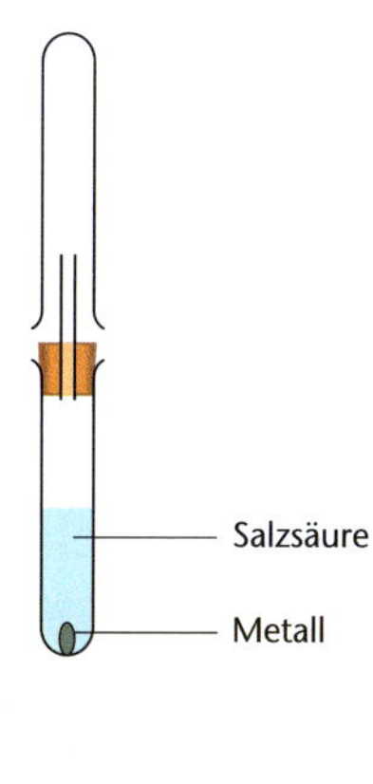

Auswertung:
Protokolliere die Beobachtungen. Formuliere für die Reaktion von Magnesium mit Salzsäure die Reaktionsgleichung.

9.3 Gib ihm Saures! – weitere Säuren

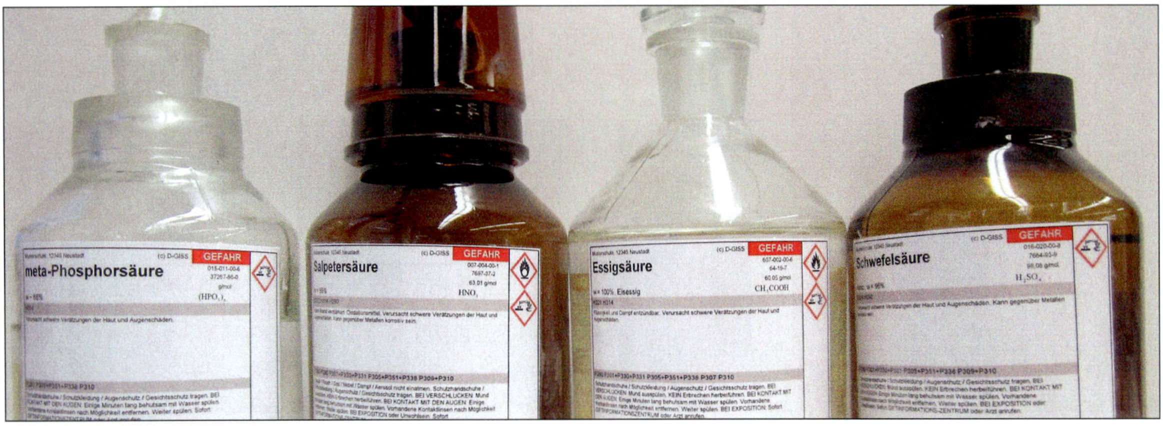

M1 *Im Labor gebräuchliche Säurelösungen*

Außer Salzsäure werden im Chemielabor noch weitere „Säuren" verwendet (M1). Sie wirken alle ätzend, greifen also Oberflächen an. Daher sind sie mit dem entsprechenden Gefahrensymbol gekennzeichnet.

Schwefelsäure ist einer der wichtigsten Grundstoffe der chemischen Industrie. Der größte Teil wird für die Herstellung von Düngemitteln, Waschmitteln und Farbstoffen eingesetzt. Als Batteriesäure ist sie in Bleiakkumulatoren in Kraftfahrzeugen enthalten. Reine Schwefelsäure ist eine ölige Flüssigkeit, die sehr stark wasseranziehend wirkt. Beim Verdünnen wird sehr viel Wärme frei. **Salpetersäure** und **Phosphorsäure** sind wichtige Grundstoffe zur Herstellung von Düngemitteln (Nitrate und Phosphate). Haushaltsessig ist eine 5 %ige Lösung von **Essigsäure.** Löst man Kohlenstoffdioxid in Wasser, erhält man **Kohlensäure.**

Für die gemeinsamen Eigenschaften der Säurelösungen sind die von ihnen freigesetzten **Wasserstoffionen** (H^+) verantwortlich. Diese entstehen bei der Dissoziation der Säuremoleküle in der wässrigen Umgebung, beispielsweise bei der Salpetersäure:

$$\underset{\text{Salpetersäure-molekül}}{HNO_3\,(aq)} \rightarrow \underset{\text{Wasserstoffion}}{H^+\,(aq)} + \underset{\text{Nitration}}{NO_3^-\,(aq)}$$

Von dem Säuremolekül bleibt ein negativ geladener Rest übrig, der allgemein als **Säurerestion** oder kurz als **Säurerest** bezeichnet wird. Auch die Moleküle anderer Säuren dissoziieren in Wasser, wobei jeweils ein oder mehrere Wasserstoffionen und ein Säurerestion entstehen. Beim Lösen werden die Ionen von Wassermolekülen eingehüllt, wobei die Hydratationsenergie freigesetzt wird. Wenn Säuren mit Metallen reagieren, entstehen dabei Wasserstoff und Salze (M2).

Säure		**Säurerestion**		**zugehöriges Natriumsalz**	
Name	**Stoffsymbol**	**Name**	**Formel**	**Name**	**Stoffsymbol**
Salpetersäure	HNO_3	Nitration	NO_3^-	Natriumnitrat	$NaNO_3$
Schwefelsäure	H_2SO_4	Sulfation	SO_4^{2-}	Natriumsulfat	Na_2SO_4
Phosphorsäure	H_3PO_4	Phosphation	PO_4^{3-}	Natriumphosphat	Na_3PO_4
Kohlensäure	H_2CO_3	Carbonation	CO_3^{2-}	Natriumcarbonat	Na_2CO_3
Essigsäure	H_3CCOOH	Acetation	H_3CCOO^-	Natriumacetat	NaH_3CCOO

M2 *Überblick Säuren, Säurereste, Natriumsalze*

V1 Säuren reagieren mit Zink

Materialien:
Reagenzglasgestell, vier Reagenzgläser, zwei durchbohrte Stopfen mit Pipette, Trichter, Filterpapier, verdünnte Schwefelsäure (5 %; **5**), Speiseessig (5 %), Zinkblech (**9**)

Durchführung:
Gib einige ml Schwefelsäure in ein Reagenzglas. Gib nun ein Stück Zinkblech zu. Verschließe das Reagenzglas mit einem durchbohrten Stopfen und leite das entstehende Gas in ein weiteres Reagenzglas ab. Führe die Knallgasprobe durch. Wiederhole den Versuch mit Speiseessig. Filtriere anschließend die Lösungen und lasse die Filtrate eintrocknen.

Auswertung:
Protokolliere die Beobachtungen und formuliere für die Reaktion von Zink mit Schwefelsäure die Reaktionsgleichung. Entwickle eine Hypothese zur Erklärung der unterschiedlichen Heftigkeit der Reaktionen.

Säuregehalt in g/100 g	0,5	1	2	5	10	15
elektrische Leitfähigkeit (mS/cm)	0,3	0,6	0,8	1,2	1,5	1,7
Säuregehalt in g/100 g	20	25	30	40	50	100
elektrische Leitfähigkeit (mS/cm)	1,7	1,6	1,4	1,1	0,8	0,7

M3 Elektrische Leitfähigkeit von Essigsäure-Wasser-Mischungen und reiner Essigsäure

A1 Schwefelsäure und Wasser

a) Beschreibe den bei der Vermischen von reiner Schwefelsäure mit Wasser stattfindenden Vorgang auf Teilchenebene.
b) Formuliere die zugehörige Reaktionsgleichung und benenne die Teilchen.
c) Erläutere den Sicherheitshinweis in M4.

M4 Was die Altvorderen schon wussten

V2 Nichtmetalloxid und Wasser

Materialien:
Waschflasche, Stativmaterial, Wasserstrahlpumpe, Glastrichter, Schlauch, Erlenmeyerkolben, Teelicht, Strohhalm, destilliertes Wasser, Bromthymolblaulösung

Durchführung:
1. Fülle eine Waschflasche mit destilliertem Wasser, dem einige Tropfen Bromthymolblaulösung zugesetzt sind. Sauge dann mit der Wasserstrahlpumpe die Verbrennungsgase eines brennenden Teelichts durch die Lösung.
2. Fülle in einen Erlenmeyerkolben etwa zwei Zentimeter hoch destilliertes Wasser und einige Tropfen Bromthymolblaulösung. Blase dann mit dem Strohhalm etwa eine Minute lang Atemluft durch die Lösung.

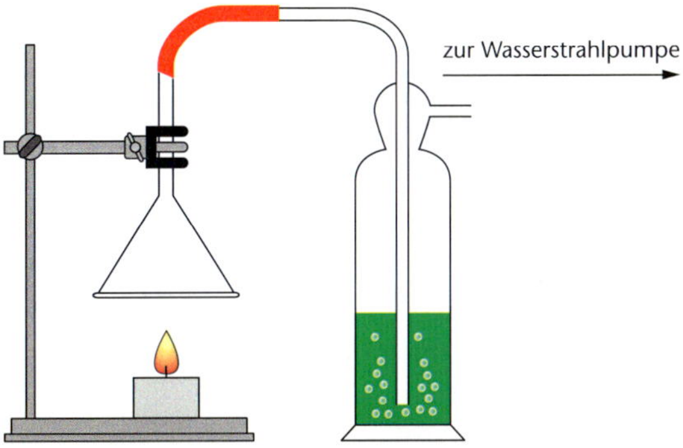

Auswertung:
Protokolliere und deute die Beobachtungen.

A2 Elektrische Leitfähigkeit

Erkläre die in M3 dargestellten Messergebnisse.

9.4 Vorsicht, glitschig! – Laugen

M1 *Elektrolysezellen bei der Chlor-Alkali-Elektrolyse*

Pro Jahr werden weltweit 50 Millionen Tonnen **Natronlauge** hergestellt. Die Natronlauge selbst ist im Haushalt üblicherweise nicht vorhanden. Es gibt aber viele Produkte, für deren Herstellung Natronlauge benötigt wird.

Zur großtechnischen Herstellung der Natronlauge wird bei der Chlor-Alkali-Elektrolyse Kochsalzlösung durch elektrischen Gleichstrom zersetzt (M1). Dabei entstehen gleichzeitig mit der Natronlauge Chlor und Wasserstoff. Die beiden Gase bezeichnet man daher als Koppelprodukte dieses Prozesses.

Natronlauge ist eine Lösung des als „Ätznatron" bezeichneten Stoffes **Natriumhydroxid** in Wasser (M2). Je nach Konzentration ist die Lauge mehr oder weniger stark ätzend. Natronlauge zersetzt Fettreste oder Proteine wie beispielsweise Haare. Darauf beruht ihre Verwendung in Abflussreinigern und Abbeizmitteln.

Eine ebenfalls häufig verwendete Lauge ist die **Kalilauge,** eine wässrige Lösung von **Kaliumhydroxid.** Sie verhält sich chemisch ganz ähnlich wie die Natronlauge. Deutlich schwächer ist die ätzende Wirkung bei **Calciumlauge.** Die auch als **Kalkwasser** bekannte Lauge wird zum Nachweis von Kohlenstoffdioxid verwendet.

Folgende Eigenschaften sind für Laugen typisch:

- Sie fühlen sich glitschig an.
- Sie verändern die Farbe bestimmter Indikatoren. Thymolphthalein und Bromthymolblau werden durch Laugen beispielsweise blau gefärbt.
- Sie greifen Haare, Leim und andere organische Stoffe an.

Alle Laugen enthalten **Hydroxidionen** (OH^-) in hydratisiertem Zustand. Die positiv geladenen Gegenionen sind von Lauge zu Lauge unterschiedlich und für die alkalische Wirkung unerheblich. In den meisten Fällen handelt es sich um Metallionen.

Auch Seifenlösungen werden als Laugen bezeichnet. Sie sind ebenfalls alkalisch und enthalten Hydroxidionen.

Lauge	Stoffsymbol	enthaltene Teilchen
Natronlauge	$NaOH(aq)$	$Na^+(aq)$ und $OH^-(aq)$ im Verhältnis 1 : 1
Kalilauge	$KOH(aq)$	$K^+(aq)$ und $OH^-(aq)$ im Verhältnis 1 : 1
Calciumlauge	$Ca(OH)_2(aq)$	$Ca^{2+}(aq)$ und $OH^-(aq)$ im Verhältnis 1 : 2

M2 *Laugen im Überblick*

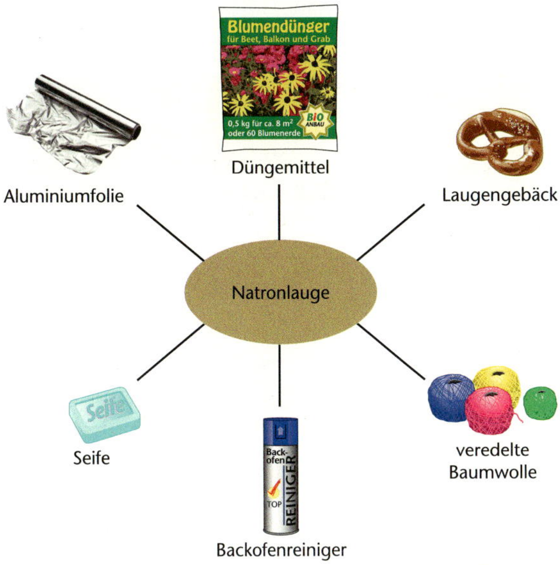

M3 Produkte, für deren Herstellung Natronlauge verwendet wird

Kalkmörtel

Die Herstellung von Kalkmörtel aus Kalkgestein gehört zu den ältesten technischen Prozessen. Kalkmörtel konnte man in 11 000 Jahre alten Böden von Hütten nachweisen.
Zur Herstellung von Kalkmörtel wird in einem ersten Schritt Kalkgestein in handtellergroße Brocken zerschlagen, in einen Brennofen eingefüllt und auf etwa 1 200 °C erhitzt. Dabei entstehen aus Kalk, der in erster Linie aus Calciumcarbonat besteht, Kohlenstoffdioxid und Calciumoxid. Nach Erkalten des Ofens wird das feste Calciumoxid, auch *gebrannter Kalk* oder *Branntkalk* genannt, abgepackt und an die Baustelle transportiert. Dort wird der Branntkalk in Bottichen mit Wasser verrührt. Es entsteht unter starker Wärmeentwicklung eine puddingartige, stark wasserhaltige weiße Masse, der *gelöschte Kalk*. Bei dem gelöschten Kalk handelt es sich um Calciumhydroxid, das stark alkalisch reagiert. Gelöschter Kalk, Sand und Wasser werden zu einem Mörtel vermischt und zum Bauen verwendet. Der gelöschte Kalk reagiert im Laufe der Zeit mit Kohlenstoffdioxid aus der Luft zu festem Kalk und Wasser. Dabei werden in die entstehenden Kalkkristalle die Sandkörnchen eingeschlossen, sodass eine harte Masse entsteht.

M4 Kalkmörtel

V1 Abflussreiniger

Materialien:
Pinzette, Petrischale, Reagenzgläser, Reagenzglasständer, Spatel, Abflussreiniger (**7**), Rotkohlsaft, verschiedene Substanzproben wie Haare, Baumwolle, Holz, Papier

Durchführung:
Gib etwas Abflussreiniger auf eine Petrischale und trenne mit einer Pinzette die verschiedenen Bestandteile. Gib die Bestandteile in jeweils ein Reagenzglas mit 2 ml Wasser und einem Tropfen Rotkohlsaft.
Gib in einem weiteren Versuch in je ein Reagenzglas eine Substanzprobe (Holz, Papier, Haare, Baumwolle), 2 ml Wasser und 2 g Abflussreiniger.

Auswertung:
Protokolliere und deute die Beobachtungen.

A1 Verwendung von Natronlauge

Recherchiere zu den in M3 gezeigten Produkten. Gib an, welche Rolle Natronlauge bei der Herstellung der Produkte spielt.

A2 Kalkkreislauf

a) Erstelle mithilfe von M4 ein Schema des technischen Kalkkreislaufs.
b) Erstelle für alle in M4 beschriebenen chemischen Reaktionen die entsprechenden Reaktionsgleichungen und trage sie in dein Schema zum Kalkkreislauf ein.

A3 Preisgünstiger Wohnraum

Ende des 18. Jahrhunderts wurden fertige Häuser nach Bauende zu sehr niedrigen Preisen für etwa ein Jahr zur Miete angeboten. Da Wohnraum knapp war, nahmen vor allem arme Menschen dieses Angebot wahr. Erläutere, welche Gründe Eigentümer bewogen haben, den Wohnraum unter diesen Konditionen anzubieten. Erkläre die Zusammenhänge aus chemischer Sicht.

9.5 Eine ganze Menge – das Mol

M1 *Süßigkeiten*

Süßigkeiten werden meist in gleichen Portionen zum Beispiel 100 g verkauft (M1). Daraus resultiert, dass die Stückzahlen unterschiedlich sind. Will man wissen, wie viele Schokolinsen in einer Packung vorhanden sind, dividiert man die Masse der Packung durch die Masse einer Schokolinse.

In der Chemie ist es wichtig, die Teilchenanzahl zu kennen. Da die Teilchen unterschiedliche Massen haben, sind Stoffportionen mit gleicher Teilchenanzahl unterschiedlich schwer. Ein Wasserstoffatom hat die Masse 1 u. Deshalb werden die „Packungen“ von Wasserstoff in 1 g-Einheiten „gehandelt“. Ein Kohlenstoffatom hat die Masse 12 u. Deshalb werden die „Packungen“ von Kohlenstoff in 12 g-Einheiten „gehandelt“. Genau wie bei den Schokolinsen erhält man die Anzahl der in einer „Packung“ befindlichen Teilchen, indem man die Masse der „Packung“ durch die Masse eines Teilchen dividiert. 1 u entspricht $1{,}66 \cdot 10^{-24}$ g. Die Anzahl N der Wasserstoffatome in der 1 g-„Packung“ beträgt:

$$N(\text{Wasserstoffatome}) = \frac{1\ \text{g}}{1{,}66 \cdot 10^{-24}\ \text{g}} = 6 \cdot 10^{23}$$

In 12 g Kohlenstoff sind ebenfalls $6 \cdot 10^{23}$ Teilchen enthalten. Der Vorteil der verschiedenen Packungsgrößen besteht also darin, dass sie alle die gleiche Anzahl von Teilchen, nämlich jeweils $6 \cdot 10^{23}$ Teilchen enthalten. Diese Anzahl von Teilchen ist die Avogadro-Zahl N_A. Man nennt diese Anzahl **1 Mol.** Die Anzahl der Teilchen in Mol bezeichnet man als **Stoffmenge n** mit der Einheit **mol.** Bei den Teilchen kann es sich um Atome, Moleküle oder Ionen handeln (M2).

Die Masse eines Mols nennt man **molare Masse** oder **Molmasse.** Sie erhält das Symbol **M** und die Einheit $\frac{\text{g}}{\text{mol}}$: Ein Wassermolekül hat die Masse 18 u, da es aus zwei Wasserstoffatomen und einem Sauerstoffatom besteht. Die Molmasse von Wasser beträgt daher M = 18 g (M2).

Bei verschiedenen Gasen befinden sich nach Avogadro in gleichen Volumina bei gleichem Druck und bei gleicher Temperatur stets die gleiche Anzahl von Teilchen. Deshalb muss ein Mol beliebiger Gasteilchen das gleiche Volumen besitzen. Dieses **Molvolumen** beträgt für alle Gase bei Raumtemperatur und normalem Luftdruck $24\ \frac{\text{l}}{\text{mol}}$.

Stoff	Formel	vorhandene Teilchen	Formelmasse in u	Molmasse in $\frac{g}{mol}$
Natrium	Na	1 mol Natriumatome	23	23
Wasser	H_2O	1 mol Wassermoleküle	2 + 16 = 18	18
Sauerstoff	O_2	1 mol Sauerstoffmoleküle	2 · 16 = 32	32
Kochsalz	NaCl	1 mol Na^+-Ionen und 1 mol Cl^--Ionen	23 + 35,5 = 58,5	58,5
Aluminiumchlorid	$AlCl_3$	1 mol Al^{3+}-Ionen und 3 mol Cl^--Ionen	27 + 3 · 35,5 = 133,5	133,5

***M2** Zusammenhang zwischen Teilchenzahlen und Molmassen*

A1 Ein Mol
Ermittle analog zu M2 die Formelmasse und die Molmasse von Gold (Au), Helium (He), Calciumchlorid ($CaCl_2$), Magnesiumsulfat ($MgSO_4$) und Traubenzucker ($C_6H_{12}O_6$).

A2 Noch mehr Mole
Übertrage die Tabelle in dein Heft und ergänze die fehlenden Angaben.

Stoff	Stoffportion	Stoffmenge
Eisen	55,85 g	1 mol
Silber		3 mol
Helium		5 mol
Zinksulfat	100 g	
Kochsalz		0,3 mol
Calciumhydroxid	222,24 g	
Kaliumphosphat		0,25 mol
Ammoniak		2 mol

A3 Mole-Day
In englischsprachigen Ländern beginnt am 23. Oktober morgens um 6 Uhr der "Mole-Day". Erkläre dieses Jubiläum (M3).

A4 Wiegen statt zählen
a) Bestimme durch Wiegen die Anzahl an Schokolinsen in einer Packung. Zähle anschließend die Schokolinsen und vergleiche mit deinem Messergebnis.
b) Bestimme durch Wiegen die Anzahl Reiskörner in 500 g Reis. Vergleiche dein angewandtes Verfahren mit dem Verfahren, das in Aufgabe a) beschrieben ist.

A5 Verbrennung von Kohlenstoff
a) Kohlenstoff wird verbrannt. Berechne, wie viel Liter Sauerstoff gebunden werden, wenn 120 l Kohlenstoffdioxid entstehen.
b) 36 g Kohlenstoff werden verbrannt. Ermittle das entstehende Volumen an Kohlenstoffdioxid.

A6 Nasse Mole
Bestimme die Stoffmenge an Wassermolekülen in einem Liter Wasser.

A7 Zinksulfid
Ermittle die Masse an Schwefel, die benötigt wird, um 100 g Zinksulfid (ZnS) herzustellen.

A8 Süße Erde
Stelle dir vor, man könnte einen Esslöffel Traubenzucker gleichmäßig auf der Erdoberfläche verteilen. Ein Esslöffel Traubenzucker ($C_6H_{12}O_6$) hat eine Masse von 18 g, die Erdoberfläche beträgt 510 Millionen km^2. Berechne, wie viele Traubenzuckermoleküle sich auf 1 mm^2 der Erdoberfläche befinden würden.

***M3** Grußkarte zum Mole-Day*

9.6 Volle Konzentration – Konzentrationen von Lösungen

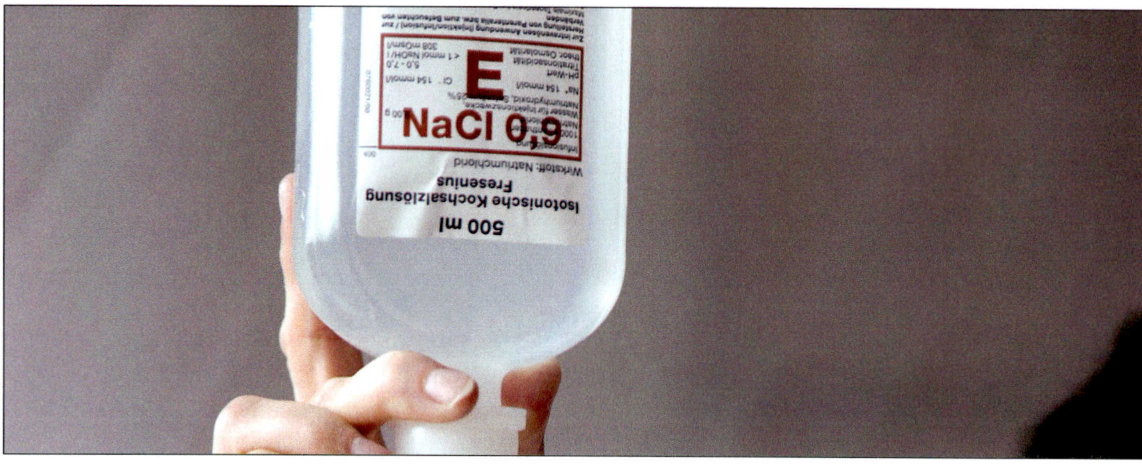

***M1** Isotonische Kochsalzlösung für Infusionen*

Für isotonische Kochsalzlösung (M1) ist ein Salzanteil von 0,9 % Natriumchlorid angegeben. In diesem Fall ist damit der **Massenanteil w** gemeint. In 100 g Salzlösung sind 0,9 g Kochsalz enthalten. Um diese Lösung herzustellen, muss man also 0,9 g Salz in 99,1 g Wasser lösen. Die Angabe des Massenanteils nutzt man häufig, wenn Feststoffe in Wasser gelöst sind. Man kann auf diese Weise aber auch Anteile der Komponenten in Feststoffgemischen angeben, beispielsweise den Goldanteil in einer Legierung.

Im Alltag und im Labor werden häufig wässrige Lösungen verwendet. Weil die Eigenschaften dieser Lösungen wie zum Beispiel deren Gefährlichkeit von der Menge der gelösten Substanz abhängen, ist es wichtig genau zu wissen, wie viel Substanz in den Lösungen enthalten ist.

Bei Lösungen bezieht man häufig den Gehalt des gelösten Stoffes auf das Volumen der Lösung. In diesem Fall erhält man Konzentrationsangaben.

Bei Feststoffen ist es praktisch, die Masse des in einem Liter Lösung enthaltenen Stoffes anzugeben, die **Massenkonzentration** β. Die Einheit der Massenkonzentration ist $\frac{g}{l}$ oder $\frac{mg}{l}$. Auf Mineralwasserflaschen sind zum Beispiel die Massen der in einem Liter gelösten Ionensorten angegeben. Will man eine Lösung mit einer bestimmten Massenkonzentration herstellen, wiegt man die erforderliche Masse ab und füllt in einem Messkolben mit Wasser auf das gewünschte Volumen auf.

Löst man Flüssigkeiten in Wasser, ist es einfacher, ein bestimmtes Volumen abzumessen. In diesem Fall wird meistens die **Volumenkonzentration** σ des gelösten Stoffes angegeben. Findet man zum Beispiel auf dem Etikett einer Bierflasche die Angabe 5 %Vol, bedeutet das, dass 1 l Bier 50 ml reinen Alkohol enthält.

Für die Laborarbeit ist es in der Regel wichtiger, die Anzahl gelöster Teilchen zu kennen. Dazu gibt man die Stoffmenge n der in einem Liter gelösten Substanz an. Die Einheit dieser **Stoffmengenkonzentration c** ist $\frac{mol}{l}$ (M2).

Größe	Formel	Einheit
Stoffmengenkonzentration	$c(A) = \frac{n(A)}{V(\text{Lösung})}$	$\frac{mol}{l}$
Massenkonzentration	$\beta(A) = \frac{m(A)}{V(\text{Lösung})}$	$\frac{g}{l}$
Volumenkonzentration	$\sigma(A) = \frac{V(A)}{V(\text{Lösung})}$	$\frac{l}{l}$
Massenanteil	$w(A) = \frac{m(A)}{m(A) + m(B) + \ldots}$	$\frac{g}{g}$

***M2** Konzentrationen und Massenanteil*

Rechenbeispiel 1

In einen Messkolben werden 8 g Natriumhydroxid (NaOH) abgewogen. Anschließend wird das Natriumhydroxid gelöst und Wasser zugegeben, bis 100 ml Lösung erhalten werden. Ermittle die Stoffmengenkonzentration der erhaltenen Natronlauge.

Möglicher Lösungsweg

Molmasse von Natriumhydroxid:

$M(NaOH) = 40\ \frac{g}{mol}$

Stoffmenge von Natriumhydroxid:

$$n(NaOH) = \frac{m(NaOH)}{M(NaOH)} = \frac{8\ g}{40\ \frac{g}{mol}} = 0{,}2\ mol$$

Stoffmengenkonzentration von Natriumhydroxid:

$$c(NaOH) = \frac{n(NaOH)}{V(NaOH)} = \frac{0{,}2\ mol}{0{,}1\ l} = 2\ \frac{mol}{l}$$

Die Stoffmengenkonzentration der Natronlauge beträgt $2\ \frac{mol}{l.}$

M3 Rechenbeispiel zur Konzentrationsermittlung

A1 Konzentrationen

a) 2 g Natriumhydroxid (NaOH) werden einen Messkolben gegeben. Anschließend wird auf 50 ml Lösung aufgefüllt. Ermittle die Konzentration (M3).

b) In 500 ml Zuckerlösung befinden sich 45 g Traubenzucker ($C_6H_{12}O_6$). Ermittle die Konzentration.

c) Erläutere, wie du 500 ml Natronlauge der Konzentration $0{,}2\ \frac{mol}{l}$ herstellen würdest.

d) Aus Essigessenz (w = 25 %) soll durch Verdünnen 1 l Speiseessig (w = 5 %) hergestellt werden. Beschreibe eine mögliche Vorgehensweise (M4).

A2 Massenanteil und Massenkonzentration

Wenn man einen Stoff in Wasser löst, ändert sich häufig die Dichte. Die Dichte von Natronlauge mit einem Massenanteil von 50 % beträgt $1{,}5\ \frac{g}{ml}$. Diese Lösung soll hergestellt werden. Ein Laborant wiegt 50 g Natriumhydroxid in einen Messkolben ab und füllt anschließend auf 100 ml Volumen mit Wasser auf. Beurteile, ob er alles richtig gemacht hat.

Rechenbeispiel 2

In einem Labor sollen 100 ml einer Natriumchloridlösung mit einer Konzentration von $2\ \frac{mol}{l}$ hergestellt werden. Beschreibe die Vorgehensweise.

Möglicher Lösungsweg

Molmasse von Natriumchlorid:

$M(NaCl) = 58{,}5\ \frac{g}{mol}$

Stoffmenge von Natriumchlorid:

$n(NaCl) = c(NaCl) \cdot V = 2\ \frac{mol}{l} \cdot 0{,}1\ l = 0{,}2\ mol$

Masse an Natriumchlorid:

$$m(NaCl) = n(NaCl) \cdot M(NaCl) = 0{,}2\ mol \cdot 58{,}5\ \frac{g}{mol} = 11{,}7\ g$$

Es müssen 11,7 g Natriumchlorid in einen Messkolben gefüllt und anschließend mit Wasser auf ein Volumen von 100 ml aufgefüllt werden.

M4 Rechenbeispiel zur Massenermittlung

A3 Batteriesäure

Batteriesäure für Autobatterien ist eine konzentrierte Lösung von Schwefelsäure (H_2SO_4) in Wasser. Auch die erhaltene Lösung bezeichnet man als Schwefelsäure. Ermittle aufgrund der Angaben auf dem Etikett den Massenanteil, die Massenkonzentration und die Stoffmengenkonzentration der Schwefelsäure (M5).

Batteriesäure

Schwefelsäure (38 %, H_2SO_4)

Dichte: $1{,}285\ \frac{g}{ml}$

Molmasse: $98{,}08\ \frac{g}{mol}$

Gefahr

H314 Verursacht schwere Verätzungen der Haut und schwere Augenschäden.

P280 Schutzhandschuhe / Schutzkleidung / Augenschutz / Gesichtsschutz tragen.

P301 + P330 + P331: Bei Verschlucken: Mund ausspülen. Kein Erbrechen herbeiführen.

P305 + P351 + P338: Bei Kontakt mit den Augen: Einige Minu-ten lang behutsam mit Wasser spülen. Vorhandene Kontaktlinsen nach Möglichkeit entfernen. Weiter spülen.

P309 + P311: Bei Exposition oder Unwohlsein: Giftinformationszentrum oder Arzt anrufen.

M5 Batteriesäure

9.7 Unentschieden – die Neutralisation

***M1** Verschiedene Antazida*

Fetthaltiges oder scharfes Essen, pfefferminzhaltige Speisen, Kaffee- oder Alkoholkonsum, aber auch Stress können zu Sodbrennen führen. Darunter versteht man eine stechendbrennende Empfindung in der Speiseröhre. Diese Schmerzen werden durch Magensäure verursacht. Magensäure ist verdünnte Salzsäure. Sie wird im Magen gebildet und hat die Aufgabe, die Verdauung der Nahrung zu unterstützen. Wird aufgrund der genannten Ursachen übermäßig viel Magensäure produziert, so kann diese aus dem Magen in die Speiseröhre zurücksteigen und so zum Sodbrennen führen.

Nach ärztlicher Empfehlung können die Beschwerden mit der Einnahme von Antazida behandelt werden (M1). Antazida („Antisäuren“) heben die Wirkung der Säure auf. Die Säure wird neutralisiert und das Sodbrennen gelindert.

Manche Antazida enthalten Hydroxidionen. Reagieren diese Hydroxidionen mit den Wasserstoffionen einer Säure, entstehen Wassermoleküle. Diese Reaktion bezeichnet man als **Neutralisationsreaktion** (M3).

Die übrigen Ionen bleiben gelöst, sie reagieren nicht. Da sie sozusagen bei der Reaktion nur „zuschauen“, werden sie im Englischen häufig auch als **spectator ions** bezeichnet (M2).

Wenn Säuren und Laugen miteinander reagieren, entsteht immer eine wässrige Lösung der spectator ions. Lässt man diese Salzlösung an einem warmen Ort stehen oder dampft sie ein, so verdunstet das Wasser. Man erhält das feste Salz. Das Salz besteht aus den positiv geladenen Metallionen der Lauge und den negativ geladenen Säurerestionen der Säure.

Lösen in Wasser:	$Al(OH)_3(s) \rightarrow Al^{3+}(aq) + 3\ OH^-(aq)$
Reaktion mit Säure:	$3\ H^+(aq) + \underbrace{3\ Cl^-(aq) + Al^{3+}(aq)}_{\text{spectator ions}} + 3\ OH^-(aq) \rightarrow \underbrace{3\ Cl^-(aq) + Al^{3+}(aq)}_{\text{spectator ions}} + 3\ H_2O(l)$
Neutralisation:	$3\ H^+(aq) + 3\ OH^-(aq) \rightarrow 3\ H_2O(l)$
Eindampfen der Salzlösung:	$3\ Cl^-(aq) + Al^{3+}(aq) \rightarrow Al(Cl)_3(s)$

***M2** Neutralisationsreaktion am Beispiel von Aluminiumhydroxid und Salzsäure*

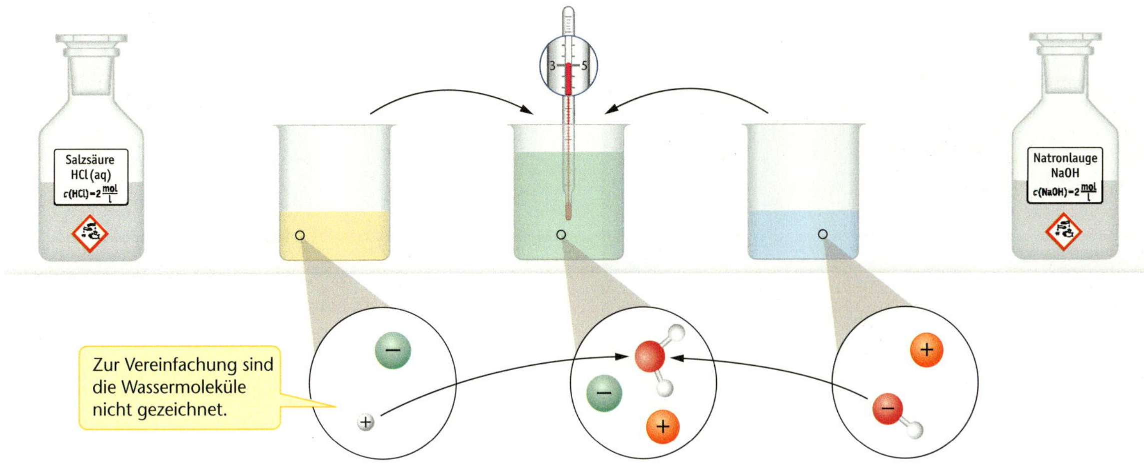

M3 Neutralisationsreaktion mit Bromthymolblau als Indikator

A1 Neutralisationsreaktion
Formuliere für die in M3 modellhaft dargestellte Reaktion eine Reaktionsgleichung.

A2 Salze
Durch Eindampfen von Salzlösungen können die Salze Natriumchlorid, Natriumsulfat, Calciumcarbonat erhalten werden. Gib an, durch welche Neutralisation man die Salzlösungen erhalten kann und formuliere Reaktionsgleichungen.

A3 Verschiedene Neutralisationsreaktionen
Stelle die Reaktionsgleichungen für die folgenden Reaktionen auf.

a) Salzsäure und Calciumlauge
b) Salpetersäure und Natronlauge
c) Phosphorsäure und Kalilauge
d) Kohlensäure und Natronlauge

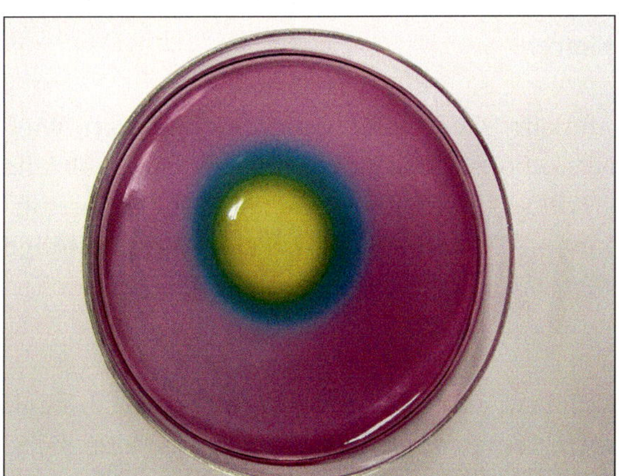

M4 Chemisches Spiegelei

V1 Neutralisation

Materialien:
Bechergläser (150 ml), Thermometer, Natronlauge (1 $\frac{mol}{l}$; **5**), Salzsäure (1 $\frac{mol}{l}$; **7**), Schwefelsäure (0,5 $\frac{mol}{l}$; **5**, **7**)

Durchführung:
Gib 50 ml Salzsäure und 50 ml Natronlauge in je ein Becherglas und bestimme die Temperaturen. Gieße die Natronlauge auf einmal zu der Salzsäure und miss die Temperatur. Wiederhole den Versuch mit Schwefelsäure anstelle von Salzsäure.

Auswertung:
Protokolliere und deute die Beobachtungen.

A4 Mückenstiche
In Apotheken kann man Stifte kaufen, die den Juckreiz von Mückenstichen mindern. Die Messung des pH-Werts so eines Stifts zeigt, dass einer der Inhaltsstoffe schwach alkalisch ist. Erkläre, welche Rückschlüsse man daraus auf die injizierten Insektengifte ziehen kann.

A5 Chemisches Spiegelei
Du erhältst eine Petrischale mit durch Gelatine verfestigtem Rotkohlsaft. Plane ein Experiment, das zu dem in M4 dargestelltem Ergebnis führen könnte.

9.8 Tröpfchen für Tröpfchen – Titration

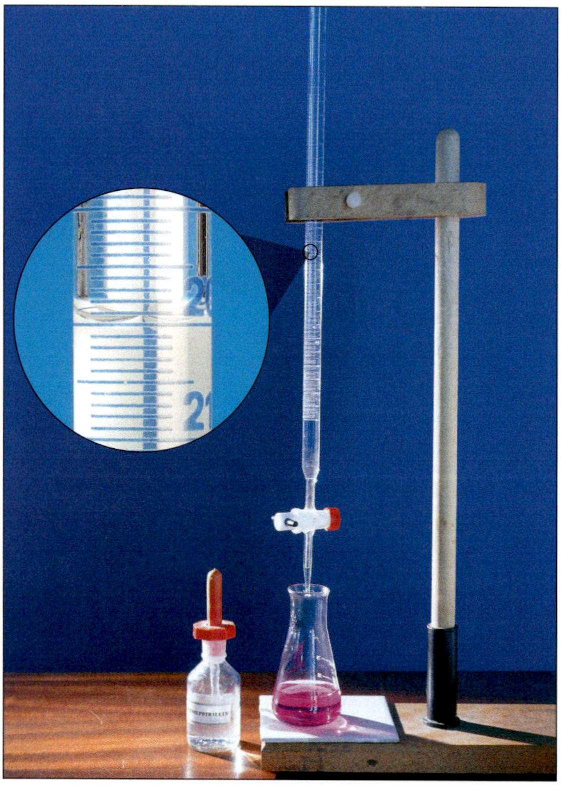

M1 Versuchsaufbau für eine Titration

Manchmal ist es im Labor notwendig, Konzentrationen von Säuren exakt zu bestimmen. Bei der Bestimmung macht man sich zunutze, dass sich Säuren und Laugen gegenseitig neutralisieren. Man neutralisiert die Säure unbekannter Konzentration mithilfe einer Lauge mit bekannter Stoffmengenkonzentration, der sogenannten **Maßlösung.** Das Verfahren wird als **Titration** (frz. *titre:* Feingehalt) bezeichnet. Der Endpunkt der Titration wird durch den Farbumschlag eines Indikators erkannt. M1 zeigt den Aufbau für eine Titration. Man tropft dabei die Lauge aus einer Bürette mit Hahn zu. Zur Durchführung misst man von der zu untersuchenden Säure mit einer Pipette ein genau bestimmtes Volumen ab, füllt es in einen Erlenmeyerkolben und fügt etwas Wasser sowie einen Indikator hinzu. Nun gibt man aus der Bürette die Maßlösung tropfenweise in den Erlenmeyerkolben zu. In den meisten Fällen wird dafür Natronlauge verwendet. Ist die Säure neutralisiert, schlägt der Indikator bei Zugabe eines einzigen Tropfens Lauge schlagartig um. Das verbrauchte Volumen an Lauge wird abgelesen.

Der Umschlag des Indikators erfolgt am sogenannten **Äquivalenzpunkt** (lat. *aequis:* gleich, *valere:* wert sein). Dieser ist erreicht, wenn die Stoffmengen von Säure und Lauge gleich sind.

$$n(\text{Säure}) = n(\text{Lauge}) \qquad (1)$$

Die Stoffmenge n kann man jeweils durch das Produkt aus Konzentration und Volumen ersetzen. Es gilt:

$$n = c \cdot V$$

Setzt man diese Beziehung in (1) ein, erhält man:

$$c(\text{Säure}) \cdot V(\text{Säure}) = c(\text{Lauge}) \cdot V(\text{Lauge})$$

Da das Volumen der Säure, das verbrauchte Volumen der Lauge und deren Stoffmengenkonzentration bekannt sind, lässt sich die Konzentration der Salzsäure berechnen:

$$c(\text{Säure}) = c(\text{Lauge}) \cdot \frac{V(\text{Lauge})}{V(\text{Säure})}$$

Diese oben beschriebenen Zusammenhänge gelten immer dann, wenn die Säuremoleküle je ein Wasserstoffion abspalten können. Da Wasserstoffionen nur aus einem Proton bestehen, bezeichnet man derartige Säuren als **einprotonige Säuren.**

Manche Säuremoleküle können mehrere Wasserstoffionen freisetzen. Phosphorsäuremoleküle (H_3PO_4) liefern zum Beispiel drei Wasserstoffionen. Phosphorsäure ist eine **dreiprotonige Säure.** Entsprechend benötigt man bei der Titration die dreifache Menge an Lauge.

Will man die Konzentration einer Lauge bestimmen, verwendet man als Maßlösung eine Säure mit bekannter Konzentration.

V1 Essigsäuregehalt von Speiseessig

Speiseessig enthält Essigsäure, eine einprotonige Säure (Molmasse 60 $\frac{g}{mol}$). Da der Säurerest Acetat heißt, kürzt man die Formel für Esssigsäure mit HAc ab.

Materialien:
Becherglas, Erlenmeyerkolben, Bürette (oder Spritzen), Pipette, Stativ mit Klammer, Magnetrührer mit Rührstäbchen, Speiseessig, Natronlauge (0,1 $\frac{mol}{l}$; **5**), Thymolphthaleinlösung (**2**)

Durchführung:
Gib mit einer Pipette 1 ml Speiseessig in den Erlenmeyerkolben pipettiert und verdünnemit etwa 50 ml Wasser. Füge 3 Tropfen Thymolphthaleinlösung. Gib das Rührstäbchen hinzu und stelle den Kolben auf den Magnetrührer. Die Bürette wird mit Natronlauge gefüllt. Stelle an der Bürette das Volumen an Natronlauge auf 0 ml, indem du überschüssige Natronlauge aus der Bürette in ein Becherglas laufen lässt. Schalte den Magnetrührer ein und lasse aus der Bürette Natronlauge zur Essiglösung tropfen. Kurz vor dem Äquivalenzpunkt färbt sich die Lösung kurz blau, die blaue Farbe verschwindet aber wieder. Gib ab diesem Zeitpunkt nur ein Tropfen Natronlauge hinzu und warte, bis die blaue Farbe wieder verschwindet. Tropfe solange hinzu, bis die blaue Farbe eine Minute bestehen bleibt und lies den Verbrauch an Natronlauge an der Bürette ab.
Alternative Durchführung: Statt der Bürette können auch Kunststoffspritzen (10 ml) verwendet werden.

Auswertung:
a) Bestimme die Stoffmengenkonzentration an Essigsäure in Speiseessig analog M2.
b) Berechne die Massenkonzentration und vergleiche mit dem Aufdruck auf der Flasche.
c) Diskutiere mögliche Fehlerquellen bei der Titration.

Rechenbeispiel

Für die Titration von 20 ml Salzsäure unbekannter Konzentration wurden 50 ml Natronlauge der Stoffmengenkonzentration c = 0,1 $\frac{mol}{l}$ benötigt. Die Stoffmengenkonzentration der Salzsäure errechnet sich durch:

$$c(\text{Säure}) = c(\text{Lauge}) \cdot \frac{V(\text{Lauge})}{V(\text{Säure})}$$

$$c(\text{Säure}) = 0{,}1\ \frac{mol}{l} \cdot \frac{50\ ml}{20\ ml} = \frac{5}{20}\ \frac{mol}{l} = 0{,}25\ \frac{mol}{l}$$

M2 *Rechenbeispiel für eine Titration*

V2 Milchsäuregehalt von Joghurt

Joghurt enthält Milchsäure, eine einprotonige Säure (Molmasse 90 $\frac{g}{mol}$). Da der Säurerest Lactat heißt, kürzt man die Formel für Milchsäure mit HLac ab.

Materialien:
Becherglas, Erlenmeyerkolben, Bürette, Pipette, Stativ mit Klammer, Magnetrührer mit Rührstäbchen, Waage, Joghurt, Natronlauge (0,1 $\frac{mol}{l}$; **5**), Thymolphthaleinlösung (**2**)

Durchführung:
Führe den Versuch analog zu der Titration der Essigsäure durch. Eingesetzt werden 5 g Joghurt.

Auswertung:
Bestimme den Massenanteil an Milchsäure in Joghurt.

A1 Dünnsäure

Das weiße Farbpigment Titandioxid ist in vielen Anstrichfarben enthalten. Bei seiner Produktion fällt als Abfallprodukt sogenannte Dünnsäure an. Es handelt sich dabei um verdünnte Schwefelsäure (etwa 25 %). Für die weitere Entsorgung muss der Säuregehalt ermittelt werden. Zur Titration von 10 ml Dünnsäure wurden 45 ml Natronlauge (1 $\frac{mol}{l}$) benötigt. Berechne die Massenkonzentration der Schwefelsäure in Dünnsäure.

9.9 Protonenhandel – Protolysen

M1 *Bildung von Ammoniumchloridrauch*

Trifft farbloses Chlorwasserstoffgas auf das ebenfalls farblose Ammoniakgas, bildet sich ein weißer Rauch (M1). Dieser Rauch besteht aus kleinen Kristallen des Salzes Ammoniumchlorid. Ammoniumchlorid besteht aus Ammoniumionen (NH_4^+) und Chloridionen (Cl^-). Die Ionen des Salzes entstehen, indem Chlorwasserstoffmoleküle jeweils ein Wasserstoffion an Ammoniakmoleküle abgeben (M2). Wasserstoffionen bezeichnet man auch als Protonen.

Im Jahr 1923 veröffentlichten Nikolaus BRÖNSTED und Thomas Martin LOWRY ein bis heute gebräuchliches Konzept, das derartige Reaktionen als **Säure-Base-Reaktionen** auffasst. Demnach sind Säuren Teilchen, die Protonen abgeben. Basen sind Teilchen, die Protonen aufnehmen. Säuren bezeichnet man auch als **Protonenspender** oder **Protonendonatoren,** Basen als **Protonenfänger** oder **Protonenakzeptoren.** Säure-Base-Reaktionen sind **Protonenübertragungsreaktionen.** Man nennt sie auch **Protolysen**. Anders als bei dem Säure-Base-Konzept von ARRHENIUS sind Säure-Base-Reaktionen nach BRÖNSTED nicht auf wässrige Lösungen beschränkt.

In vielen Fällen ist Wasser aber einer der Reaktionspartner. Erhält ein Wassermolekül als Base von einer Säure ein Proton, entsteht dabei ein **Oxoniumion** (H_3O^+-Ion). Oxoniumionen bewirken, dass eine saure Lösung vorliegt. Gibt ein Wassermolekül als Säure ein Proton an eine Base ab, entsteht dabei ein **Hydroxidion** (OH^--Ion). Hydroxidionen sorgen dafür, dass die Lösung alkalisch ist.

Manche Teilchen können wie das Wassermolekül je nach Reaktionspartner Protonen aufnehmen oder abgeben. Diese Teilchen, die als Säure und als Base reagieren können, bezeichnet man als **Ampholytteilchen.**

Teilchen, die als Säure reagieren, müssen über Wasserstoffatome verfügen, die in Form von Protonen abspaltbar sind. Das ist der Fall, wenn die Bindung zum Wasserstoffatom polar ist und die Wasserstoffatome bereits vor der Protolyse positiv teilgeladen sind. Teilchen, die als Basen reagieren besitzen freie Elektronenpaare, mit denen das übertragene Proton gebunden werden kann.

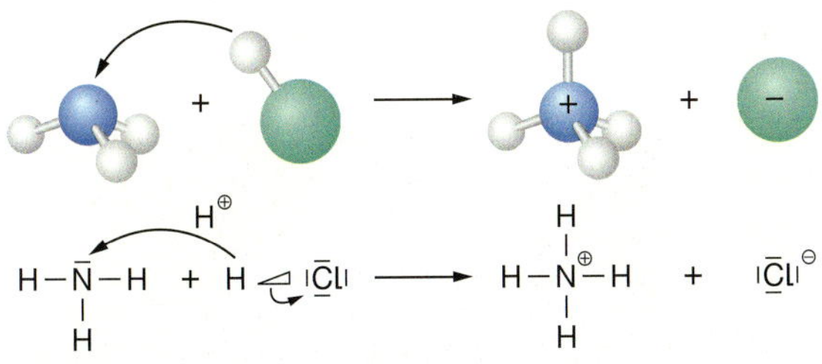

M2 Ammoniak reagiert mit Chlorwasserstoff zu Ammoniumchlorid. Darstellung der Reaktion auf Teilchenebene

A1 Säure-Base-Reaktionen

a) Ordne den in M3 modellhaft dargestellten Säure-Base-Reaktionen a und b die zugehörigen Reaktionsgleichungen 1 und 2 zu. Begründe deine Zuordnung.
b) Formuliere nach dem Muster von M2 für beide Reaktionen eine Gleichung in der Lewis-Schreibweise.
c) Erläutere anhand der Beispiele aus M3 die Bedeutung der Begriffe *Säure, Base, Protolyse* und *Ampholytteilchen.*

A2 Kohlensäure

Leitet man Kohlenstoffdioxidgas in Wasser, entsteht Kohlensäure. Kohlensäure hat das Stoffsymbol H_2CO_3. Die Lösung wird dabei sauer. Erkläre diese Beobachtung möglichst auch unter Verwendung von Strukturformeln.

A3 Metalloxide

a) Lösungen aller Metalloxide in Wasser sind alkalisch. Begründe diese Tatsache.
b) Erläutere, inwiefern das Versuchsergebnis mit den Säure-Base-Theorien von Arrhenius und Brönsted erklärbar ist.

A4 Wasser

a) Begründe aufgrund der Struktur des Wassermoleküls dessen Fähigkeit, als Ampholytteilchen zu reagieren.
b) Lässt man destilliertes Wasser einige Zeit stehen und gibt anschließend einen Indikator zu, wird ein pH-Wert zwischen 5 und 6 gemessen. Erläutere diesen Sachverhalt.

a

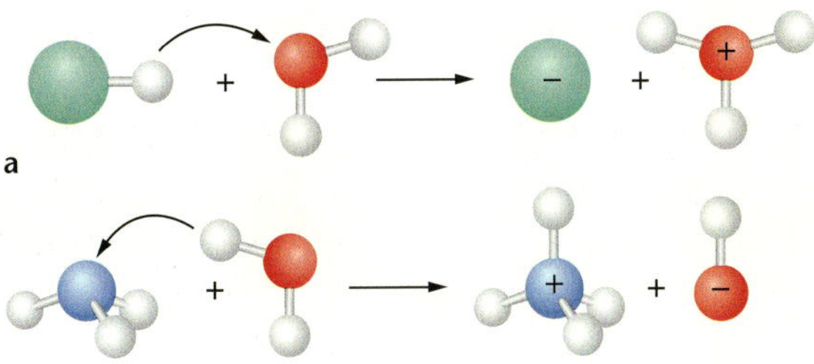

b

1 $HCl + H_2O \rightarrow Cl^- + H_3O^+$

2 $NH_3 + H_2O \rightarrow NH_4^+ + OH^-$

M3 Säure-Base-Reaktionen

A5 Neutralisation als Säure-Base-Reaktion

Gibt man zu Salzsäure das gleiche Volumen Natronlauge exakt gleicher Konzentration, erhält man eine neutrale Lösung. Beim Eindampfen erhält man einen weißen, kristallinen Feststoff. Erkläre beide Beobachtungen und analysiere, ob hier eine Säure-Base-Reaktion nach Brönsted vorliegt.

V1 Protolysen in Salzlösungen

Materialien:
Pasteurpipetten, Tüpfelplatte, Spatel, Zahnstocher, Natriumchlorid, Calciumoxid (CaO, **5**), Natriumcarbonat (Na_2CO_3, **7**), Natriumdihydrogenphosphat (NaH_2PO_4), Ammoniumchlorid (NH_4Cl, **7**), Bromthymolblaulösung, Thymolphthaleinlösung (**2**), Rotkohlsaft, Universalindikatorlösung (**2**)

Durchführung:
Plane selbstständig Versuche, mit denen du überprüfen kannst, ob die wässrigen Lösungen der Salze sauer, alkalisch oder neutral sind. Verwende dazu möglichst kleine Versuchsansätze.

Auswertung:
Protokolliere und deute die Beobachtungen. Formuliere gegebenenfalls Reaktionsgleichungen zu den jeweiligen Versuchen und kennzeichne Protonendonator und -akzeptor.

9.10 Freundliche Übernahmen – Donator-Akzeptor-Reaktionen

M1 *Geben und Nehmen*

Vergleicht man Redoxreaktionen und Säure-Base-Reaktionen miteinander, stellt man fest, dass beiden Reaktionstypen gemeinsame Prinzipien zugrunde liegen. In beiden Fällen geht es um Geben und Nehmen (M1). Deshalb bezeichnet man diese Reaktionen als Donator-Akzeptor-Reaktionen (lat. *donare:* geben; lat. *accipere:* annehmen). In einem Fall werden Elektronen übergeben, im anderen Protonen.

Redoxreaktionen sind **Elektronenübertragungsreaktionen.** Der Elektronenspender oder auch **Elektronendonator** wird als Reduktionsmittel bezeichnet, weil er seinen Reaktionspartner reduziert. Er selbst wird dabei oxidiert. Der Elektronenfänger oder auch **Elektronenakzeptor** wird als Oxidationsmittel bezeichnet, weil er seinen Reaktionspartner oxidiert. Er selbst wird dabei reduziert.

Teilchen des Reduktionsmittels geben ein Elektron oder mehrere Elektronen an Teilchen eines Reaktionspartners ab. Die Teilchen guter Reduktionsmittel verfügen über Elektronen, auf die sie nur schwache Anziehungskräfte ausüben. Diese Elektronen werden deshalb leicht abgeben. Je leichter das Reduktionsmittel Elektronen abgibt, desto besser ist es als Reduktionsmittel geeignet. Teilchen des Oxidationsmittels nehmen Elektronen auf. Sie haben in ihrer Elektronenhülle Platz für weitere Elektronen. Redoxreaktionen sind immer daran zu erkennen, dass sich die Oxidationszahlen der beteiligten Teilchen ändern.

Säure-Base-Reaktionen sind **Protonenübertragungsreaktionen.** Die Säure ist der Protonenspender oder auch **Protonendonator.** Die Base ist der Protonenfänger oder auch **Protonenakzeptor.**

Teilchen der Säure geben ein Proton oder mehrere Protonen an Teilchen der Base ab. Teilchen starker Säuren besitzen Wasserstoffatome, die aufgrund polarer Bindungen bereits stark positiv teilgeladen sind. Diese Protonen werden besonders leicht abgegeben. Teilchen, die als Basen fungieren, besitzen freie Elektronenpaare. An diese freien Elektronenpaare binden die Protonen. Bei Protonenübertragungsreaktionen ändern sich die Oxidationszahlen nicht.

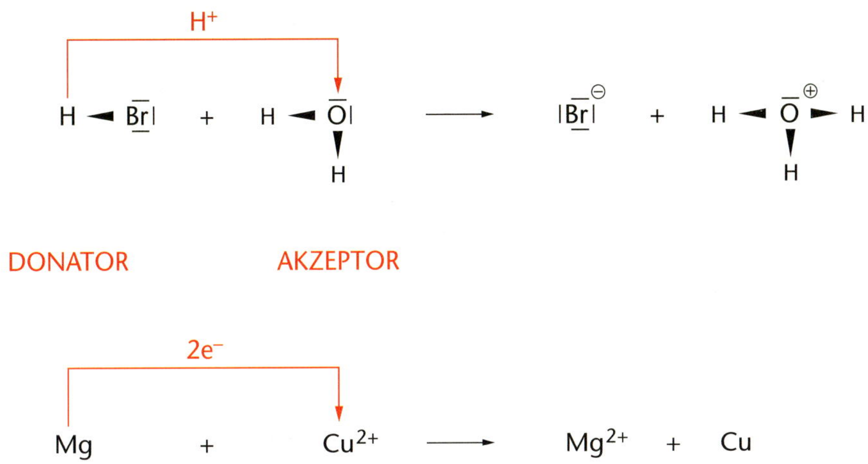

M2 Säure-Base-Reaktion und Redoxreaktion

A1 Grundbegriffe zu Donator-Akzeptor-Reaktionen

Erläutere folgende Begriffe: *Elektronenakzeptor, Base, Reduktionsmittel, Oxidationsmittel, Protonendonator, Oxidation, Reduktion, Donator-Akzeptor-Reaktion, Säure, Protonenfänger, Säure-Base-Reaktion*

A2 Redoxreaktionen und Säure-Base-Reaktionen im Vergleich

a) Erläutere mithilfe von M2 den Ablauf von Redoxreaktionen und Säure-Base-Reaktionen unter Verwendung von Fachbegriffen.

b) Erstelle Reaktionsgleichungen für weitere Redoxreaktionen und Säure-Base-Reaktionen.

c) Formuliere die Reaktionsgleichung für die Reaktion, die beim Lösen von Ammoniak in Wasser abläuft. Analysiere, ob es sich um eine Redoxreaktion oder Säure-Base-Reaktion handelt.

d) Gib in einer Tabelle übersichtlich Gemeinsamkeiten von Säure-Base-Reaktionen und Redoxreaktionen an.

A3 Reaktionsmöglichkeiten

Beurteile die Reaktionsmöglichkeiten der in M3 abgebildeten Teilchen im Hinblick auf Säure-Base-Reaktionen und Redoxreaktionen.

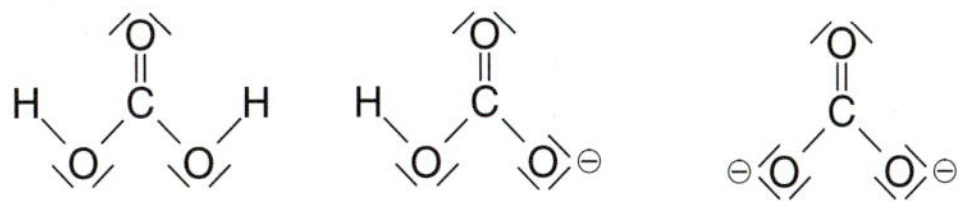

M3 Strukturformeln

A4 Redoxreaktion oder Säure-Base-Reaktion?

Beurteile, ob es sich bei den folgenden Reaktionen um Redoxreaktionen oder Säure-Base-Reaktionen handelt:

a) $HCl + H_2O \rightarrow H_3O^+ + Cl^-$

b) $C_2H_6 \rightarrow C_2H_4 + H_2$

c) $HCl + NH_3 \rightarrow NH_4^+ + Cl^-$

d) $Al_2O_3 + 2\,Fe \rightarrow Fe_2O_3 + 2\,Al$

e) $O^{2-} + H_2O \rightarrow 2\,OH^-$

f) $2\,HCl + Mg \rightarrow H_2 + MgCl_2$

g) $H_3O^+ + OH^- \rightarrow 2\,H_2O$

A5 Vom Modell zur Reaktionsgleichung

In M4 ist eine chemische Reaktion modellhaft dargestellt. Entwickle eine sinnvolle Reaktionsgleichung, die zu der Darstellung passt und analysiere, ob die von dir formulierte Reaktion eine Redoxreaktion oder Säure-Base-Reaktion ist.

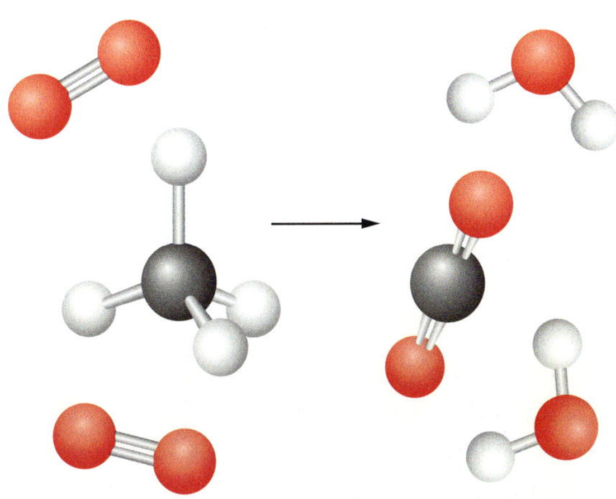

M4 Modelldarstellung einer chemischen Reaktion

Kompetent?

1 Berechne jeweils die Masse von 0,5 mol Calciumhydroxid, 0,3 mol Natriumchlorid und 3,5 mol Schwefelsäure.

2 Gib die Definitionen von Säuren und Basen nach Arrhenius und Brönsted an.

3 Stelle die Reaktionsgleichungen für die Reaktionen zwischen folgenden Stoffen auf:
a) Salzsäure und Kalilauge
b) Kohlensäure und Calciumlauge
c) Schwefelsäure und Natronlauge

4 Gelangt gelöschter Kalk in die Augen, führt das zu Verletzungen bis hin zur Erblindung. Solche Verletzungen entstehen auch, wenn gebrannter Kalk in die Augen gelangt. Erläutere, wie es zu diesen Verletzungen kommt.

5 Erläutere die dargestellten Reaktionen mit den entsprechenden Fachbegriffen.

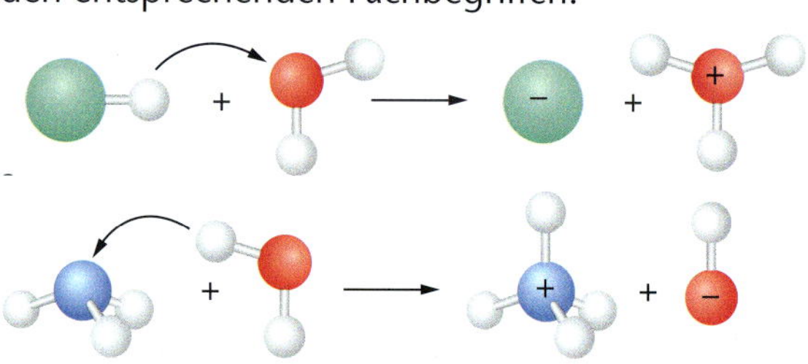

6 Nenne die Stoffsymbole für Schwefelsäure, Essigsäure, Kohlensäure und Salpetersäure.

Zum Vergessen zu wichtig ...

Wissen aus früheren Kapiteln

- Das Element Phosphor steht in der V. Hauptgruppe und in der 3.Periode. Beschreibe die Elektronenkonfiguration.
- Erläutere die Aussagen des Satzes von Avogadro.
- Bestimme die Oxidationszahlen in $KClO_4$, $NaClO_3$ und $CaCl_2$.
- Erläutere die Begriffe *Gitterenergie* und *Hydratisierungsenergie.*

7 Lege eine Klarsichtfolie über die Diagramme und zeichne jeweils den Kurvenverlauf für Salzsäure ein

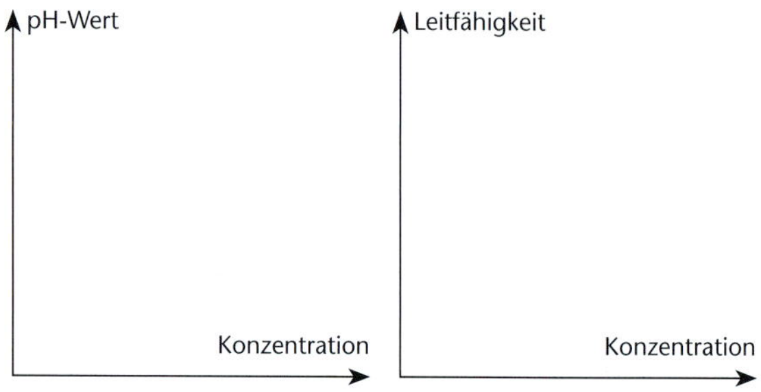

8 Berechne die Stoffmengenkonzentration an Natriumchlorid in einer isotonischen Kochsalzlösung (w = 0,9 %).

9 Erläutere die Begriffe *Ampholytteilchen, Protolyse* und *Oxoniumion.*

10 Für die Titration von 20 ml Salzsäure wurden 50 ml Natronlauge der Stoffmengenkonzentration $c = 0{,}1\ \frac{mol}{l}$ benötigt. Berechne die Stoffmengenkonzentration der Salzsäure.

11 Füge die folgenden Silben zu 14 Fachbegriffen, die in diesem Kapitel vorkommen, zusammen und erläutere sie:
ak-an-do-fat-fid-ge-kon-lau-li-lu-ly-mas-mas-men-mol-mol-na-neu-ni-on-on-on-pro-re-re-sa-salz-säu-säu-se-se-sen-sul-teil-ti-ti-ti-ti-to-tor-tor-tra-tra-tra-trat-vo-zen-zep

Basiskonzepte

Ordne den Aufgaben auf dieser Seite die entsprechenden Basiskonzepte zu. Fertige dazu eine Tabelle nach untenstehendem Muster an. Gib in der dritten Spalte die Unterkapitel an, in denen Informationen zur Aufgabe stehen.

Aufgabe	Basiskonzept(e)	Unterkapitel
1	Stoff-Teilchen-Konzept	5.5
2	...	...

Chemie kommunikativ: Säureanschlag auf die Zähne

M1 Hydroxylapatit

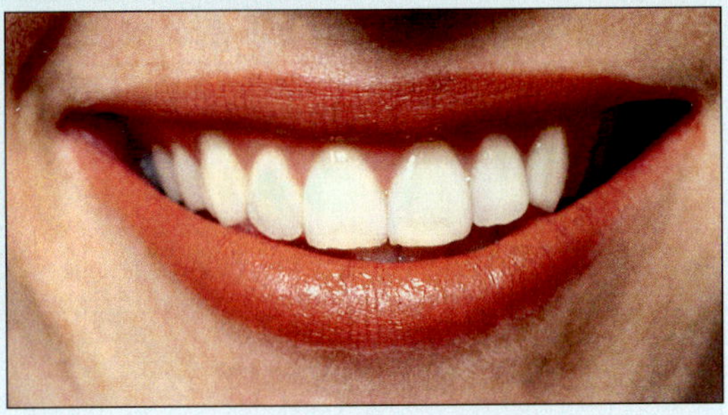

Der Zahnschmelz von Zähnen besteht zu etwa 95 % aus dem Mineralsalz Hydroxylapatit. Das Stoffsymbol ist $Ca_5(PO_4)_3OH$. Zahnschmelz ist die härteste Substanz des menschlichen Körpers. Zahnschmelz ist sehr stabil. Sinkt der pH-Wert im Mundspeichel jedoch unter 5,5, wird das Hydroxylapatit langsam gelöst. Man spricht davon, dass der Zahnschmelz demineralisiert. Ist der Zahn nicht zu lange diesem Säureangriff ausgesetzt, werden die herausgelösten Bestandteile durch den Speichel ersetzt, wenn der Speichel wieder neutral ist.

M2 Mundspeichel

Mundspeichel ist normalerweise annähernd neutral. Er kann aber sauer werden, und das nicht nur durch den Verzehr saurer Nahrung. Vor allem Zuckerreste im Mund und an den Zähnen sind willkommene Nahrung für Bakterien. Diese wandeln den Zucker in ihrem Stoffwechsel in Säuren um.

M3 Fluoridierte Zahncreme

Fluoridhaltige Zahncreme und fluoridhaltiges Salz sollen der Zahngesundheit dienen. Die Fluoridionen verdrängen an der Oberfläche Hydroxidionen aus dem Hydroxylapatit und setzen sich an deren Stelle.

M4 Geschützes Ei

Ein Ei wird zur Hälfte mit einer fluoridionenhaltigen Zahncreme eingerieben. Nach einiger Zeit wischt man die Zahncreme ab. Das Ei legt man anschließend in Speiseessig.

M5 Eine Modellvorstellung

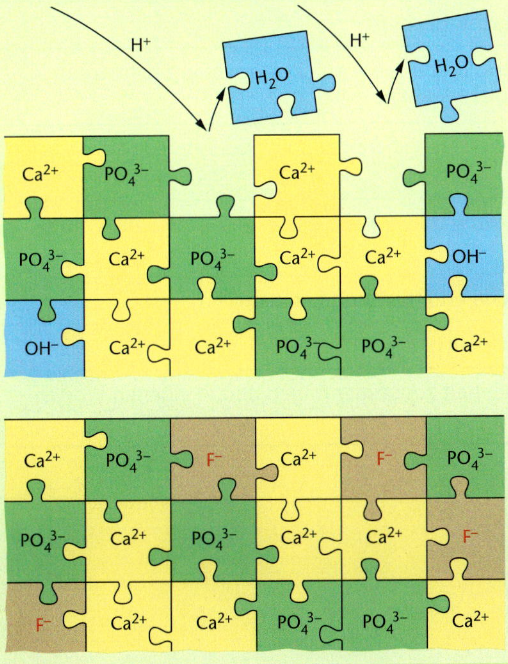

A Arbeitsaufträge

Auf dieser Seite sind Informationen in sehr knapper Form dargestellt. Recherchiert zu den angesprochenen Themen weitere Informationen und ergänzt gegebenenfalls aussagekräftige Texte und Abbildungen. Entwickelt aufgrund dieser Informationen gemeinsam ein Poster zu dem Thema „Säureangriff auf die Zähne". Erläutert auf dem Poster auch die Modellvorstellung M5.

Aufgaben richtig verstehen – Operatoren

auswerten	gesammelte Daten und Ergebnisse zu einer Gesamtaussage zusammenfassen
begründen	gegebene Sachverhalte auf bekannte Regeln und Gesetzmäßigkeiten zurückführen
berechnen, bestimmen	rechnerisch Lösungen zu naturwissenschaftlichen Problemen finden
beschreiben	Sachverhalte strukturieren und mit eigenen Worten wiedergeben
beurteilen, Stellung nehmen	unter Verwendung von Fachwissen begründet ein selbstständiges Urteil zu einem Sachverhalt formulieren
darstellen	Zusammenhänge und Gegebenheiten gliedern und in geeigneter Form wiedergeben
deuten	Sachverhalte in Zusammenhang stellen und beurteilen
diskutieren	unterschiedliche Meinungen und Ergebnisse zusammentragen, vergleichen und begründet Stellung nehmen
entwickeln	Hypothesen, Experimente und Modelle entwerfen und unter Verwendung von Fachwissen weiter ausarbeiten
erklären	einen Sachverhalt mit geeigneten Mitteln verdeutlichen und begründen
erläutern	mithilfe zusätzlicher Informationen einen Sachverhalt verständlich machen
ermitteln	einen Zusammenhang oder eine Lösung finden und das Ergebnis formulieren
Experiment durchführen	Experimente unter Beachtung der Sicherheitshinweise durchführen
Hypothesen aufstellen	begründete Vermutungen formulieren
interpretieren	fachliche Zusammenhänge aus gegebenen Sachverhalten herausziehen, deuten und erklären
nennen	Sachverhalte, Eigenschaften oder Begriffe aufzählen
ordnen	Objekte und Sachverhalte in Gruppen gliedern
protokollieren	Durchführung, Beobachtungen und Ergebnisse von Experimenten zeichnerisch und/oder fachsprachlich richtig wiedergeben
skizzieren	einen Sachverhalt auf das Wesentliche reduzieren und mit geeigneten Mitteln wiedergeben
überprüfen, prüfen	Sachverhalte oder Aussagen an Fakten oder Logik messen und eventuelle Widersprüche aufdecken
vergleichen	Gemeinsamkeiten und Unterschiede ermitteln und herausstellen
zeichnen	grafische Darstellung eines Sachverhalts
zusammenfassen	wesentliche Aspekte einer Gegebenheit zusammentragen und in eigenen Worten wiedergeben

Gefahrenhinweise (H-Sätze)

Physikalische Gefahren

H 200	Instabil, explosiv
H 201	Explosiv, Gefahr der Massenexplosion.
H 202	Explosiv; große Gefahr durch Splitter, Spreng- und Wurfstücke.
H 203	Explosiv; Gefahr durch Feuer, Luftdruck oder Splitter, Spreng- und Wurfstücke.
H 204	Gefahr durch Feuer oder Splitter, Spreng- und Wurfstücke.
H 205	Gefahr der Massenexplosion bei Feuer.
H 220	Extrem entzündbares Gas.
H 221	Entzündbares Gas.
H 222	Extrem entzündbares Aerosol.
H 223	Entzündbares Aerosol.
H 224	Flüssigkeit und Dampf extrem entzündbar.
H 225	Flüssigkeit und Dampf leicht entzündbar.
H 226	Flüssigkeit und Dampf entzündbar.
H 228	Entzündbarer Feststoff.
H 240	Erwärmung kann Explosion verursachen.
H 241	Erwärmung kann Brand oder Explosion verursachen.
H 242	Erwärmung kann Brand verursachen.
H 250	Entzündet sich in Berührung mit Luft von selbst.
H 251	Selbsterhitzungsfähig; kann in Brand geraten.
H 252	In großen Mengen selbsterhitzungsfähig; kann in Brand geraten.
H 260	In Berührung mit Wasser entstehen entzündbare Gase, die sich spontan entzünden können.
H 261	In Berührung mit Wasser entstehen entzündbare Gase.
H 270	Kann Brand verursachen oder verstärken; Oxidationsmittel.
H 271	Kann Brand oder Explosion verursachen; starkes Oxidationsmittel.
H 272	Kann Brand verstärken; Oxidationsmittel.
H 280	Enthält Gas unter Druck; kann bei Erwärmung explodieren.
H 281	Enthält tiefgekühltes Gas; kann Kälteverbrennungen oder -verletzungen verursachen.
H 290	Kann gegenüber Metallen korrosiv sein.

Gesundheitsgefahren

H 300	Lebensgefahr bei Verschlucken.
H 301	Giftig bei Verschlucken.
H 302	Gesundheitsschädlich bei Verschlucken.
H 304	Kann bei Verschlucken und Eindringen in die Atemwege tödlich sein.
H 310	Lebensgefahr bei Hautkontakt.
H 311	Giftig bei Hautkontakt.
H 312	Gesundheitsschädlich bei Hautkontakt.
H 314	Verursacht schwere Verätzungen der Haut und schwere Augenschäden.
H 315	Verursacht Hautreizungen.
H 317	Kann allergische Hautreaktionen verursachen.
H 318	Verursacht schwere Augenschäden.
H 319	Verursacht schwere Augenreizung.
H 330	Lebensgefahr bei Einatmen.
H 331	Giftig bei Einatmen.
H 332	Gesundheitsschädlich bei Einatmen.
H 334	Kann bei Einatmen Allergie, asthmaartige Symptome oder Atembeschwerden verursachen.
H 335	Kann die Atemwege reizen.
H 336	Kann Schläfrigkeit und Benommenheit verursachen.
H 340	Kann genetische Defekte verursachen.
H 341	Kann vermutlich genetische Defekte verursachen.
H 350	Kann Krebs erzeugen.
H 351	Kann vermutlich Krebs erzeugen.
H 360	Kann die Fruchtbarkeit beeinträchtigen oder das Kind im Mutterleib schädigen.
H 360 F	Kann die Fruchtbarkeit beeinträchtigen.
H 360 D	Kann das Kind im Mutterleib schädigen.
H 360 FD	Kann die Fruchtbarkeit beeinträchtigen. Kann das Kind im Mutterleib schädigen.
H 360 Fd	Kann die Fruchtbarkeit beeinträchtigen. Kann vermutlich das Kind im Mutterleib schädigen.
H 360 Df	Kann das Kind im Mutterleib schädigen. Kann vermutlich die Fruchtbarkeit beeinträchtigen.
H 361	Kann vermutlich die Fruchtbarkeit beeinträchtigen oder das Kind im Mutterleib schädigen.
H 361 f	Kann vermutlich die Fruchtbarkeit beeinträchtigen.
H 361 d	Kann vermutlich das Kind im Mutterleib schädigen.
H 361 fd	Kann vermutlich die Fruchtbarkeit beeinträchtigen. Kann vermutlich das Kind im Mutterleib schädigen.
H 362	Kann Säuglinge über die Muttermilch schädigen.
H 370	Schädigt die Organe.
H 371	Kann die Organe schädigen.
H 372	Schädigt die Organe bei längerer oder wiederholter Exposition.
H 373	Kann die Organe schädigen bei längerer oder wiederholter Exposition.

Umweltgefahren

H 400	Sehr giftig für Wasserorganismen.
H 410	Sehr giftig für Wasserorganismen mit langfristiger Wirkung.
H 411	Giftig für Wasserorganismen, mit langfristiger Wirkung.
H 412	Schädlich für Wasserorganismen, mit langfristiger Wirkung.
H 413	Kann für Wasserorganismen schädlich sein, mit langfristiger Wirkung.
H 420	Schädigt die öffentliche Gesundheit und die Umwelt durch Ozonabbau in der äußeren Atmosphäre.

EUH-Sätze

EUH 001	In trockenem Zustand explosiv.
EUH 006	Mit und ohne Luft explosionsfähig.
EUH 014	Reagiert heftig mit Wasser.
EUH 018	Kann bei Verwendung explosionsfähige / entzündbare Dampf / Luft-Gemische bilden.
EUH 019	Kann explosionsfähige Peroxide bilden.
EUH 044	Explosionsgefahr bei Erhitzen unter Einschluss.
EUH 029	Entwickelt bei Berührung mit Wasser giftige Gase.
EUH 031	Entwickelt bei Berührung mit Säure giftige Gase.
EUH 032	Entwickelt bei Berührung mit Säure sehr giftige Gase.
EUH 066	Wiederholter Kontakt kann zu spröder oder rissiger Haut führen.
EUH 070	Giftig bei Berührung mit den Augen.
EUH 071	Wirkt ätzend auf die Atemwege.
EUH 201	Enthält Blei. Nicht für den Anstrich von Gegenständen verwenden, die von Kindern gekaut oder gelutscht werden könnten.
EUH 201 A	Achtung! Enthält Blei.
EUH 202	Cyanacrylat. Gefahr. Klebt innerhalb von Sekunden Haut und Augenlider zusammen. Darf nicht in die Hände von Kindern gelangen.
EUH 203	Enthält Chrom(VI). Kann allergische Reaktionen hervorrufen.
EUH 204	Enthält Isocyanate. Kann allergische Reaktionen hervorrufen.
EUH 205	Enthält epoxidhaltige Verbindungen. Kann allergische Reaktionen hervorrufen.
EUH 206	Achtung! Nicht zusammen mit anderen Produkten verwenden, da gefährliche Gase (Chlor) freigesetzt werden können.
EUH 207	Achtung! Enthält Cadmium. Bei der Verwendung entstehen gefährliche Dämpfe. Hinweise des Herstellers beachten. Sicherheitsanweisungen einhalten.
EUH 208	Enthält (Name des sensibilisierenden Stoffes). Kann allergische Reaktionen hervorrufen.
EUH 209	Kann bei Verwendung leicht entzündbar werden.
EUH 209 A	Kann bei Verwendung entzündbar werden.
EUH 210	Sicherheitsdatenblatt auf Anfrage erhältlich.
EUH 401	Zur Vermeidung von Risiken für Mensch und Umwelt die Gebrauchsanleitung einhalten.

Sicherheitshinweise (P-Sätze)

Allgemeines

P 101 Ist ärztlicher Rat erforderlich, Verpackung oder Kennzeichnungsetikett bereithalten.
P 102 Darf nicht in die Hände von Kindern gelangen.
P 103 Vor Gebrauch Kennzeichnungsetikett lesen.

Prävention

P 201 Vor Gebrauch besondere Anweisungen einholen.
P 202 Vor Gebrauch alle Sicherheitshinweise lesen und verstehen.
P 210 Von Hitze / Funken / offener Flamme / heißen Oberflächen fernhalten. Nicht rauchen.
P 211 Nicht gegen offene Flamme oder andere Zündquelle sprühen.
P 220 Von Kleidung / … / brennbaren Materialien fernhalten / entfernt aufbewahren.
P 221 Mischen mit brennbaren Stoffen / … unbedingt verhindern.
P 222 Kontakt mit Luft nicht zulassen.
P 223 Kontakt mit Wasser wegen heftiger Reaktion und möglichem Aufflammen unbedingt verhindern.
P 230 Feucht halten mit …
P 231 Unter inertem Gas handhaben.
P 232 Vor Feuchtigkeit schützen.
P 233 Behälter dicht verschlossen halten.
P 234 Nur im Originalbehälter aufbewahren.
P 235 Kühl halten.
P 240 Behälter und zu befüllende Anlage erden.
P 241 Explosionsgeschützte elektrische Betriebsmittel / Lüftungsanlagen / Beleuchtung / … verwenden.
P 242 Nur funkenfreies Werkzeug verwenden.
P 243 Maßnahmen gegen elektrostatische Aufladungen treffen.
P 244 Druckminderer frei von Fett und Öl halten.
P 250 Nicht schleifen / stoßen / … / reiben.
P 251 Behälter steht unter Druck: Nicht durchstechen oder verbrennen, auch nicht nach der Verwendung.
P 260 Staub / Rauch / Gas / Nebel / Dampf / Aerosol nicht einatmen.
P 261 Einatmen von Staub / Rauch / Gas / Nebel / Dampf / Aerosol vermeiden.
P 262 Nicht in die Augen, auf die Haut oder auf die Kleidung gelangen lassen.
P 263 Kontakt während der Schwangerschaft / und der Stillzeit vermeiden.
P 264 Nach Gebrauch … gründlich waschen.
P 270 Bei Gebrauch nicht essen, trinken oder rauchen.
P 271 Nur im Freien oder in gut belüfteten Räumen verwenden.
P 272 Kontaminierte Arbeitskleidung nicht außerhalb des Arbeitsplatzes tragen.
P 273 Freisetzung in die Umwelt vermeiden.
P 280 Schutzhandschuhe / Schutzkleidung / Augenschutz / Gesichtsschutz tragen.
P 281 Vorgeschriebene persönliche Schutzausrüstung verwenden.
P 282 Schutzhandschuhe / Gesichtsschild / Augenschutz mit Kälteisolierung tragen.
P 283 Schwer entflammbare / flammhemmende Kleidung tragen.
P 284 Atemschutz tragen.
P 285 Bei unzureichender Belüftung Atemschutz tragen.
P 231 + P 232 Unter inertem Gas handhaben. Vor Feuchtigkeit schützen.
P 235 + P410 Kühl halten. Vor Sonnenbestrahlung schützen.

Reaktion

P 301 Bei Verschlucken:
P 302 Bei Berührung mit der Haut:
P 303 Bei Berührung mit der Haut (oder dem Haar):
P 304 Bei Einatmen:
P 305 Bei Kontakt mit den Augen:
P 306 Bei kontaminierter Kleidung:
P 307 Bei Exposition:
P 308 Bei Exposition oder falls betroffen:
P 309 Bei Exposition oder Unwohlsein:
P 310 Sofort Giftinformationszentrum oder Arzt anrufen.
P 311 Giftinformationszentrum oder Arzt anrufen.
P 312 Bei Unwohlsein Giftinformationszentrum oder Arzt anrufen.
P 313 Ärztlichen Rat einholen / ärztliche Hilfe hinzuziehen.
P 314 Bei Unwohlsein ärztlichen Rat einholen / ärztliche Hilfe hinzuziehen.
P 315 Sofort ärztlichen Rat einholen / ärztliche Hilfe hinzuziehen.
P 320 Besondere Behandlung dringend erforderlich (siehe … auf diesem Kennzeichnungsetikett).
P 321 Besondere Behandlung (siehe … auf diesem Kennzeichnungsetikett).
P 322 Gezielte Maßnahmen (siehe … auf diesem Kennzeichnungsetikett).
P 330 Mund ausspülen.
P 331 Kein Erbrechen herbeiführen.
P 332 Bei Hautreizung:
P 333 Bei Hautreizung oder -ausschlag:
P 334 In kaltes Wasser tauchen / nassen Verband anlegen.
P 335 Lose Partikel von der Haut abbürsten.
P 336 Vereiste Bereiche mit lauwarmem Wasser auftauen. Betroffenen Bereich nicht reiben.
P 337 Bei anhaltender Augenreizung:
P 338 Eventuell vorhandene Kontaktlinsen nach Möglichkeit entfernen. Weiter ausspülen.
P 340 Die betroffene Person an die frische Luft bringen und in einer Position ruhigstellen, die das Atmen erleichtert.
P 341 Bei Atembeschwerden an die frische Luft bringen und in einer Position ruhigstellen, die das Atmen erleichtert.
P 342 Bei Symptomen der Atemwege:
P 350 Behutsam mit viel Wasser und Seife waschen.
P 351 Einige Minuten lang behutsam mit Wasser ausspülen.
P 352 Mit viel Wasser und Seife waschen.
P 353 Haut mit Wasser abwaschen / duschen.
P 360 Kontaminierte Kleidung und Haut sofort mit viel Wasser abwaschen und danach Kleidung ausziehen.
P 361 Alle kontaminierten Kleidungsstücke sofort ausziehen.
P 362 Kontaminierte Kleidung ausziehen und vor erneutem Tragen waschen.
P 363 Kontaminierte Kleidung vor erneutem Tragen waschen.
P 370 Bei Brand:
P 371 Bei Großbrand und großen Mengen:
P 372 Explosionsgefahr bei Brand.
P 373 Keine Brandbekämpfung, wenn das Feuer explosive Stoffe / Gemische / Erzeugnisse erreicht.
P 374 Brandbekämpfung mit üblichen Vorsichtsmaßnahmen aus angemessener Entfernung.
P 375 Wegen Explosionsgefahr Brand aus der Entfernung bekämpfen.
P 376 Undichtigkeit beseitigen, wenn gefahrlos möglich.
P 377 Brand von ausströmendem Gas: Nicht löschen, bis Undichtigkeit gefahrlos beseitigt werden kann.
P 378 … zum Löschen verwenden.
P 380 Umgebung räumen.
P 381 Alle Zündquellen entfernen, wenn gefahrlos möglich.
P 390 Verschüttete Mengen aufnehmen, um Materialschäden zu vermeiden.
P 391 Verschüttete Mengen aufnehmen.
P 301 + P310 Bei Verschlucken: Sofort Giftinformationszentrum oder Arzt anrufen.

P 301 + P 312	Bei Verschlucken: Bei Unwohlsein Giftinformationszentrum oder Arzt anrufen.
P 301 + P 330 + P 331	Bei Verschlucken: Mund ausspülen. Kein Erbrechen herbeiführen.
P 302 + P 334	Bei Kontakt mit der Haut: In kaltes Wasser tauchen / nassen Verband anlegen.
P 302 + P 350	Bei Kontakt mit der Haut: Behutsam mit viel Wasser und Seife waschen.
P 302 + P 352	Bei Kontakt mit der Haut: Mit viel Wasser und Seife waschen.
P 303 + P 361 + P 353	Bei Kontakt mit der Haut (oder dem Haar): Alle beschmutzten, getränkten Kleidungsstücke sofort ausziehen. Haut mit Wasser abwaschen / duschen.
P 304 + P 340	Bei Einatmen: An die frische Luft bringen und in einer Position ruhigstellen, die das Atmen erleichtert.
P 304 + P 341	Bei Einatmen: Bei Atembeschwerden an die frische Luft bringen und in einer Position ruhigstellen, die das Atmen erleichtert.
P 305 + P 351 + P 338	Bei Kontakt mit den Augen: Einige Minuten lang behutsam mit Wasser spülen. Vorhandene Kontaktlinsen nach Möglichkeit entfernen. Weiter spülen.
P 306 + P 360	Bei Kontakt mit der Kleidung: Kontaminierte Kleidung und Haut sofort mit viel Wasser abwaschen und danach Kleidung ausziehen.
P 307 + P 311	Bei Exposition: Giftinformationszentrum oder Arzt anrufen.
P 308 + P 313	Bei Exposition oder falls betroffen: Ärztlichen Rat Einholen / ärztliche Hilfe hinzuziehen.
P 309 + P 311	Bei Exposition oder Unwohlsein: Giftinformationszentrum oder Arzt anrufen.
P 332 + P 313	Bei Hautreizung: Ärztlichen Rat einholen / ärztliche Hilfe hinzuziehen.
P 333 + P 313	Bei Hautreizung oder -ausschlag: Ärztlichen Rat einholen / ärztliche Hilfe hinzuziehen.
P 335 + P 334	Lose Partikel von der Haut abbürsten. In kaltes Wasser tauchen / nassen Verband anlegen.
P 337 + P 313	Bei anhaltender Augenreizung: Ärztlichen Rat einholen / ärztliche Hilfe hinzuziehen.
P 342 + P 311	Bei Symptomen der Atemwege: Giftinformationszentrum oder Arzt anrufen.
P 370 + P 376	Bei Brand: Undichtigkeit beseitigen, wenn gefahrlos möglich.
P 370 + P 378	Bei Brand: … zum Löschen verwenden.
P 370 + P 380	Bei Brand: Umgebung räumen.
P 370 + P 380 + P 375	Bei Brand: Umgebung räumen. Wegen Explosionsgefahr Brand aus der Entfernung bekämpfen.
P 371 + P 380 + P 375	Bei Großbrand und großen Mengen: Umgebung räumen. Wegen Explosionsgefahr Brand aus der Entfernung bekämpfen.

Aufbewahrung

P401	… aufbewahren.
P402	An einem trockenen Ort aufbewahren.
P403	An einem gut belüfteten Ort aufbewahren.
P404	In einem geschlossenen Behälter aufbewahren.
P405	Unter Verschluss aufbewahren.
P406	In korrosionsbeständigem / … Behälter mit korrosionsbeständiger Auskleidung aufbewahren.
P407	Luftspalt zwischen Stapeln / Paletten lassen.
P410	Vor Sonnenbestrahlung schützen.
P411	Bei Temperaturen von nicht mehr als … °C / … aufbewahren.
P412	Nicht Temperaturen von mehr als 50 °C aussetzen.
P413	Schüttgut in Mengen von mehr als … kg bei Temperaturen von nicht mehr als … °C aufbewahren
P420	Von anderen Materialien entfernt aufbewahren.
P422	Inhalt in / unter … aufbewahren
P402 + P404	In einem geschlossenen Behälter an einem trockenen Ort aufbewahren.
P403 + P233	Behälter dicht verschlossen an einem gut belüfteten Ort aufbewahren.
P403 + P235	Kühl an einem gut belüfteten Ort aufbewahren.
P410 + P403	Vor Sonnenbestrahlung geschützt an einem gut belüfteten Ort aufbewahren.
P410 + P412	Vor Sonnenbestrahlung schützen und nicht Temperaturen von mehr als 50 °C aussetzen.
P411 + P235	Kühl und bei Temperaturen von nicht mehr als … °C aufbewahren.

Entsorgung

P501	Inhalt / Behälter … zuführen.

Stoffliste

Die Daten in der Stoffliste stammen von den gängigen Inverkehrbringern. Nichtkommerziell erhältliche Lösungen und Zubereitungen wurden von der GBK Gefahrgut Büro GmbH, Ingelheim auf Grundlage der verfügbaren Daten eingestuft. Alle Daten wurden von den Herausgebern geprüft und überarbeitet.
Die neue CLP-Verordnung erlaubt den Inverkehrbringern über die Mindesteinstufung (Anhang 6, Tabelle 3.1 der Verordnung (EU) Nr. 286/2011) hinaus abweichende Einstufungen aufgrund eigener Tests oder Klassifizierungen zu vergeben. Die Gebindekennzeichnungen verschiedener Inverkehrbringer können daher untereinander und von den hier vorliegenden Daten abweichen.

Haftungsausschluss: Trotz sorgfältiger Prüfung ist es möglich, dass bei der Zusammenstellung Fehler aufgetreten sind. Die gegebenen Daten sind daher von jeder Lehrkraft zu prüfen.

Stoff	GHS-Piktogramme H-Sätze	Signalwort	Sicherheits-symbole
Ammoniumchlorid	H302, H319	Achtung	
Bariumnitrat	H272 H302 + H332	Gefahr	
Benedict-Reagenz	H315, H319 H411	Gefahr	
Brennspiritus siehe Ethanol			
Calcium	H261	Gefahr	
Calciumchlorid	H319	Achtung	
Calciumhydroxid	H318	Gefahr	
Calciumoxid	H318	Gefahr	
Chromalaun	H315, H319	Gefahr	
Eisenpulver	H228	Achtung	
Eisen(II)-sulfat-Heptahydrat	H302, H319, H315	Achtung	
Essigsäure (Eisessig, Ethansäure), w = 100 %	H226 H290, H314	Gefahr	
Essigsäure (Ethansäure), w ≥ 25 %	H314	Gefahr	
Essigsäure (Ethansäure), 10 % ≤ w < 25 %	H315, H319	Achtung	
Ethanol (Brennspiritus)	H225	Gefahr	

Stoff	GHS-Piktogramme H-Sätze	Signalwort	Sicherheitssymbole
Kaliumpermanganat	H272 H302 H410	Gefahr	
Kaliumpermanganatlösung, c = 0,02 mol · l^{-1}	H412	–	
Kohlenstoffdioxid	H280	Achtung	
Kupfer, Pulver	H228	Achtung	
Kupfer(II)-chlorid-Dihydrat	H302, H315, H319 H410	Gefahr	
Kupfer(I)-oxid	H302 H410	Achtung	
Kupfer(II)-oxid	H302 H410	Achtung	
Kupfer(II)-sulfat	H302, H315, H319 H410	Achtung	
Kupfer(II)-sulfatlösung, w ≥ 10 %	H315, H319 H411	Achtung	
Kupfer(II)-sulfatlösung, w = 1 %	H411	Achtung	
Lampenöl	H304	Achtung	
Lithium	H260 H314 EUH014	Gefahr	
Lithiumchlorid	H302, H319, H315	Achtung	
Magnesium, Band	H228, H261	Gefahr	
Magnesium, Pulver	H260, H250	Gefahr	
Methanol	H225 H301, H311, H331 H370	Gefahr	
Methylenblau	H302	Achtung	
Milchsäure	H315, H318	Gefahr	
Natriumcarbonat	H319	Achtung	

Stoff	GHS-Piktogramme H-Sätze	Signalwort	Sicherheits-symbole
Natriumhydroxid	H314	Gefahr	
Natriumiodid	H400	Achtung	
Natronlauge w ≥ 2 %	H290, H314	Gefahr	
Natronlauge 0,5 % ≤ w < 2 %	H315, H319	Achtung	
Salzsäure w ≥ 25 %	H314 H335	Gefahr	
Salzsäure 10 % ≤ w < 25 %	H315, H319, H335	Achtung	
Salzsäure w = 5 %	H290	Achtung	
Salzsäure 2 mol/l	H290	Achtung	
Schwefelpulver	H315	Achtung	
Schwefelsäure w ≥ 15 %	H314	Gefahr	
Schwefelsäure 5 % ≤ w < 15 %	H290 H315, H319	Achtung	
Silbernitrat	H272, H314 H410	Gefahr	
Silbernitratlösung 1 % ≤ w < 3 %	H315, H319 H412	Achtung	
Silbernitratlösung w < 1 %	H412	Achtung	
Soda siehe Natriumcarbonat			
Strontiumchlorid-Hexa-hydrat	H302	Achtung	
Sudan-III	H315, H319 H335, H341	Gefahr	
Thymolphthaleinlösung alkoholisch, w < 0,1 %	H225	Gefahr	
Universalindikatorlösung	H225	Gefahr	

Stoff	GHS-Piktogramme H-Sätze			Signalwort	Sicherheitssymbole
Wasserstoffgas als Reaktionsprodukt	H220			Gefahr	
Wasserstoffperoxidlösung, 8 % ≤ w < 35 %	H318			Gefahr	
Wasserstoffperoxidlösung, 5 % ≤ w < 8 %	H319			Achtung	
Zink, Pulver	H410			Gefahr	
Zinkbromid	H314	H410		Gefahr	
Zinkiodid	H314	H410		Gefahr	
Zinksulfat-Heptahydrat	H318	H302	H410	Gefahr	
Zitronensäure	H318			Gefahr	

Die folgenden Stoffe stellen nach GHS keine gefährlichen Stoffe dar:
Aktivkohle, Bromthymolblaulösung, Calciumcarbonat, Calciumhydroxidlösung (gesättigt, Kalkwasser), Eisendraht, Iod-Kaliumiodidlösung, Kaliumalumniumsulfat (Alaun), Kaliumchlorid, Kupferblech, Magnesiumoxid, Natriumacetat-Trihydrat, Natriumbromid, Natriumchlorid (Kochsalz), Natriumdihydrogenphosphat, Silberdraht, Stearinsäure, Zinkdraht

Gefahrstoffdeklarierung – alt und neu

Einfache Piktogramme geben Hinweise auf Gefahren, die von Chemikalien ausgehen. Gab es bislang national verschiedene Symbole, wird seit 2009 weltweit das **global harmonisierte System** (GHS) eingeführt.
Die neun Gefahrenklassen werden nochmals unterteilt in bis zu fünf Gefahrenkategorien. So entfällt das bisherige Symbol des Kreuzes mit der Kennzeichnung für gesundheitsschädliche oder reizende Stoffe. Je nach Gefahrenpotential ist das Symbol für Ätzwirkung, Gesundheitsgefahr oder das Ausrufezeichen einzusetzen und auf dem Etikett die Kategorie anzugeben.
Neu sind die Piktogramme mit Gasflasche, Ausrufezeichen und das Symbol für Gesundheitsgefahr – ein Mensch mit Stern.

Das Ausrufezeichen wird weiter aufgeschlüsselt. Hierbei spielt die Stärke der Gefährdung eine größere Rolle als die Art der Gefahr. Ebenso muss die Gesundheitsgefahr durch weitere Angaben genauer beschrieben werden. So kann eine Substanz toxisch, krebserregend oder Allergie auslösend sein.
Das Ausrufezeichen entfällt, wenn schon stärkere gesundheitliche Gefahren wie Giftigkeit angeführt wurden.
Auf Etiketten gibt es zusätzliche Signalwörter, die den Grad der Gefährdung anzeigen:
Gefahr für schwerwiegende Gefahrenkategorien
Achtung für weniger schwerwiegende Gefahrenkategorien

neues Symbol	Bezeichnung	Erläuterungstext	altes Symbol	Gefahrenbezeichnung
	explosiv	Stoffe, die explodieren können.		explosionsgefährlich
	entzündbar, Kategorie 1	Stoffe, die sich an der Luft von allein entzünden können.		hochentzündlich
	entzündbar, Kategorie 2	Stoffe, die schon durch kurzzeitige Einwirkung einer Zündquelle entzündet werden können.		leichtenzündlich
	entzündbar, Kategorie 3	Stoffe, die sich beim Erwärmen selbst entzünden können.	–	–
	oxidierend, Kategorie 1, 2, 3	Stoffe, die einen Brand oder eine Explosion verursachen oder verstärken.		brandfördernd
	komprimierte Gase	Komprimierte Gase stehen unter Druck. Vor direkter Sonneneinstrahlung schützen.	–	–
	ätzend, Kategorie 1	Stoffe, die das Hautgewebe an der betroffenen Stelle innerhalb weniger Minuten vollständig zerstören können oder bei Kontakt mit den Augen Schäden verursachen.		ätzend
	ätzend, Kategorie 2	Stoffe, die auf der Haut nach mehrstündiger Einwirkung deutliche Entzündungen hervorrufen können.		reizend
	akute Toxizität, Kategorie 1	Stoffe, die beim Verschlucken oder Einatmen oder bei Aufnahme durch die Haut schwere Gesundheitsschäden oder gar den Tod bewirken können.		sehr giftig
	akute Toxizität, Kategorie 2	Stoffe, die beim Verschlucken oder Einatmen oder bei Aufnahme durch die Haut schwere Gesundheitsschäden bewirken können.		sehr giftig oder giftig
	akute Toxizität, Kategorie 3	Stoffe, die beim Verschlucken oder Einatmen oder bei Aufnahme durch die Haut beschränkte Gesundheitsschäden hervorrufen können.		giftig oder gesundheitsschädlich
	akute Toxizität, Kategorie 4	Stoffe, die beim Verschlucken oder Einatmen oder bei Aufnahme durch die Haut chronische Gesundheitsschäden hervorrufen können.		gesundheitsschädlich
	Gesundheitsgefahr, Kategorie 1A, 1B, 2	Stoffe, die beim Verschlucken oder Einatmen oder bei Aufnahme durch die Haut krebsauslösend sind.	–	–
	Gesundheitsgefahr gezielte Organtoxizität, Kategorie 1, 2	Stoffe, die beim Verschlucken oder Einatmen oder bei Aufnahme durch die Haut krebsauslösend sind.	–	–
	gezielte Organtoxizität, Kategorie 3	Stoffe, die bei Aufnahme Unwohlsein oder leichte Beschwerden bewirken können.	–	–
	Gesundheitsgefahr Atemwegssensibilisierend, Kategorie 1	Stoffe, die beim Einatmen allergische Reaktionen bewirken können.	–	–
	Hautsensibilisierend, Kategorie 1	Stoffe, die auf der Haut allergische Reaktionen bewirken können.	–	–
	umweltgefährlich, Kategorie 1, 2, 3	Stoffe, die selbst oder in Form ihrer Umwandlungsprodukte geeignet sind, sofort oder später Gefahren für die Umwelt herbeizuführen.		umweltgefährlich

Nützliche Helferlein

Größen und ihre Einheiten

Größe Name und Zeichen	Einheit Name und Zeichen	Beziehungen
Masse m	Kilogramm kg	1 kg = 1000 g 1 g = 1000 mg
Volumen V	Kubikmeter m^3	1 m^3 = 1000 dm^3 1 l = 1000 ml
	Liter l	1 l = 1000 ml 1 ml = 1 cm^3
Dichte ρ	$\frac{\text{Kilogramm}}{\text{Kubikmeter}}$ $\frac{kg}{m^3}$	$1\,\frac{g}{cm^3} = 1000\,\frac{kg}{m^3}$
	$\frac{\text{Gramm}}{\text{Liter}}$ $\frac{g}{l}$	$1\,\frac{g}{l} = 0{,}001\,\frac{g}{cm^3}$
Druck p	Pascal Pa	$1\,Pa = 1\,\frac{N}{m^2}$ 100 Pa = 1 hPa
	Bar bar	1 bar = 100 000 Pa 1 mbar = 100 Pa
Energie E	Joule J	1 J = 1 N · m $= 1\,\frac{kg \cdot m^2}{s^2}$
Elektrizitätsmenge Q	Coulomb C	1 C = 1 A · s
Anzahl N		
Stoffmenge n	Mol mol	1 mol enthält $6{,}022 \cdot 10^{23}$ Teilchen
Molmasse M	$\frac{\text{Gramm}}{\text{Mol}}$ $\frac{g}{mol}$	
Stoffmengenkonzentration c	$\frac{\text{Mol}}{\text{Liter}}$ $\frac{mol}{l}$	
Temperatur T	Grad Celsius °C	
	Kelvin K	0 °C = 273,15 K

Konstanten

Atomare Masseneinheit	u	$1{,}661 \cdot 10^{-27}$ kg
Avogadro-Konstante	N_A	$6{,}022 \cdot 10^{23}\,\frac{1}{mol}$
Molvolumen eines idealen Gases (bei 1013 hPa und 20 °C)	V_m	$24{,}056\,\frac{l}{mol}$
Ladung eines Elektrons	e	$1{,}602 \cdot 10^{-19}$ C
Masse eines Elektrons	m_e	$9{,}109 \cdot 10^{-31}$ kg
Masse eines Protons	m_p	$1{,}673 \cdot 10^{-27}$ kg
Masse eines Neutrons	m_n	$1{,}675 \cdot 10^{-27}$ kg
Faraday-Konstante	F	$96\,485\,\frac{C}{mol}$

Gehaltsangaben für Mischungen und Lösungen

Masse einer Stoffportion: m Massenkonzentration: $\beta = \frac{m}{V}$
Volumen einer Stoffportion: V Volumenkonzentration: $\sigma = \frac{V}{V}$
Stoffmenge einer Stoffportion: n Stoffmengenkonzentration: $c = \frac{n}{V}$
Teilchenzahl einer Stoffportion: N Teilchenkonzentration: $C = \frac{N}{V}$ (V: Gesamtvolumen nach dem Mischen)
Massenanteil (früher: Gewichtsprozent): $w_i = \frac{m_i}{m}$
Gesamtmasse $m = m_1 + m_2 + \ldots$
Volumenanteil (früher: Volumenprozent): $\varphi = \frac{V}{V_0}$
Gesamtvolumen $V_0 = V_1 + V_2 + \ldots$ (vor dem Mischen)
Stoffmengenanteil: $x_i = \frac{n_i}{n}$
Gesamtstoffmenge $n = n_1 + n_2 + \ldots$
Teilchenzahlanteil: $X_i = \frac{N_i}{N}$
Gesamtteilchenanzahl $N = N_1 + N_2 + \ldots$
Das Wort Gehalt wird als Oberbegriff bei der qualitativen Beschreibung verwendet. *Beispiel:* der Wassergehalt einer Probe

Dezimale Teile/Vielfache

Potenz	Vorsilbe	Symbol	Potenz	Vorsilbe	Symbol
10^{-1}	Dezi	d	10	Deka	da
10^{-2}	Zenti	c	10^2	Hekto	h
10^{-3}	Milli	m	10^3	Kilo	k
10^{-6}	Mikro	µ	10^6	Mega	M
10^{-9}	Nano	n	10^9	Giga	G
10^{-12}	Piko	p	10^{12}	Tera	T
10^{-15}	Femto	f	10^{15}	Peta	P
10^{-18}	Atto	a			

Stichwortverzeichnis

Quellenverzeichnis

Umschlag (Motive 1-3): Getty Images, München (istockphoto); Vorsatz.1a, 30.M1a, 32.M1a: fotolia.com, New York (Okea); Vorsatz.1b, 60.M1: fotolia.com, New York (amenic181); Vorsatz.2a, 46.M1b+d: Martin Ratermann, Vechta; Vorsatz.2b, 64.M1: iStockphoto.com, Calgary (Zmiy); 8.1: ullstein bild, Berlin (Reuters/Lori Shepler); 8.2: fotolia.com, New York (contrastwerkstatt); 8.3: fotolia.com, New York (Edler von Rabenstein); 8.4: Shutterstock.com, New York (anyaivanova); 8.5: iStockphoto.com, Calgary (muminînan/); 8.6: iStockphoto.com, Calgary (BartCo); 9.1: fotolia.com, New York (Kzenon); 9.2: Michael Fabian, Hannover; 9.3: Corbis, Berlin (Doug Berry); 9.4: fotolia.com, New York (contrastwerkstatt); 9.5: Shutterstock.com, New York (Serg Zastavkin); 9.6: picture-alliance, Frankfurt (dpa/ZB); 11.1: Shutterstock.com, New York (Mariusz Szczygiel); 12.M1: vario images, Bonn; 13.M2: Martin Ratermann, Vechta; 14.M1: Franz Stoppel, Bakum; 15.M2-3: Martin Ratermann, Vechta; 15.M4a, 126.M1b: vario images, Bonn; 15.M4b: Agentur Focus, Hamburg (SPL/Dirk Wiersma); 16.M1: mauritius images, Mittenwald (Jochen Tack/ib); 18.M1: fotolia.com, New York (Benjamin Nolte); 21.M2: Okapia, Frankfurt; 21.M3: fotolia.com, New York (Victoria P.); 22.M1: Okapia, Frankfurt (Yoav Levy/Phototake); 23.M2: Manfred Simper, Wennigsen; 23.M3-4: Martin Ratermann, Vechta; 24.M1: Getty Images, München (joseph Clark); 24.M2a-b: Hans Tegen, Hambühren; 26.M1: Bildagentur Geduldig, Maulbronn; 27.M4: Katharina Cranz, Frankfurt (Thierry Orban/Sygma); 30.M1b, 32.M1b: fotolia.com, New York (Taffi); 30.M1c, 32.M1c: Okapia, Frankfurt (Simon Belcher/imagebroker); 31.M5: Biosphoto, Berlin; 33.M4: Deutsches Museum, München; 33.M5: argus, Hamburg (Hartmut Schwarzbach); 34.M1: Getty Images, München (Dorling Kindersley); 35.M3a-b: Lothar Kraft, Neustadt/Weinstraße; 36.M1: mauritius images, Mittenwald (Photononstop); 37.M4-5: Martin Ratermann, Vechta; 38.M1a: fotolia.com, New York (imagewell10); 38.M1b: Heinrich Pniok, Moorrege; 41.M1: Okapia, Frankfurt (Patrick Bertrand/BIOS); 41.M4: Okapia, Frankfurt (Hans Reinhard); 43.1: Shutterstock.com, New York (EmiliaUngur); 44.M1a: fotolia.com, New York (Serg Nvns); 44.M1b: Agentur Focus, Hamburg (SPL/Power and Syred); 45.M3a: fotolia.com, New York (Ilya Akinshin); 45.M3b: fotolia.com, New York (Denis Junker); 45.M3c: fotolia.com, New York (Kesu); 45.M3d: fotolia.com, New York (siimsepp); 45.M3e: fotolia.com, New York (Villiers); 45.M3f: fotolia.com, New York (eyewave); 45.M3g: fotolia.com, New York (eyewave); 45.M3h: fotolia.com, New York (Wolfgang Kruck); 45.M4: Martin Ratermann, Vechta; 46.M1a: fotolia.com, New York (Steffen Sinzinger); 46.M1c: iStockphoto.com, Calgary (KateLeigh); 47.M2a: fotolia.com, New York (Mariusz Blach); 47.M2b-g: Margit Eulig, Hannover; 47.M3: Martin Ratermann, Vechta; 48.M1: fotolia.com, New York (Bernd Ege); 49.M3a-b, d-h: Achim Keßler, Bonn; 49.M3c, 50.M1: Franz Stoppel, Bakum; 50.M3: Dr. Steffen Förster, New York; 54.M1: Shutterstock.com, New York (Jiri Hera); 54.M2a-d: Martin Ratermann, Vechta; 57.M1: fotolia.com, New York (HLPhoto); 57.M3a-b: Martin Ratermann, Vechta; 58.1: iStockphoto.com, Calgary (portishead1); 61.M2a-c, 61.M4: Hans Tegen, Hambühren; 62.M1a: fotolia.com, New York (lohner63); 62.M1b: fotolia.com, New York (Ezio Gutzemberg); 62.M1c: fotolia.com, New York (Dani Vincek); 62.M1d: fotolia.com, New York (magann); 62.M1e: fotolia.com, New York (mrks_v); 62.M1f: fotolia.com, New York (Africa Studio); 62.M1g: fotolia.com, New York (EvrenKalinbacak); 62.M1h: fotolia.com, New York (eyetronic); 63.M4: fotolia.com, New York (topae); 65.M4: picture-alliance, Frankfurt (dpa/Roy Beusker); 68.M1: Martin Ratermann, Vechta; 69.M3: picture-alliance, Frankfurt (zb/Universität Jena); 72.M1: iStockphoto.com, Calgary (Mac99); 73.M3: Martin Ratermann, Vechta; 73.V1: Hans Tegen, Hambühren; 74.M1: ddp images, Hamburg (dapd); 75.M3: picture-alliance, Frankfurt; 75.M4: FIRE Foto, München (Thomas Gaulke); 76.M1: Daniel Reinecke, Hannover; 76.M2: Agentur Focus, Hamburg (SPL/Lambert); 77.M3: Martin Ratermann, Vechta; 78.M1a-c: Hans Tegen, Hambühren; 78.M2a-c: LEGO Central Europe, Grasbrunn; 79.M3-5: Hans Tegen, Hambühren; 80.M1: Lothar Kraft, Neustadt/Weinstraße; 82.M1a: fotolia.com, New York (Andres Rodriguez); 82.M1b: fotolia.com, New York (Robert Kneschke); 82.M1c: fotolia.com, New York (Serg Zastavkin); 82.M1d: fotolia.com, New York (diego cervo); 82.M1e: Fabian Stoppel, Itzehoe; 83.M3: Manfred Simper, Wennigsen; 84.M1a: Caro, Berlin (Riedmiller); 84.M1b: picture-alliance, Frankfurt (dpa/Votava); 84.M1c: mauritius images, Mittenwald (Alamy); 85.M2: Südtiroler Archäologiemuseum, Bozen/Bolzano (www.iceman.it); 87.M1: Corbis, Berlin (John Zich/zrImages); 88.1: fotolia.com, New York (estivillml); 90.M1: Okapia, Frankfurt (Andreas Pulwey); 93.M5a: fotolia.com, New York (DJ); 93.M5b: Shutterstock.com, New York (Hywit Dimyadi); 94.M1: picture-alliance, Frankfurt (dpa/Patrick Pleul); 96.M1: Achim Keßler, Bonn; 98.M1a: fotolia.com, New York (Goinyk Volodymyr); 98.M1b: fotolia.com, New York (vsurkov); 98.M1c: fotolia.com, New York (Irochka); 98.M1d: fotolia.com, New York (EpicStockMedia); 98.M1e: NASA, Houston/Texas; 102.1: fotolia.com, New York (Michael Brown); 104.M1: Deutsches Museum, München; 109.M2: fotolia.com, New York (Bernard 63); 109.M4: Colourbox.com, Odense; 113.M6: Cartoon by Nick D. Kim, Ngaio, Wellington, New Zealand, scienceandink.com. Used by permission; 116.M1: Shutterstock.com, New York (Karin Hildebrand Lau); 119.M1: mauritius images, Mittenwald (Alamy); 120.1: fotolia.com, New York (VRD); 122.M1a-c, 122.M2, 123.M4: Martin Ratermann, Vechta; 123.M5: fotolia.com, New York (Irina Fischer); 124.M1: Agentur Focus, Hamburg (SPL/Andrew Lambert); 126.M1a: Colourbox.com, Odense; 128.M1: picture-alliance, Frankfurt (ZB); 129.M2: Martin Ratermann, Vechta; 129.M5: Shutterstock.com, New York (Dennis van de Water); 130.M1: Agentur Focus, Hamburg (SPL); 131.M2a-c: Hans Tegen, Hambühren; 132.M1: AFP Agence France-Presse, Berlin (Organisationskomitee Sotschi 2014); 133.M2a-c: Hans Tegen, Hambühren; 133.M3: mauritius images, Mittenwald (Fiona Fergusson); 134.M1: Colourbox.com, Odense (Thanarat Boonmee); 135.M2: Hans Tegen, Hambühren; 135.M4: mauritius images, Mittenwald (Science Source); 137.M1: picture-alliance, Frankfurt; 137.M4: St. Vincentius Kliniken, Klinik für Nuklearmedizin, Karlsruhe; 139.1: Agentur Focus, Hamburg (SPL/Laguna Design); 144.M1a-b: Achim Keßler, Bonn; 146.M1: mauritius images, Mittenwald (Alamy); 148.M1: Lothar Kraft, Neustadt/Weinstraße; 149.M5: panthermedia.net, München (sonja.b); 152.M1: fotolia.com, New York (Cpro); 154.M1: fotolia.com, New York (hainichfoto); 155.M5: Martin Ratermann, Vechta; 156.M1, 157.M2a: Colourbox.com, Odense; 157.M2b: fotolia.com, New York (hati); 157.M2c: Colourbox.com, Odense; 157.M2d: Conrad Electronic SE, Hirschau; 157.M5: Hans Tegen, Hambühren; 159.M1, 159.M4: Leibniz-Institut für Polymerforschung Dresden, Dresden; 161.1: Colourbox.com, Odense; 162.M1: MEV Verlag, Augsburg (Gerhard A. Mueller); 164.M1a-c: mauritius images, Mittenwald (Science Source); 165.M3a-c: Sieve, Hannover; 166.M1: Getty Images, München (Bloomberg via Getty Images); 167.M2: mauritius images, Mittenwald (Radius Images); 168.M1: fotolia.com, New York (TonyTaylorStock); 169.M3: Hans Tegen, Hambühren; 170.M1: Ingo Wandmacher, Bad Schwartau; 171.M3: picture-alliance, Frankfurt (dpa); 172.M1: picture-alliance, Frankfurt (Frank May); 173.M4: Martin Ratermann, Vechta; 174.M1: mauritius images, Mittenwald (Alamy); 177.M1: Colourbox.com, Odense; 177.M4: picture-alliance, Frankfurt (Arco Images); 178.1: Colourbox.com, Odense (Ajwer); 180.M1: adpic Bildagentur, Bonn (A. Trautmann); 182.M1: Thomas Seilnacht, Bern; 184.M1: Martin Ratermann, Vechta; 185.M4: mauritius images, Mittenwald (imagebroker/bilwissedition); 186.M1: picture-alliance, Frankfurt (ZB); 188.M1: mauritius images, Mittenwald (foodcollection); 189.M3: fotolia.com, New York (santia3); 190.M1: mauritius images, Mittenwald (imagebroker/Stefan Hargus); 192.M1: mauritius images, Mittenwald (Alamy); 193.M4: Martin Ratermann, Vechta; 194.M1a: Agentur Focus, Hamburg (SPL/Andrew Lambert Photography); 194.M1b: Hans Tegen, Hambühren; 196.M1: Agentur Focus, Hamburg (SPL/Martyn F. Chillmaid); 198.M1: iStockphoto.com, Calgary (4FR); 201.M1: Colourbox.com, Odense; 201.M4: CP GABA, Hamburg.

Es war uns leider nicht bei allen Abbildungen möglich, den Inhaber der Rechte ausfindig zu machen. Berechtigte Ansprüche werden selbstverständlich im Rahmen der üblichen Vereinbarungen abgegolten.

Periodensystem der Elemente

Legende	
Ordnungszahl (Protonenzahl)	16
Atommasse in u (Werte in Klammern geben die Masse eines wichtigen Isotops an)	32,06
Elementsymbol	S
Elementname	Schwefel
Schmelztemperatur in °C (Schätzwerte in Klammern)	115
Dichte in g/cm³ bei 25 °C (bei Gasen in g/l)	2,07
Siedetemperatur in °C (Schätzwerte in Klammern)	445
Elektronegativität	2,6

schwarz = feste Elemente
rot = gasförmige Elemente
blau = flüssige Elemente
weiß = künstliche Elemente, fest
★ = radioaktive Elemente

Metalle (blau hinterlegt)
Halbmetalle (braun hinterlegt)
Nichtmetalle (gelb hinterlegt)

Periode	Hauptgruppen		Nebengruppen										Hauptgruppen					
	I	II	III	IV	V	VI	VII	VIII	VIII	VIII	I	II	III	IV	V	VI	VII	VIII
1.	1 1,01 **H** Wasserstoff −259 0,08 −253 2,2																	2 4,00 **He** Helium −270 0,17 −269 –
2.	3 6,94 **Li** Lithium 181 0,53 1347 1,0	4 9,01 **Be** Beryllium 1287 1,85 2480 1,5											5 10,81 **B** Bor (2080) 2,34 (3860) 2,0	6 12,01 **C** Kohlenstoff 3730 2,26 4830 2,5	7 14,01 **N** Stickstoff −210 1,17 −196 3,0	8 15,99 **O** Sauerstoff −219 1,33 −183 3,4	9 18,99 **F** Fluor −220 1,58 −188 4,0	10 20,18 **Ne** Neon −249 0,84 −246 –
3.	11 22,99 **Na** Natrium 98 0,97 883 0,9	12 24,31 **Mg** Magnesium 650 1,74 1093 1,3											13 26,98 **Al** Aluminium 660 2,70 2450 1,6	14 28,09 **Si** Silicium 1420 2,33 3220 1,9	15 30,97 **P** Phosphor 44 1,82 280 2,2	16 32,06 **S** Schwefel 115 2,07 445 2,6	17 35,45 **Cl** Chlor −101 2,95 −34 3,2	18 39,95 **Ar** Argon −189 1,66 −186 –
4.	19 39,10 **K** Kalium 63 0,86 759 0,8	20 40,08 **Ca** Calcium 842 1,55 1484 1,0	21 44,96 **Sc** Scandium 1540 3,0 2730 1,4	22 47,88 **Ti** Titan 1670 4,5 3350 1,5	23 50,94 **V** Vanadium 1920 5,8 3400 1,6	24 52,00 **Cr** Chrom 1860 7,19 2680 1,7	25 54,94 **Mn** Mangan 1246 7,43 2060 1,6	26 55,85 **Fe** Eisen 1536 7,86 2860 1,8	27 58,93 **Co** Cobalt 1495 8,9 2900 1,9	28 58,69 **Ni** Nickel 1455 8,9 2880 1,9	29 63,55 **Cu** Kupfer 1085 8,96 2570 1,9	30 65,39 **Zn** Zink 420 7,14 907 1,7	31 69,72 **Ga** Gallium 30 5,91 2200 1,8	32 72,60 **Ge** Germanium 938 5,32 2833 2,0	33 74,92 **As** Arsen 817 5,72 614 2,2	34 78,96 **Se** Selen 220 4,80 685 2,6	35 79,90 **Br** Brom −7 3,12 59 3,0	36 83,80 **Kr** Krypton −157 3,48 −152 –
5.	37 85,47 **Rb** Rubidium 39 1,53 688 0,8	38 87,62 **Sr** Strontium 777 2,6 1412 1,0	39 88,91 **Y** Yttrium 1500 4,5 2930 1,2	40 91,22 **Zr** Zirconium 1850 6,49 4400 1,3	41 92,91 **Nb** Niob 2480 8,55 4850 1,6	42 95,94 **Mo** Molybdän 2620 10,2 4680 2,2	43 98,91 **Tc★** Technetium 2140 11,5 (4600) 1,9	44 101,07 **Ru** Ruthenium 2300 12,2 3900 2,2	45 102,91 **Rh** Rhodium 1970 12,4 3730 2,3	46 106,40 **Pd** Palladium 1550 12,0 3125 2,2	47 107,87 **Ag** Silber 962 10,5 2200 1,9	48 112,41 **Cd** Cadmium 321 8,65 767 1,7	49 114,82 **In** Indium 157 7,31 2080 1,8	50 118,71 **Sn** Zinn 232 7,30 2602 1,8	51 121,75 **Sb** Antimon 631 7,0 1587 2,1	52 127,60 **Te** Tellur 450 6,24 990 2,1	53 126,90 **I** Iod 114 4,94 184 2,7	54 131,29 **Xe** Xenon −112 5,49 −108 –
6.	55 132,91 **Cs** Caesium 28 1,87 668 0,8	56 137,34 **Ba** Barium 727 3,5 1845 0,9	57–71 Lantha-noide	72 178,49 **Hf** Hafnium 2230 13,3 4700 1,3	73 180,95 **Ta** Tantal 2990 16,7 5500 1,5	74 183,85 **W** Wolfram 3410 19,3 5650 2,4	75 186,2 **Re** Rhenium 3180 21,0 5630 1,9	76 190,20 **Os** Osmium 3000 22,4 5500 2,2	77 192,22 **Ir** Iridium 2450 22,5 4500 2,2	78 195,08 **Pt** Platin 1770 21,4 3825 2,2	79 196,97 **Au** Gold 1064 19,3 2600 2,5	80 200,59 **Hg** Quecksilber −39 13,53 357 2,0	81 204,38 **Tl** Thallium 304 11,85 1457 2,0	82 207,20 **Pb** Blei 327 11,3 1746 1,9	83 208,98 **Bi** Bismut 271 9,8 1560 2,0	84 (209) **Po★** Polonium 254 9,4 962 2,0	85 (210) **At★** Astat 302 – 335 2,2	86 (222) **Rn★** Radon −71 9,23 −62 –
7.	87 (223) **Fr★** Francium (27) – (680) 0,7	88 226,03 **Ra★** Radium 700 5 1530 0,9	89–103 Acti-noide	104 (261) **Rf★** Rutherfordium – – – –	105 (262) **Db★** Dubnium – – – –	106 (266) **Sg★** Seaborgium – – – –	107 (264) **Bh★** Bohrium – – – –	108 (269) **Hs★** Hassium – – – –	109 (268) **Mt★** Meitnerium – – – –	110 (271) **Ds★** Darmstadtium – – – –	111 (272) **Rg★** Roentgenium – – – –	112 (277) **Cn★** Copernicium – – – –	113 – – – –	114 (289) **Uuq★** Ununquadium – – – –				

Lanthanoide	57 138,91 **La** Lanthan 920 6,17 3450 1,1	58 140,12 **Ce** Cer 799 6,78 3424 1,1	59 140,91 **Pr** Praseodym 935 6,77 3130 1,1	60 144,24 **Nd** Neodym 1020 7,00 3030 1,2	61 (145) **Pm★** Promethium (1030) – (2730) –	62 150,4 **Sm** Samarium 1070 7,54 1900 1,2	63 151,96 **Eu** Europium 826 5,26 1440 –	64 157,25 **Gd** Gadolinium 1310 7,89 3000 1,1	65 158,93 **Tb** Terbium 1360 8,27 2800 1,2	66 162,50 **Dy** Dysprosium 1410 8,54 2600 1,2	67 164,93 **Ho** Holmium 1460 8,80 2600 1,2	68 167,26 **Er** Erbium 1500 9,05 2900 1,2	69 168,93 **Tm** Thulium 1550 9,33 1730 1,2	70 173,04 **Yb** Ytterbium 824 6,98 1430 1,1	71 174,97 **Lu** Lutetium 1650 9,84 3330 1,2
Actinoide	89 (227) **Ac★** Actinium 1050 – 3200 1,1	90 232,04 **Th★** Thorium 1700 11,7 4200 1,3	91 231,04 **Pa★** Protactinium (1230) 15,4 – 1,5	92 238,03 **U★** Uran 1130 18,90 3820 1,7	93 237,05 **Np★** Neptunium 640 20,4 – 1,3	94 (244) **Pu★** Plutonium 640 19,8 3230 1,3	95 (243) **Am★** Americium 850 11,7 2600 1,3	96 (247) **Cm★** Curium – 7 – –	97 (247) **Bk★** Berkelium – – – –	98 (251) **Cf★** Californium – – – –	99 (254) **Es★** Einsteinium – – – –	100 (253) **Fm★** Fermium – – – –	101 (258) **Md★** Mendelevium – – – –	102 (256) **No★** Nobelium – – – –	103 (256) **Lr★** Lawrencium – – – –